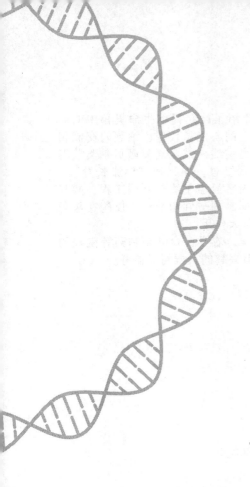

酶与诺贝尔奖

——化学、生理学或医学领域

郭晓强　主编

刘宇辰　隋爱霞　副主编

化学工业出版社

·北京·

内容简介

本书共分两篇。第一篇"生命奥秘"，系统介绍了酶在揭示生命奥秘中的作用。内容涵盖了酶本质认识历程、酶与物质代谢、酶与能量代谢、细胞间交流和酶的调控、酶与遗传信息传递。以酶学基础知识为主线，结合众多诺贝尔奖获得者研发历程等科学史内容，揭示了酶在生命中的重要性。第二篇"健康长寿"，主要介绍了酶在工业生产和疾病治疗中的应用。内容涵盖了酶与基因工程、酶与基因编辑、酶与合成生物学、酶与药物研发、酶抑制剂与肿瘤治疗。以酶在医药领域的研发应用阐述了酶对于人类健康、长寿的巨大作用。

本书适合医药研发科技人员，生命科学、医学、农学、食品和制药等院校的师生，对诺贝尔奖获得者的研发历程及对科学史有兴趣的人群阅读参考。

图书在版编目（CIP）数据

酶与诺贝尔奖：化学、生理学或医学领域 / 郭晓强
主编；刘宇辰，隋爱霞副主编. --北京：化学工业出
版社，2025. 2. --ISBN 978-7-122-46942-7

Ⅰ. Q55

中国国家版本馆 CIP 数据核字第 2024A25P45 号

责任编辑：李　丽　　　　文字编辑：张熙然
责任校对：李雨晴　　　　装帧设计：关　飞

出版发行：化学工业出版社
　　　　　（北京市东城区青年湖南街 13 号　邮政编码 100011）
印　　装：河北延风印务有限公司
700mm×1000mm　1/16　印张 19½　字数 319 千字
2025 年 2 月北京第 1 版第 1 次印刷

购书咨询：010-64518888　　售后服务：010-64518899
网　　址：http://www.cip.com.cn
凡购买本书，如有缺损质量问题，本社销售中心负责调换。

定　　价：79.00 元　　　　　版权所有　违者必究

编写人员名单

主　编 郭晓强

副主编 刘宇辰　隋爱霞

编　者（以姓氏笔画排序）

王海英（河北体育学院）

刘永敬（河北体育学院）

刘宇辰（深圳市第二人民医院）

苏港林（深圳市第二人民医院）

何子奇（深圳市第二人民医院）

赵玮琳（河北体育学院）

郭贝一（北京体育大学）

郭晓强（河北体育学院）

唐　杉（澳门科技大学）

隋爱霞（河北省人民医院）

前言

　　生命是一个化学过程，由一系列化学反应构成的新陈代谢是生命活动的基本体现。生命体内相对温和的环境限制了化学反应速度，为适应这一情况，生物催化剂——酶应运而生。酶的存在保证了生命活动的有序进行，因此对酶的理解也就意味着对生命本身的理解和认识。酶的重要性显而易见，几十项诺贝尔化学奖、诺贝尔生理学或医学奖授予了酶相关研究，进一步凸显其重要性。1959 年诺贝尔生理学或医学奖获得者阿瑟·科恩伯格在自传《酶的情人：一位生物化学家的奥德赛》中全面阐述了酶在生命过程中的多样作用；在论文《十诫：DNA 复制酶学的启示》（*Ten Commandments：Lessons from the Enzymology of DNA Replication*）中进一步提出依赖酶解决生物学问题，更加凸显酶研究的重要性。

　　本书一方面介绍酶相关的科学知识，另一方面普及酶学相关的科学发现历程以及众多科学家在此过程中的艰苦努力和重大科学贡献。通过对酶学历史和生物重要性的介绍而全面深入理解酶的价值和意义，同时还可熟悉和认识科学发现方法论的一般知识。

　　本书旨在实现知识性与科普性的统一，用通俗易懂的语言描述酶的相关知识，力求让读者了解酶的作用机制，同时也明白其重要性。书中融入了重大科学发现和伟大科学家的故事，以帮助读者更好地理解酶的背后故事。

　　本书是多位编者辛勤协作的结晶，尽管如此仍难免存在疏漏和不足之处，希望读者能提出宝贵意见以便进一步改进。

　　本书出版得到河北体育学院和深圳市第二人民医院的大力支持，在此表示诚挚的谢意。

郭晓强

2024 年 4 月于河北体育学院

目录

第一篇

生命奥秘

第一章

酶本质认识历程

几乎所有生命过程都由生物化学反应构成并由酶催化完成，相对于非酶促反应，酶促反应可加快反应速度数百万倍。因此理解酶的结构、功能和调节等对理解生命现象、治疗特定疾病乃至提升寿命预期都具有十分重要的意义。

第一节　酶的基础知识

一、酶的概念

酶（enzyme）是一类生物催化剂，大多数情况下是蛋白质，但部分 RNA 也具有催化功能（核酶）。所有细胞都含酶，数量和组成因细胞类型而异，一个哺乳动物细胞通常含有约 3000 种酶。酶发挥功能时具有高效性和特异性。酶的高效性源于通过降低活化能来提高反应速率，而特异性则由空间结构所决定。

二、酶学简史

酶的应用历史悠久，我国早在 2000 年前就懂得酿酒，17 世纪末和 18 世纪初已获悉胃液具有消化功能，植物提取物和唾液可将淀粉转化为糖，但这些过程如何发生却不得而知，直到 19 世纪初人们的认知才有根本性改观。

1833 年，法国化学家帕扬（Anselme Payen，1795—1871）发现麦芽提取物存在将淀粉转化为糖的物质并完成初步纯化（高浓缩形式），命名为淀粉酶（diastase/amylase）。淀粉酶成为第一种被发现的酶，标志着酶学研究历史开启，酶名称正式获得"ase"后缀，帕扬享有"酶学之父"美誉。1877 年，德国生理学家屈内（Wilhelm Friedrich Kühne，1837—1900）首次将体内具有催化功能的物质命名为酶，enzyme 一词来源希腊语，"en"代表"in"，"zyme"代表"酵母"或"发酵剂"，因此酶本义是"酵母中的活性物质"。1897 年，德国化学家毕希纳（Eduard Buchner，1860—1917）发现无细胞发酵现象，证明酶可在体外发挥活性，从而开启酶学研究新篇章。1926 年，美国生物化学家萨姆纳（James Batcheller Sumner，1887—1955）首次完成脲酶结晶，证实酶的本质是蛋白质。1958 年，美国生物化学家阿瑟·科恩伯格（Arthur Kornberg，1918—2007）鉴定了 DNA 聚合酶，开启了分子生物学酶学新时代。1982 年，美国生物化学家切赫（Thomas Robert Cech，1947—）发现 RNA 具有催化功能，证明核酶的存在。

三、酶的命名

酶在早期通常根据功能命名，如淀粉酶（将淀粉和碳水化合物分解为糖）、蛋白酶（将蛋白质分解为氨基酸）和脂肪酶（将油脂分解为甘油和脂肪酸）等。随着新发现的酶越来越多，这种命名弊端开始显现，那就是随意性强和系统性差，有时同种酶有不同名称，有时不同酶又有相同名称，带来巨大混乱；有时采用底物加"ase"后缀方式命名，如脲酶（urease），有时又采用底物加反应类型方式，如葡萄糖氧化酶（glucose oxidase）等。最初命名尽管显得通俗易懂，但越来越不适宜发展需要，亟需一种系统命名法。

1965 年，国际生物化学与分子生物学联合会制定酶的系统命名法（表 1-1），将酶分六大类（2018 年增加到七大类），每一大类进一步细分。每种酶都有唯一四位数代码，用酶委员会（Enzyme Commission，EC）编号，第一数字代表大类，第二数字指亚类，第三数字与底物类型相关，第四数字则通常是编号。这种命名类似于身份证，每种酶都具有唯一编号，缺点也显而易见，就是过于复杂和烦琐，因此实际应用中仍以习惯命名为主。

表 1-1 酶的大类和命名

编码	酶类别	催化反应	举例（惯用名）
EC1	氧化还原酶(oxido-reductase)	$AH_2+B \rightarrow A+BH_2$	乙醇脱氢酶
EC2	转移酶(transferase)	$A-C+B \rightarrow A+B-C$	甲基转移酶
EC3	水解酶(hydrolase)	$A-B+H_2O \rightarrow A-H+B-OH$	磷酸二酯酶
EC4	裂合酶(lyase)	$A-B \rightarrow A+B$	腺苷酸环化酶
EC5	异构酶(isomerase)	$A-B \rightarrow B-A$	β-胡萝卜素异构酶
EC6	连接酶(ligase)	$A-OH+B-H \rightarrow A-B+H_2O$	DNA 连接酶
EC7	移位酶(translocase)	$AX+B$ 一侧 $|| = A+X+||B$ 另一侧	Na^+/K^+-ATP 酶

四、酶的催化机制

酶在发挥催化作用时通常先与底物结合，这种结合具有高度特异性。为解释酶与底物结合特异性，1894 年德国有机化学家埃米尔·费歇尔（Emil Fischer，1852—1919）提出锁和钥匙模型（lock and key model）。模型认为，将酶看作锁，将发挥催化作用的关键部位（称活性中心）看作锁孔，将底物看作钥匙，当锁孔和钥匙结构互补时才正确结合并发生催化反应。该模型简单易懂，完美解释了酶催化反应的特异性，但也存在不足，首先认为酶是一种刚性结构，形状一直保持不变，这与酶结构具有可变性不符；其次无法解释一种酶可结合多种底物，如蛋白酶和脂肪酶通常与一类底物而非一种底物结合。

1958 年，美国生物化学家科什兰（Daniel Edward Koshland）进一步提出诱导契合模型（induced fit model）。模型认为，酶活性中心为可变柔性结构，与底物并非完美互补，当底物靠近会引起活性中心结构变化（诱导）进而实现结合（契合）并完成催化过程。诱导契合模型被数千种原子分辨率的蛋白质和蛋白质-底物复合物结构充分证实，进一步精确了反应酶的作用机制。

第二节 酶体外活性的发现

发酵（fermentation）是人类认识较早且充分利用的自然现象之一。新石器时代以来，人类利用发酵生产食品和饮料，19 世纪以来随着发酵工业快速发展和社会需求急剧增加，大家开始探索发酵现象的本质。

一、发酵与活力论

1837 年，研究人员借助显微镜发现发酵葡萄汁中存在一种活的生物体酵母；当煮沸葡萄汁杀死酵母后，发酵现象消失，说明酵母是发酵的必要条件。1857 年，法国著名微生物学家巴斯德（Louis Pasteur）用一系列实验证明发酵确实是酵母活动的结果，并于 1860 年提出"活力论"，认为发酵必须由活酵母才能完成，需要的物质称为活力，这种物质会随酵母死亡而丧失活性。1878 年，近代化学先驱李比希提出发酵实际是细胞内酶催化作用的结果（当时将酶称酵素），实际上酶就是巴斯德认为的活力物质，但当时认为这种物质无法在体外发挥作用，因为巴斯德和他的学生使用酵母汁无法完成发酵实验。由于巴斯德的巨大影响力，活力论在科学界占据很长时间。因此，当时存在两类"酶"，可在体外发挥作用的"enzyme"（早期鉴定的消化酶）和只在体内发挥作用的"ferment"（特指酵母代谢过程中的酶）。1897年，德国化学家毕希纳无细胞发酵现象的发现才将两类"酶"有机统一，开启现代酶学时代。

二、酵母汁的研究

毕希纳出生于德国慕尼黑一个古老并拥有学术传统的巴伐利亚家庭，父亲是一位法医学教授，遗憾的是毕希纳 12 岁时父亲不幸去世，由哥哥汉斯·毕希纳（Hans Buchner）负责他的教育。毕希纳在慕尼黑完成高中学业，在野外炮兵服兵役后来到慕尼黑技术大学主攻化学，由于家庭困难不得不放弃学业而在当地一家罐头厂工作四年，毕希纳在工作之余对发酵过程产生浓厚兴趣，此段经历成为将来他从事科研的一大动力。1884 年，毕希纳在哥哥汉斯资助下重新完成自己的高等教育，随后在慕尼黑大学著名化学家拜尔（Adolf von Baeyer，1905 年诺贝尔化学奖获得者）指导下完成博士学习并成为拜尔的教学助手，掌握了大量有机化学理论和技能。1896 年，毕希纳成为图宾根大学分析药物化学教授，开始研究酵母汁的药用价值。

三、无细胞酵解的发现

毕希纳和助手哈恩（Martin Hahn）共同开发出高效提取酵母汁的方法。毕希纳使用沙子和硅藻土研磨酵母以破坏它的外壁从而使内部液体释放，然后利用过滤除去未被粉碎酵母及部分酵母碎片后获得几乎纯净的液体，这个方法优点在于避免以前使用特殊溶剂和高压所产生的破坏性效应（今天知道传统方法容易使蛋白质变性）。方法的改进使毕希纳很容易就获得数量巨大的酵母汁，但这也带来另一大难题，如此众多的酵母汁无法一次使用完毕，而直接存放又容易变质，因此酵母汁的存放成为一个重大问题。当时最常用的一种保护剂是蔗糖，因此毕希纳和他的助手将蔗糖加入酵母汁中防腐。但一个奇怪的现象却出现了，蔗糖和酵母汁混合物总是出现令人讨厌的发泡现象。毕希纳没有放过这个小小异常，进一步分析发现原来蔗糖被酵母汁催化转变成乙醇和二氧化碳，二氧化碳正是发泡原因。由于所得酵母汁已经过研磨和过滤，因此不存在活酵母，按照活力论观点不可能进行发酵过程，但实际上无细胞酵母液确实具有发酵功能，说明假设的活力物质（也就是酶）不依赖活酵母存在，在体外照样可发挥催化作用。毕希纳认为发酵实际是由一种被称为酵素的酶催化，酵素既可在活细胞内促进发酵，也可在体外发挥作用（图 1-1）。毕希纳的这个实验在 1896 年完成，并于 1897 年以《无酵母细胞的乙醇发酵》为题在杂志上发表，震动整个科学界。

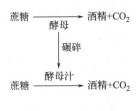

图 1-1 毕希纳和无细胞酵解

四、无细胞酵解的意义

毕希纳的发现可以说是一个"意外"，也可以说是一种幸运。按照1959年诺贝尔生理学或医学奖获得者阿瑟·科恩伯格评述，巴斯德运气不佳，所用巴黎酵母是蔗糖酶（催化蔗糖代谢起始酶）缺陷型，故该酵母汁无法发酵，而毕希纳吉星高照，所用慕尼黑酵母抽提液尚有相当量蔗糖酶活力。然而，正如巴斯德所说"幸运只喜欢有准备的头脑"，而毕希纳正是具备这种头脑，没有忽略偶然现象，最终发现无细胞酵解，但这次有点黑色幽默味道的是毕希纳的幸运恰恰颠覆了巴斯德的理论。

1907年，毕希纳由于"生物化学的研究和无细胞发酵的发现"获得诺贝尔化学奖。毕希纳无细胞发酵（酿酶）的发现为现代生物化学打开一扇大门，为20世纪生物化学蓬勃发展奠定了坚实基础。无细胞发酵重要性体现在以下几个方面。一是打破活力论桎梏，是达尔文进化论否定神创论后又一重大进步，确立生命是一个化学过程，不存在神秘力量，而这正是用化学方法研究生命问题的哲学基础。19世纪末，科学界还缺乏生物化学这门学科，只有生理化学，无细胞酵解发现为推动生物化学发展做出了巨大贡献，1905年生物化学专业杂志出版宣告该学科诞生。二是毕希纳的发现奠定了生物化学基础。无细胞发酵带来更多、更大问题，如酵素本质（酶的问题）、蔗糖转化乙醇机制（代谢过程）等，对这些问题的深入研究又产生多项诺贝尔奖。三是毕希纳证明酵母汁（粉）可代替活酵母发挥催化作用，为应用带来重大便利，因为酵母汁比活酵母容易保存得多，这也成为酶制剂保存和应用的基础。

无细胞酵解的"偶然"发现为生命科学研究打开了一个崭新领域，为20世纪生物化学迅猛发展吹响启动号角。毕希纳的发现一定意义上可与沃森、克里克提出的双螺旋模型相媲美，前者开创体外研究体系推动物质代谢研究，对于整个生物化学乃至整个生命科学发展都具有重大意义；后者促进分子生物学蓬勃发展。在生物化学发展过程中，无论是经典物质代谢还是现代分子生物学，酶都是研究主流，大量诺贝尔奖成果都与毕希纳的发现有直接或间接关系。

第三节　辅酶的分离与鉴定

无细胞酵解的发现推动对酶组成的研究，随后辅酶的发现大大拓展了对酶的认识。

一、热稳定因子

哈登（Arthur Harden，1865—1940）出生于英国曼彻斯特，1885 年以优异成绩从曼彻斯特大学欧文斯学院（Owens College）毕业并获得化学学位。1897 年，哈登加入新建立的英国预防研究所，研究所主要任务在于培训公共卫生官员，此外还开展一定量科学研究。1897 年毕希纳的发现使哈登对酶产生浓厚兴趣。哈登最初关注酿酶的科研价值，如尝试将其应用于区分细菌等，但不久敏锐意识到酿酶本身具有更重要的应用价值，如极少量酵母液就可将大量蔗糖转化为酒精。这种高效性使哈登开始研究酿酶的生理特性。1900 年，英国生物化学家杨（William John Young，1878—1942）成为哈登助手，开启一段科学合作佳话。

1904 年，哈登与杨发现煮沸后的酵母汁酶活性丧失，长期存放酵母汁也造成催化活性下降。他们将这两种酵母汁混合后意外发现酶几乎恢复到新鲜酵母汁催化能力，提示酶应由两部分组成，煮沸和长期存放可分别破坏不同成分而使催化活性降低，混合由于互补效应而重新恢复活性。

哈登和杨利用过滤将新鲜酵母汁分为两部分，一部分是可溶性滤液，而另一部分是不溶性沉淀，单独存在均没有催化能力，二者混合活性恢复。哈登基于这一事实得出结论，酶由两部分构成，一是不耐热大分子物质；二是耐热小分子物质，称辅酶。辅酶组成由瑞典化学家冯·奥伊勒-切尔平（Hans von Euler-Chelpin，1873—1964）确认。

二、辅酶结构

冯·奥伊勒-切尔平出生于德国奥格斯堡，早期接受物理和化学系统训练，进入哥廷根大学开始系统研究有机化学，第一次世界大战后转向酶学研究。冯·奥伊勒-切尔平发现氟化物等可特异性抑制酶活性，这一发现成为糖代谢研究的重要策略，根据抑制后特定物质积累来判断代谢阻断步骤。冯·奥伊勒-切尔平还对哈登发现的辅酶感兴趣，决定进一步确定其本质。冯·奥伊勒-切尔平发现辅酶不仅存在于酵母中，而且在人类和动植物体内广泛分布，凸显其重要性。冯·奥伊勒-切尔平确定酵母是辅酶制备的最佳来源，但完成提纯仍困难重重。辅酶含量较低，1 千克酵母只能得到几毫克粗制品，经几年的收集才可得到足量辅酶，分析表明其分子量约 490，结构与核苷酸类似，含糖、磷酸和嘌呤，最终确定为二磷酸嘌呤核苷酸（diphospho purine nucleotide，DPN）衍生物，后命名为烟酰胺腺嘌呤二核苷酸（nicotinamide adenine dinucleotide，NAD）。

哈登　　　　　　冯·奥伊勒

酿酶 →（过滤）{ 小分子物质 ——→ DPN / 大分子物质 }

图 1-2　哈登、冯·奥伊勒-切尔平和辅酶鉴定

1929 年，哈登和冯·奥伊勒-切尔平由于"糖发酵和辅酶方面的重要贡献"分享诺贝尔化学奖（图 1-2）。

随着深入研究发现更多辅酶，主要分为两大类，无机离子和小分子有机化合物，后者以核苷酸辅酶为主，包括三磷酸腺苷（adenosine triphosphate，ATP）、烟酰胺腺嘌呤二核苷酸磷酸（NADP）、黄素腺嘌呤二核苷酸（flavin adenine dinucleotide，FAD）等。为更好理解这些辅酶的作用机制，除需知道构成外，尚需知道分子结构，英国科学家托德（Alexander Robertus Todd，1907—1997）在该领域取得了一系列重大成就。

三、核苷酸类辅酶研究

托德出生于苏格兰格拉斯哥，1928 年从格拉斯哥大学毕业并获有机化学学位，大学期间接触到磷化学，为将来从事核苷酸和辅酶研究奠定了基础。1931 年，托德进入牛津大学，与罗宾逊（Robert Robinson，1947 年诺贝尔化学奖获得者）一起研究花青素和其他天然色素，同时理解了合成和降解在结构研究中具有互补性，特别是合成不仅可阐明结构，而且许多情况下可为重要生物大分子的作用和应用开辟更广阔的前景，自此形成有机合成是分子结构研究的一种重要手段的科学理念。1933 年获得牛津大学博士学位。

1934 年，托德在爱丁堡大学开始研究维生素 B_1（硫胺素）。当时已鉴定出多种维生素，尤其是水溶性 B 族维生素，生化研究已开始揭示它们的重要性，它们在生物体内转化为更复杂的衍生物，在代谢系统发挥辅酶作用。托德认为这些维生素以核苷酸辅酶形式发挥作用，研究它们的化学性质和作用机制具有重要价值。

20 世纪 30 年代，托德对辅酶类维生素进行了广泛研究，包括成功完成维生素 B_1 的化学合成。1943 年，托德成为剑桥大学有机化学教授，开始研究核苷和核苷酸。当时已知核苷由一个糖和一种碱基（嘌呤或嘧啶）构成，再结合一个磷酸构成核苷酸，但这些元件如何连接不得而知。糖和碱基都是较复杂的分子，糖有 4 个位置可与碱基或磷酸相连。三种不同元件形成的大分子有多种连接方式，但正确结构只有一种，传统有机化学和无机化学对该问题均无能为力，托德决定解决这个问题。

理解元件间连接方式的一个重要方法就是通过降解来获取信息，另一种更直接方法是合成，将合成后的化合物与天然产物进行对比可确定结构正确与否。这项工作非常复杂，最关键的是确定磷酸基团位置，托德为解决一系列难题，开发出多种新的合成方法，这些方法也为其他问题研究带来巨大便利。最终，托德确定核苷酸结构，戊糖 1 号位与碱基（嘌呤或嘧啶）相连而 5 号位与磷酸相连，形成的核苷酸可通过 3 号位与另一核苷酸 5 号位磷酸结合形成二核苷酸，通过相同连接方式增加新的核苷酸最终可形成多核苷酸，这些研究确定了核苷酸和核酸的结构。

托德发现腺苷存在于多种辅酶并发挥关键作用，决定对这些含腺苷化合物进行深入研究。1949 年，托德成功合成腺苷并随后合成二磷酸腺苷（adenosine diphosphate，ADP）和 ATP，此外合成 FAD 等，这些化合物的合成进一步深化了对辅酶作用的理解和认识（图 1-3）。

1957 年，托德由于"在核苷酸及核苷酸辅酶方面的研究成果"而获诺贝尔化学奖，对推动辅酶研究具有重要意义。

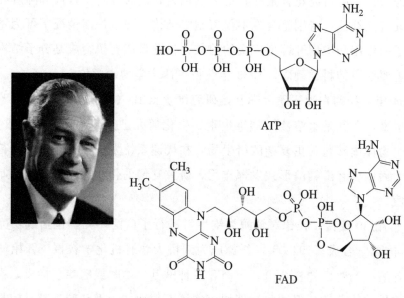

ATP

FAD

图 1-3 托德和辅酶合成

第四节 酶是蛋白质

酶的小分子组分（辅酶）研究取得一系列重大进展的同时，酶的大分子组分也吸引了众多目光，首先解决的问题是酶本质是什么。1926 年，美国生物化学家萨姆纳首次完成脲酶（urease）结晶为这个问题提供了重要答案。

一、脲酶结晶

萨姆纳出生于美国马萨诸塞州的坎顿（Canton），17 岁时左臂意外受伤而使肘部以下截肢，原本左撇子的他不得不使用右手工作。1910 年，萨姆纳从哈佛大学化学专业毕业，受大学期间众多著名化学家影响对科研产生浓厚兴趣。1912 年，萨姆纳进入哈佛大学医学院跟随生物化学大师福林（Otto Folin）研究，选择"动物尿素形成机制"作为博士课题，开始脲酶研究。1914年，萨姆纳加入康奈尔大学，决定选择脲酶纯化这一带有巨大挑战性课题。萨姆纳选择脲酶基于两个原因，首先拥有工作基础，前期他曾用脲酶作为衡量肌肉、血液和尿液中尿素含量的重要指标，研究起来轻车熟路；其次发现刀豆中富含脲酶，从而解决了材料来源问题。但在当时，酶纯化被大多数科学家看作是一个相当愚蠢的想法，根本不可能实现。但萨姆纳坚持认为酶纯化是一个非常有趣且重要的课题，一旦成功将具有十分重要的意义。

前期工作并未像萨姆纳预期的顺利，到 1921 年酶的纯化工作依然没有丝毫进展，这更增加了同事的质疑，但萨姆纳仍一如既往地坚持着自己的研究。萨姆纳进行酶的纯化就是一种执着精神，一方面信念执着，另一方面是工作执着，十余年如一日进行着简单重复的工作，脲酶纯化、脲酶结晶、结果失败，然后再重复，再失败，日复一日，年复一年地如此。而萨姆纳不知疲倦，甘受寂寞，同时还遭到同行"排挤"，但坚信自己的想法没有问题，脲酶一定可纯化成功。天道酬勤，1926 年，萨姆纳经过无数次摸索和尝试，通过对各种条件优化和调整终于将脲酶完成纯化并结晶，当将这种结晶的酶重新溶解后仍具较强催化活性，证明脲酶本质是蛋白质。

二、脲酶是一种蛋白质

萨姆纳将自己分离并结晶脲酶的结果发表后并未获得科学界认可，相反却遭到一系列质疑，批评主要来自德国有机化学家维尔施泰特（Richard Martin Willstätter，1915 年诺贝尔化学奖获得者）及其学生。维尔施泰特实验室曾尝试纯化一种蔗糖酶却未获成功，因此怀疑酶为单一成分，也不可能是蛋白质。维尔施泰特小组将拥有催化活性的酶溶液进行稀释，同时检测其中蛋白质含量，溶液稀释到一定程度后无法检测到蛋白质存在迹象时溶液却依然保持催化活性。结合其他证据，维尔施泰特认为，酶既不是蛋白质，也不是碳水化合物，甚至不属于当时已知的任何复杂有机物。维尔施泰特错误之处在于当时物质检测方法灵敏度不高，由于酶本身高效性，即使少量存在（检测不到）仍拥有大量酶活性。

维尔施泰特质疑萨姆纳的另一个理由是晶体纯度，认为少量非蛋白组分附着蛋白质表面而使整体具有催化能力。针对这些质疑，萨姆纳对脲酶进行了进一步的纯化和结晶，以获得更理想结果。随后几年，萨姆纳发表十余篇论文来证明"酶的本质是蛋白质"。1932 年，萨姆纳用木瓜蛋白酶和胃蛋白酶降解溶液中脲酶，如果酶的本质不是蛋白质，这种处理将对酶催化能力无明显影响，但结果发现溶液脲酶活性完全丧失，彻底否定了维尔施泰特的论断。然而，仍有研究人员认为脲酶纯化和结晶可能仅是特例，不具普遍性。20世纪30年代，美国另一位生物化学家诺思罗普（John Howard Northrop，1891—1987）实验室大量酶结晶的制备进一步证实了萨姆纳的结果。

三、多种蛋白酶结晶

诺思罗普出生于美国纽约扬克斯（Yonkers）的一个知识分子家庭，受环境熏陶对自然科学拥有巨大兴趣。诺思罗普在哥伦比亚大学进行动物学和化学等学习，最终于1915年获得化学哲学博士，主要进行糖代谢研究，因为当时糖酵解是生物化学的一项重要内容。第一次世界大战期间，诺思罗普在美国军队服役期间为了战争和工业需要开始研究乙醇发酵，逐渐对酶产生浓厚兴趣，并想探索酶本质这一根本问题，他选择胃蛋白酶（pepsin）作为研究对象。

1896年，荷兰生理学家派克豪迎（Cornelis Pekelharing）率先从胃液中分离得到胃蛋白酶，曾试图将其纯化和结晶，多次实验都以失败告终。1920年，诺思罗普决定重启胃蛋白酶结晶工作，经过多次努力也未能成功，因此对"酶本质是蛋白质"这个推断产生动摇，同时维尔施泰特等结果对他也产生一定影响，因此放弃酶纯化研究转向其他方面。

1926年，萨姆纳脲酶结晶的成功给诺思罗普带来信心和希望，尽管许多科学家对这个结论表示怀疑，但诺思罗普却坚信不疑，并对自己当初的选择充满信心。诺思罗普重新投入胃蛋白酶纯化和结晶工作中，经过实验方法改进和多次尝试最终于1929年实现结晶，证明胃蛋白酶也是一种蛋白质（图1-4）。诺思罗普随后扩展对酶的研究，到1934年又将胰蛋白酶和胰凝乳蛋白酶等实现纯化和晶体，证明多种酶的本质都是蛋白质，萨姆纳的成功打开酶本质研究的大门，而诺思罗普使酶本质结论更加坚实可信，逐渐被科学界接受。

四、重要意义

1946年，萨姆纳由于酶结晶的发现在等待20年后收获1946年诺贝尔化学奖1/2，诺思罗普由于纯酶形式制备与斯坦利（Wendell Meredith Stanley）

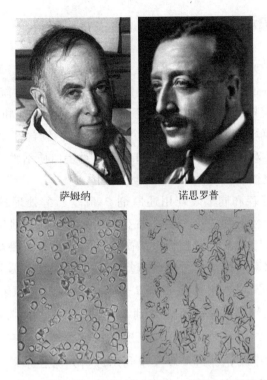

图 1-4　萨姆纳、诺思罗普和脲酶、胃蛋白酶的结晶

收获另外 1/2。萨姆纳的工作对化学、生物学和医学都具有十分重要的意义，推动了生物化学尤其是酶化学快速发展，诺思罗普的工作拓展了人们对酶活性及作用机制的理解和认识，促进了酶学的研究和应用。

第五节　核糖核酸酶：结构与功能完美统一

核糖核酸酶（ribonuclease，RNase）是一类催化 RNA 降解的酶，根据催化特征可分为核酸内切酶和核酸外切酶。反刍动物胰腺核糖核酸酶活性特别高，可能是为了消化胃微生物产生的大量 RNA，其中牛胰腺核糖核酸酶 A 是最常用研究材料。美国生物化学家安芬森（Christian Boehmer Anfinsen，1916—1995）决定从性质上研究核糖核酸酶 A。

一、一级结构决定高级结构

安芬森出生于美国宾夕法尼亚州一个挪威移民家庭，1937 年从斯沃斯莫尔学院（Swarthmore College）毕业，1943 年获哈佛医学院生物化学博士学位，1950 年成为美国国立卫生研究院心脏研究所细胞生理和代谢实验室主任。1954 年，安芬森确定核糖核酸酶是一个单链蛋白，包含 8 个带巯基的半胱氨酸，它们可形成 4 对二硫键，当时已知二硫键对蛋白质活性具有重要影响，因此安芬森决定研究核糖核酸酶中二硫键的作用。

1957 年，安芬森和同事发现用还原剂 β-巯基乙醇处理核糖核酸酶可部分破坏二硫键使酶活性下降，进一步添加变性剂尿素（破坏氢键）造成酶活性完全丧失，说明二硫键和氢键对核糖核酸酶活性发挥具有重要影响。进一步研究发现，去除这些因素后酶活性可部分恢复，意味着酶具有部分自我复性能力。

不久，安芬森发现利用氧化去除 β-巯基乙醇效应（恢复二硫键）但保留尿素情况下可使核糖核酸酶活性恢复到 1%。由于 8 个半胱氨酸具有形成 105 种二硫键可能性（7×5×3），因此随机形成正确二硫键只有约 1% 的概率，安芬森结果证实了这个结论。进一步发现利用透析先除去尿素，后氧化恢复二硫键，核糖核酸酶活性可恢复到 90% 以上，说明所有酶的构象都基本完全恢复（图 1-5）。安芬森根据核糖核酸酶研究结果及其他蛋白质数据，得出著名的安芬森定则（Anfinsen's dogma），即氨基酸序列（蛋白质一级结构）决定蛋白质构象（蛋白质高级结构），而构象又决定生物学活性。

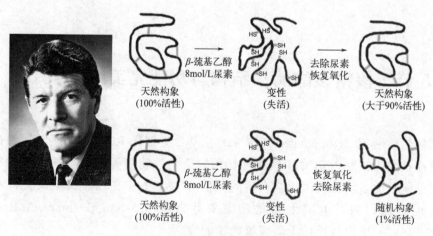

图 1-5　安芬森和核糖核酸酶变性-复性实验

1972 年，安芬森由于"在核糖核酸酶特别是氨基酸序列与生物活性构象关联的研究"收获诺贝尔化学奖的 1/2。

二、酶的催化中心

美国生物化学家摩尔（Stanford Moore，1913—1982）出生于美国伊利诺伊州的芝加哥，1935 年从范德堡大学获得化学学位，又于 1938 年从威斯康星大学获得有机化学博士学位，掌握微量化学分析法。1939 年，摩尔加入洛克菲勒研究所德裔美国生物化学家伯格曼（Max Bergmann）实验室，在这里结识了将来的科研挚友斯坦（William Howard Stein，1911—1980）。斯坦出生于美国纽约一个犹太家庭，先从哈佛大学获得化学学位，后于 1938 年从哥伦比亚获得生物化学博士学位，主要研究弹性蛋白氨基酸组成，毕业后也进入伯格曼实验室。伯格曼是当时世界上最伟大的蛋白质化学家之一，周围聚集大量天才研究人员，主要进行氨基酸的精确分析研究。摩尔和斯坦在这里掌握大量蛋白质研究相关理论和技术，为进一步研究奠定了基础。

第二次世界大战后，纸色谱技术的发明和蛋白质测序方法的进展推动了蛋白质组成和结构研究。摩尔和斯坦开发出马铃薯淀粉为固定相的柱色谱技术，可用于氨基酸分离和定量，最终在乳球蛋白和血清白蛋白的氨基酸研究中发挥重要作用。然而，采用柱色谱技术较为费时，斯坦和穆尔进一步开发出高效的离子交换色谱，分析时间从最初 2 周缩短至 5 天；他们还进一步在 1958 年创建第一个氨基酸自动分析仪，进一步加快研究进程。

20 世纪 50 年代，摩尔和斯坦决定对牛核糖核酸酶 A 的一级结构进行分析。首先用胰蛋白酶（或凝乳蛋白酶、胃蛋白酶）将核糖核酸酶水解，获得的多肽片段用色谱进行分离，使用埃德曼降解对多肽序列进一步分析，最后将所有肽段信息利用重叠分析法推导出核糖核酸酶的氨基酸排列顺序。1959 年，摩尔和斯坦宣布完成包含 124 个氨基酸残基的牛核糖核酸酶 A 一级结构，成为继胰岛素后第二个被解析的蛋白质结构。与此同时，安芬森完成同样的壮举。两个小组的结果对比发现，序列几乎完全一致，只是 11 位氨基酸残基不同，安芬森小组结果是谷氨酸，摩尔和斯坦结果是丝氨酸。摩尔和斯坦进一步检测后修改了这一错位，确定为谷氨酸。摩尔和斯坦还分析出四对二硫键具体的连接方式，这次与安芬森小组的结果再次出现差异，经过详细分析后，最终证明这次的结果完全正确（安芬森的结果有误）。

摩尔和斯坦并未停留在核糖核酸酶一级结构上，而是进一步研究酶的活性中心。已知碘乙酸可造成酶活性丧失，摩尔和斯坦分析发现这是源于碘乙酸会与酶活性中心特定氨基酸形成共价键破坏结构，最终确定 119 和 12 的组氨酸位于核糖核酸酶活性中心，采用类似方法最终确定了酶活性中心的基本结构，为理解催化机制奠定了基础（图 1-6）。

1972 年，穆尔和斯坦由于"对核糖核酸酶化学结构和活性中心催化活性之间关联的贡献"收获诺贝尔化学奖另外 1/2。

摩尔　　　　　斯坦

图 1-6　摩尔、斯坦和核糖核酸酶一级结构

第六节　具有催化功能的 RNA

1926 年脲酶结晶证明酶本质是蛋白质，该结论被接受后成为酶学领域一个基本原则，20 世纪 80 年代初具有催化活性 RNA 的发现改变了这一准则。

一、核糖核酸酶 P

分子生物学家奥尔特曼（Sidney Altman，1939—2022）出生于加拿大魁北克省蒙特利尔一个东欧移民家庭，1960 年从麻省理工学院物理学专业毕业。奥尔特曼先在纽约哥伦比亚大学物理系获得助教机会，有机会真正接触到科研并喜欢上当时最新出现的生命科学交叉学科——分子生物学，决定从物理学转向该领域。奥尔特曼随后在科罗拉多大学从事 T4 噬菌体 DNA 复制研究，并于 1967 年获得生物物理学博士学位。

20 世纪 60 年代，奥尔特曼先后跟随分子生物学大师梅瑟生（Matthew Stanley Meselson，1930— ）、布伦纳（2002 年诺贝尔生理学或医学奖获得者）和克里克（DNA 双螺旋结构的发现者之一，1962 年诺贝尔生理学或医学奖获得者）等进行分子生物学研究。20 世纪 60 年代末，相对于 DNA 复制，DNA 转录研究逐渐成为热门，主要原因在于鉴定出三种真核 RNA 聚合酶。奥尔特曼认为该领域的研究将会取得重大突破，因此将研究重心转向 DNA 转录。当时已知 DNA 转录可产生 mRNA、tRNA 和 rRNA 三种分子，奥尔特曼选择其中最短的 tRNA 作为研究对象。

奥尔特曼发现，不像大家所认为的那样 DNA 转录直接产生成熟 tRNA，而是先产生一个比成熟 tRNA 长的中间产物——前体 tRNA，该前体 tRNA 经过随后一系列加工而将额外部分切除才生成成熟形式。这一发现在深化对 tRNA 转录过程理解的同时也提出一个新的问题，那就是前体 tRNA 如何进行精细加工处理，奥尔特曼决定先从分离前体 tRNA 入手。

奥尔特曼通过在大肠埃希菌中添加有毒化学物质诱导突变而最终获得多种突变体，其中部分细菌丧失前体 tRNA 加工能力，导致细菌内前体 tRNA 大量积累，为材料获取奠定了基础。奥尔特曼借助电泳方法成功分离并纯化了前体

tRNA，对其加工过程深入研究发现需要细菌内的酶催化完成。随后其他科学家发现并分离得到这种酶，并命名为核糖核酸酶 P，该酶可将前体 tRNA 中"多余"序列在精确位置切除。

1971 年，奥尔特曼加入耶鲁大学，深入研究前体 tRNA 加工机制。1978年，奥尔特曼和其研究生发现，核糖核酸酶 P 由蛋白质和 RNA 两部分组成，将 RNA 去除后核糖核酸酶 P 活性丧失，重新加入 RNA 后活性恢复，表明 RNA 在催化过程发挥重要作用。这个结果一经发表就立刻引起了分子生物学界的广泛关注，因为该结论与传统观念存在较大分歧。大家普遍接受的观点是，酶由酶蛋白和辅助因子组成，蛋白质是大分子化合物，而无机离子或维生素衍生物等辅助因子都是小分子，现在 RNA 参与催化这个现象给科学界带来巨大难题，为维护蛋白质的核心地位，将 RNA 看作一种"特殊"辅助因子。奥尔特曼并未深入探索 RNA 作用，即使作为辅助因子它的机制如何也未能详细提供，直到美国化学家切赫首次证明单独 RNA 在体外也可发挥催化作用后，研究人员才重新审视该问题。

二、 rRNA 拼接

切赫出生于美国芝加哥一个捷克移民家庭，儿时对科学充满巨大兴趣，初中的切赫就经常请教爱荷华大学地质学教授有关晶体结构、陨石和化石等问题。切赫从爱荷华州格林内尔学院（Grinnell College）完成化学学业，其间对生物化学产生浓厚兴趣，因为生物化学的实验设计、现象观察和理论解释都给他留下深刻印象，决定选择生物化学作为未来职业。1970 年，切赫进入加利福尼亚大学伯克利分校开始研究生学习，幸运地遇到染色体功能和结构研究方面的专家作为导师，熟悉了 DNA 和 RNA 等生物大分子，同时掌握了大量生物化学理论和操作技巧。

1978 年，切赫进入科罗拉多大学开展独立研究，重点研究前体 RNA 拼接机制。由于三种 RNA 中，rRNA 占比最多，遂将其确定为研究目标。为了实验方便，切赫选择单细胞原生生物四膜虫作为研究对象。选择四膜虫基于两个原因，一是四膜虫繁殖快，材料易获取，并且四膜虫是真核生物，而真核生物 rRNA 拼接比较多见；二是四膜虫易于 RNA 提取，可大大简化实验操作。

1981 年起，切赫和同事开始系统研究前体 rRNA 拼接。切赫最初认为催化切除 RNA 中内含子的酶存在于细胞核，因此制备四膜虫细胞核提取液，加入前体 rRNA 并补充无机离子和能量分子（如 ATP）等反应体系，然后检测酶活性，将不添加细胞核提取液的 rRNA 前体分子溶液作为对照。结果却大大出乎切赫和同事预料，对照组也发生 rRNA 内含子切除反应，因为该实验组未添加任何酶类物质，只有 rRNA 自身，唯一解释就是 rRNA 实现自我催化。切赫和同事一开始对结果并不相信，怀疑实验应用的 rRNA 在纯化过程中残存部分蛋白质污染。为此进一步强化实验，在保证绝对不可能存在蛋白质的前提下进行 rRNA 拼接实验，结果和最初一样前体 rRNA 仍将自身内含子切除，确定 rRNA 具有催化功能。1982 年，切赫发表了这一结果并将这类拥有催化能力的 RNA 称为核酶，切赫成为第一个发现 RNA 具有催化功能的科学家。

切赫的发现引发科学界一次热烈大辩论，一部分怀疑论者努力想保持酶的本质是蛋白质这个观点，不愿接受切赫的结果，提出一系列怀疑理由。他们认为切赫的核酶实际上不是真正意义上的酶，因为它只能作用于自身，并且在反应后发生改变，而真正催化化学反应的酶前后应保持不变；他们还认为 rRNA 自身拼接可能只是四膜虫这种奇特生物所拥有的反常现象，在生物界不具普遍性。

随后的一系列发现使这些怀疑依次破灭。世界各地科学家又在其他多个物种中发现了 rRNA 的自我拼接现象，说明具有普遍性。切赫的发现重新激发了奥尔特曼对早期核糖核酸酶 P 中 RNA 催化活性结论的再思考。奥尔特曼对核糖核酸酶 P 进行深入研究发现单独 RNA 也可发挥催化活性。而奥尔特曼随后又证明该 RNA 拥有经典蛋白质型酶拥有的所有特性，更为重要的是该酶不像 rRNA 那样自我催化，而是催化其他分子反应，并在化学反应前后保持不变，符合传统酶的特性。这些结果使科学界逐步接受 RNA 也可拥有催化活性（图 1-7）。

三、重要影响

1989 年，奥尔特曼和切赫由于"具有催化活性 RNA 的发现"分享诺贝尔化学奖。诺贝尔委员会将核酶发现看作 20 世纪下半叶生命科学领域最重要和最著名的两大发现之一（另一发现是沃森和克里克 DNA 双螺旋结构阐明）。

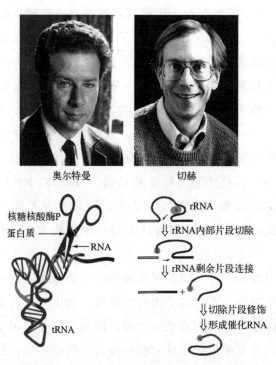

图 1-7 奥尔特曼、切赫和催化 RNA 的发现

核酶发现具有重要理论意义，扩展了对酶本质的理解和认识，为 RNA 赋予新功能，既能传递遗传信息又可催化化学反应，从而为一个古老争论提供潜在答案。生命起源中一直存在"蛋白质和核酸哪一种是地球上最早生命形式"的争论，蛋白质具有催化性质，但由核酸编码；核酸具有编码功能，但自身缺乏催化功能，需蛋白质协助，因此两者相互依存，不可能先产生任何一种，该争论也被形象描述为"先有鸡还是先有蛋"问题，RNA 拥有催化活性的发现使科学家推断 RNA 是生命起源中出现的第一个生物大分子。核酶还具有重要应用价值，为遗传学家提供了强有力研究工具——基因"剪刀"，使用该"剪刀"可将目标 RNA 在特定位置切开，在临床上可用于破坏导致感染或基因紊乱的RNA 分子。

主要参考文献

[1]　Tipton K, Boyce S. History of the enzyme nomenclature system［J］. Bioinformatics,
　　　2000, 16（1）: 34-40.

[2] McDonald A G，Tipton K F. Enzyme nomenclature and classification：the state of the art [J]．FEBS J，2023，290（9）：2214-2231.

[3] Koshland D E. Application of a theory of enzyme specificity to protein synthesis [J]．Proc Natl Acad Sci USA，1958，44（2）：98-104.

[4] 郭晓强. 酶的研究与生命科学（一）：酶本质的理解和认识 [J]．自然杂志，2014，36 （3）：208-217.

[5] Heckmann C M，Paradisi F. Looking back：A short history of the discovery of enzymes and how they became powerful chemical tools [J]．ChemCatChem，2020，12（24）：6082-6102.

[6] Kohler R. The background to Eduard Buchner's discovery of cell-free fermentation [J]．J Hist Biol，1971，4：35-61.

[7] Jaenicke L. Centenary of the award of a Nobel prize to Eduard Buchner，the father of bio-chemistry in a test tube and thus of experimental molecular bioscience [J]．Angew Chem Int Ed Engl，2007，46（36）：6776-6782.

[8] Kohler R E. The reception of Eduard Buchner's discovery of cell-free fermentation [J]．J Hist Biol，1972，5（2）：327-353.

[9] Kohler R E Jr. The background to Arthur Harden's discovery of cozymase [J]．Bull Hist Med，1974，48（1）：22-40.

[10] Harden A，Young W J. The alcoholic ferment of yeast-juice [J]．Proc R Soc Lond B Biol Sci，1906，78（526）：369-375.

[11] Kyle R A，Shampo M A. Hans von Euler-Chelpin--Noble laureate [J]．Mayo Clin Proc，1996，71（6）：596.

[12] Shampo M A，Kyle R A，Steensma D P. Alexander Todd--British Nobel laureate [J]．Mayo Clin Proc，2012，87（3）：e19.

[13] Sumner J B. The isolation and crystallization of the enzyme urease：preliminary paper [J]．J Biol Chem，1926，69（2）：435-441.

[14] Northrop J H. Crystalline pepsin [J]．Science，1929，69（1796）：580.

[15] Anfinsen C B，Sela M，Cooke J P. The reversible reduction of disulfide bonds in polyalanyl ribonuclease [J]．J Biol Chem，1962，237：1825-1831.

[16] Kresge N，Simoni R D，Hill R L. The thermodynamic hypothesis of protein folding：the work of christian anfinsen [J]．J Biol Chem，2006，281（14）：e11-e13.

[17] Kresge N，Simoni R D，Hill R L. The Elucidation of the structure of ribonuclease by stanford moore and william H. Stein [J]．J Biol Chem，2005，280（50）：e47-e48.

[18] Kresge N，Simoni R D，Hill R L. The fruits of collaboration：Chromatography，amino acid analyzers，and the chemical structure of ribonuclease by william H. stein and stanford moore [J]．J Biol Chem，2006，280（9）：e6-e8.

[19] Crestfield A M，Stein W H，Moore S. Alkylation and identification of the histidine residues at the active site of ribonuclease [J]．J Biol Chem，1963，238：2413-2419.

[20] Stark B C，Kole R，Bowman E J，et al. Ribonuclease P: an enzyme with an essential RNA component [J] . Proc Natl Acad Sci USA，1978，75 (8)：3717-3721.

[21] Kruger K，Grabowski P J，Zaug A J，et al. Self-splicing RNA: autoexcision and autocy-clization of the ribosomal RNA intervening sequence of Tetrahymena [J] . Cell，1982，31 (1)：147-157.

[22] Guerrier-Takada C，Gardiner K，Marsh T，et al. The RNA moiety of ribonuclease P is the catalytic subunit of the enzyme [J] . Cell，1983，35 (3 Pt 2)：849-857.

[23] Kresge N，Simoni R D，Hill R L. Ribonuclease P and the discovery of catalytic RNA: the work of sidney altman [J] . J Biol Chem，2007，282 (7)：e5-e7.

[24] Altman S. The road to RNase P [J] . Nat Struct Biol，2000，7 (10)：827-828.

第二章

酶与物质代谢

新陈代谢既是生命典型特征之一，又是生命活动基础。新陈代谢主要包括物质更新和能量转换两个过程，它们相辅相成共同维持生命内稳态。代谢基础是酶促反应，中间产物的鉴定和酶的发现是两项基本任务。

第一节　酶与糖酵解

糖酵解（glycolysis）是将葡萄糖转化为丙酮酸的过程，由酶催化的十个反应构成。

一、糖酵解基本过程

1906 年，哈登和杨在鉴定出辅酶过程中还发现添加磷酸可增加无细胞酵解体系中二氧化碳的生成，从而推断存在携带磷酸的中间产物，进一步鉴定出1,6-二磷酸果糖。

1918 年，迈耶霍夫（Otto Fritz Meyerhof，1884—1951）证明肌肉中乳酸

生成的辅酶与酵母中酒精生成的辅酶相同，从而将二者实现完美统一，两者反应过程统称糖酵解。

20世纪20年代，迈耶霍夫开始系统研究糖酵解具体代谢步骤。迈耶霍夫和同事发现含有6个碳原子的1,6-二磷酸果糖会分解为两个3碳化合物，最初认为是1,3-二磷酸甘油醛，后发现实际是两种物质，3-磷酸甘油醛和磷酸二羟丙酮，二者可以在异构酶催化下互相转化。但真正实现把中间代谢物完美整合的是德国生理化学家恩伯登（Gustav Embden，1874—1933）。

20世纪20年代，恩伯登和同事从肌肉组织分离得到几种中间代谢物，并结合已有的代谢物，借助结构分析和逻辑推理的策略于1932年天才般构建出从葡萄糖到丙酮酸代谢过程中的中间产物的变化顺序，遗憾的是其不久后的去世中断了进一步研究。

二、糖酵解关键酶

研究人员也在积极鉴定催化糖酵解代谢途径的酶。1927年，迈耶霍夫鉴定出己糖激酶。20世纪30年代，波兰裔苏联生物化学家帕纳斯（Jakub Karol Parnas）鉴定出1,6-二磷酸果糖激酶和丙酮酸激酶，而这三个酶是糖酵解途径中被调节的关键点。20世纪40年代初，糖酵解中间产物和催化酶均鉴定成功，因此该途径也被称为恩伯登-迈耶霍夫-帕纳斯通路（Embden-Meyerhof-Parnas pathway，EMP）。

三、糖酵解阐明的意义

糖酵解是较古老的一个代谢途径，是地球早期缺乏氧气时提供营养的重要来源，在生物体高度保守。糖酵解还是首个被阐明的代谢途径，具有三大特征：首先是在缺氧或无线粒体细胞（如红细胞）条件下，生成少量能量的唯一途径；其次有氧情况下丙酮酸进入线粒体彻底氧化产生大量能量分子；最后许多中间代谢物可以进入其他合成代谢途径，生成脂肪、氨基酸和核苷酸等物质。

第二节 氧化酶与物质分解

氧是地壳中含量最多的元素，主要以氧化物形式存在，两个氧原子构成的氧分子（O_2）是大气基本成分，对地球上大多数生物尤其是高等生物必不可少。瓦尔堡（Otto Heinrich Warburg，1883—1970）氧化酶的发现证明了氧在代谢中具有作用。

一、氧化酶的发现

瓦尔堡出生于德国弗赖堡，父亲是著名物理学家，先后在弗赖堡大学和柏林大学完成有机化学学习，后在海德堡大学获得医学博士学位。1913 年，瓦尔堡加入恺撒威廉研究所（今马普研究所）开始独立科研，早期主要研究癌细胞代谢，发现著名的瓦尔堡效应（癌细胞内糖酵解活性较高），后转向生物氧化研究。

无机化学已表明许多金属具有启动或加速氧化反应的能力，因此瓦尔堡推测生物氧化也需金属或金属化合物参与。为证明假说，瓦尔堡需要检测添加不同金属（或金属化合物）后细胞耗氧量和氧化速度间关系变化，由于碳和氧反应生成二氧化碳，因此单位时间内二氧化碳生成量可作为衡量氧化速度的重要指标。但要完成该任务，瓦尔堡面临诸多难题。20 世纪初用间接法测定二氧化碳含量，由于二氧化碳可溶于水，而所用仪器又比较陈旧，因此所得数据存在极大误差，重复性差。瓦尔堡凭借特有的勇气和百折不挠努力改进实验操作，特别是 1918 年发明瓦尔堡测压计，该装置设计精良，结构简单，测定二氧化碳时反应灵敏，准确性高，为随后的生物氧化特别是氧化酶性质和作用方式研究带来便利。

早在第一次世界大战前，瓦尔堡就发现少量氰化物可抑制细胞内氧化，后又应用一氧化碳进行实验得出相似结论。1921～1924 年，瓦尔堡和同事发现加入铁可使细胞氧化速度加快，推测氧化至少需一种含铁酶参与。已知氰化物可与铁形成稳定复合物而阻碍铁生物作用的发挥，实验发现氰化物和一氧化碳对体内酶均具有抑制作用，随后通过精密实验证实含铁酶的存在。瓦尔堡在体外加热血红蛋白获得高铁血红素，结果发现它与体内含铁氧化酶具有类似催化性质，随后多项证据显示二者具有较多相似性。瓦尔堡又用分光光度计检测这两类物质单独存在以及与一氧化碳结合后光吸收情况，发现吸收光谱非常相似，证明二者的一致性。1925 年，戴维·凯林（David Keilin，1887—1963）分离出细胞色素 a、细胞色素 b 和细胞色素 c，并显示细胞色素 c 在细胞呼吸中发挥关键性作用。瓦尔堡将含铁酶与细胞色素进行对比，最终确定其就是细胞色素 c 氧化酶（图 2-1）。

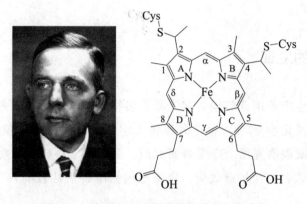

图 2-1　瓦尔堡和细胞色素氧化酶中的铁卟啉

1931 年，瓦尔堡由于"呼吸酶本质和作用方式的发现"获得诺贝尔生理学或医学奖。细胞色素 c 氧化酶是第一个鉴定的氧化酶，对推动随后氧化研究的全面发展具有十分重要的意义。

二、脱氢酶的鉴定

20 世纪 20 年代，生物氧化机制存在两种假说，一是瓦尔堡的氧激活假说，另一是威兰（Heinrich Otto Wieland，1927 年诺贝尔化学奖获得者）的氢激活假说。威兰发现一些金属可吸收氢，此外一些参与氧化的酶并不含金属，这类酶称脱氢酶。威兰进一步提出糖的生物氧化并非糖直接与氧反应，而是先脱氢，氢再与氧反应生成水同时释放能量。两种假说表面存在互斥性，但匈牙利生物化学家圣捷尔吉（Albert von Szent-Györgyi，1893—1986）将二者实现完美统一。

圣捷尔吉出生于匈牙利首都布达佩斯，在布达佩斯医学院获得医学博士学位，随后在德国多所大学进行生物化学系统培训（瓦尔堡和威兰均为德国人），熟悉生物氧化相关基础理论和实验方法，此外还在剑桥熟悉维生素相关知识。1928 年，圣捷尔吉从柑橘类水果、部分蔬菜和肾上腺中分离到一种还原性物质，命名为己糖醛酸。1931 年秋，圣捷尔吉动物实验表明己糖醛酸具有预防坏血病作用，确定这种物质就是维生素 C（又名抗坏血酸）。

圣捷尔吉决定构建体外生物氧化体系，将营养物、细胞色素氧化酶和脱氢酶混合，但该体系无法完成生物氧化，意味着尚缺乏某种必要成分。圣捷尔吉随后发现脱氢酶需要辅酶，后证实为辅酶Ⅰ。瓦尔堡确定辅酶Ⅰ含有一个嘌呤结构，该物质为烟酰胺腺嘌呤二核苷酸（NAD）。圣捷尔吉发现另一带黄色的辅酶也发挥重要作用，瓦尔堡将含有该染料的酶称黄素蛋白，后确定其与维生素 B_2 相关，该物质为黄素单核苷酸（flavin mononucleotide，FMN）和黄素腺嘌呤二核苷酸（FAD）。然而补充两类辅酶后体系仍无法正常工作。

1933 年，圣捷尔吉与同事以鸽子胸部肌肉为材料研究生物氧化过程，由于鸽子胸肌进行快速的生物氧化产生能量供飞行之需，因此是理想研究材料。当时已知多种含有 4 个碳原子的二羧酸包括苹果酸、延胡索酸和琥珀酸等对生物氧化具有重要意义，并推测它们参与氧化过程。圣捷尔吉等通过精密实验发现添加少量二羧酸就可引起耗氧量显著增加，远远大于化学反应需要量，进一步研究发现二羧酸本身含量没有明显变化，意味着它们发挥催化剂作用。根据一系列证据，圣捷尔吉提出了自己的生物氧化模式，认为糖类首先将氢给予草酰乙酸，后者在苹果酸脱氢酶催化下生成苹果酸，苹果酸将氢传递给延胡索酸，延胡索酸在琥珀酸脱氢酶催化下将氢交予琥珀酸，琥珀酸再将氢给予细胞色素，最终通过细胞色素 c 氧化酶与氧结合生成水。在圣捷尔吉生物氧化体系中，代谢物、二羧酸、脱氢酶辅酶（辅酶Ⅰ和黄素）、细胞色素 c 氧化酶实现有序排列，更重要的是将新鉴定的维生素（维生素 B_2 和维生素 PP）也有机整合到该体系，形成含铁氧化酶和含维生素的脱氢酶两类酶的融合，实现氧激活和氢激活两种学说的完美整合（图 2-2）。

1937 年，圣捷尔吉由于"生物氧化过程特别是维生素 C 和延胡索酸催化作用的发现"获得诺贝尔生理学或医学奖。

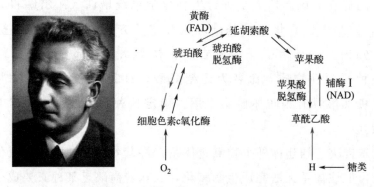

图 2-2　圣捷尔吉和酶介导的氢传递

三、氧化酶作用

代谢途径取得一系列重大突破同时，氧化酶研究也取得许多重要进展，瓦尔堡和学生特奥雷尔（Axel Hugo Theodor Theorell，1903—1982）贡献最为突出。特奥雷尔出生于瑞典林雪平（Linköping），在卡罗林斯卡研究所获得医学学士，由于疾病原因放弃医学转向基础研究。特奥雷尔早期研究血脂化学和血脂对红细胞影响，开发出血浆清蛋白和球蛋白分离技术，后于 1933 年来到德国柏林恺撒威廉研究所跟随瓦尔堡开始酶学研究。

早在 1932 年，瓦尔堡就和助手从酵母中发现一种黄酶并部分提纯，该酶在还原状态下无色，氧化后变黄色。同时还确定该酶由两部分组成，黄色色素和载体。黄色色素为核黄素，但游离核黄素无活性，与载体结合则有活性，对此现象当时无法给出合理解释。特奥雷尔凭借自己在蛋白质纯化方面的基础和精美设计，首先实现该酶完全纯化，进一步使用电泳技术证明其不含杂质，还进一步获得该酶晶体结构（这项成就在当时较为难得）。特奥雷尔将两种物质在低温下处理可分离到黄色色素和无色蛋白质，两者单独存在均无活性，两者混合后重新恢复活性，这是首次完成的酶的拆分和再结合实验，随后确定黄色物质实际为黄素单核苷酸（FMN），正式得出现代意义上酶蛋白和辅酶概念（图 2-3）。特奥雷尔还对黄酶中蛋白质部分进行深入研究，确定黄酶在细胞氧化和呼吸链电子传递过程中的作用，极大推动了生物氧化研究。

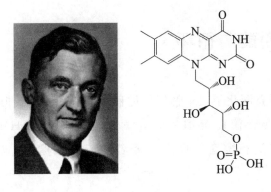

图 2-3　特奥雷尔和 FMN

　　1937 年，特奥雷尔回到斯德哥尔摩，成为卡罗林斯卡研究所生物化学系主任，继续进行氧化酶的研究。1938 年，特奥雷尔发现细胞色素 c 氧化酶中血红素与酶蛋白通过特殊方式结合，并于第二年成功纯化细胞色素 c。1941 年，特奥雷尔与同事确定细胞色素 c 立体化学结构以及与铁的连接方式。1955 年，特奥雷尔发现细胞色素 c 氧化酶核心含一个铁原子和一个卟啉环，而这个核心被一个螺旋状肽链围绕，这个发现对理解细胞色素 c 氧化酶介导电子传递机制具有重要意义。特奥雷尔和同事还研究了细胞色素 c 氧化酶的酶促反应速度和影响因素，不仅奠定了现代酶学基础，而且成为酶学研究基本模式。

　　1941 年，特奥雷尔和同事第一次分离并结晶辣根过氧化物酶，1943 年又从牛奶中分离得到乳酸过氧化物酶，最为重要一项成就是发现乙醇脱氢酶。乙醇脱氢酶是一种在肝脏和酵母中特异表达的氧化酶。1948 年，特奥雷尔首先从肝脏中分离并实现结晶，在随后几年对该酶进行的广泛研究中，阐明了催化反应和特点，肝脏的乙醇脱氢酶将乙醇氧化为乙醛，而酵母乙醇脱氢酶还原乙醛为乙醇。特奥雷尔与宾夕法尼亚大学查恩斯（Britton Chance）合作阐明了乙醇氧化的代谢步骤，并提出了著名的特奥雷尔-查恩斯机制。乙醇脱氢酶在随后一段时间被应用于法医中的乙醇鉴定。

　　1955 年，特奥雷尔由于在"氧化酶本质和作用方式方面的发现"获得诺贝尔生理学或医学奖。由于生物氧化是物质代谢的基础，而氧化酶又是生物氧化的基础，因此特奥雷尔的研究丰富了人们对氧化过程分子机制的理解，拓展了细胞氧化的研究和应用。

第三节　代谢酶与循环

圣捷尔吉的研究深化了对生物氧化过程的理解和认识，但不久后发现其细节上存在一定不足，德裔英国生物化学家克雷布斯（Hans Adolf Krebs，1900—1981）对其进行完善，提出了著名的三羧酸循环，展现了生物氧化全貌。

一、尿素循环

克雷布斯出生于德国希尔德斯海姆（Hildesheim），在汉堡大学获得医学学位，随后在柏林开始化学学习。1926年，克雷布斯成为恺撒威廉研究所瓦尔堡的助手，随后几年他一方面掌握生物氧化基础知识，另一方面熟练掌握相关实验操作（利用肌肉和其他组织切片研究糖的分解）。1932年，克雷布斯离开瓦尔堡实验室后在弗赖堡一家医院获得工作职位，一方面需要照顾一定数量的患者，另一方面还被要求帮助教授完成各种任务，尽管如此他还是利用闲暇时间解决了尿素代谢的重大问题。

当时已知尿素是代谢的主要含氮终产物，仅在肝脏形成，但生成机制不详。克雷布斯充分利用在瓦尔堡实验室掌握的肝脏切片技术首先证明体外也可完成尿素生成过程，当向反应体系加入不同氨基酸后可明显加快氨合成尿素的速度，其中加入鸟氨酸的效果最显著。早在1904年就知道精氨酸可被精氨酸酶催化生成鸟氨酸和尿素，而肝脏富含精氨酸酶。克雷布斯最初怀疑鸟氨酸混有精氨酸从而导致尿素生成加快，但随后使用纯化的鸟氨酸进行测试却得到同样的结果，说明鸟氨酸确实具有促进尿素生成的作用，考虑到结构之间的关系，克雷布斯推测鸟氨酸与氨和二氧化碳会生成精氨酸，然后精氨酸再分解出尿素，这就是鸟氨酸促进尿素生成的缘故。考虑到反应的复杂性，克雷布斯进一步提出鸟氨酸与氨和二氧化碳首先生成瓜氨酸，而瓜氨酸进一步与氨生成精氨酸，精氨酸在分解出尿素的同时还产生鸟氨酸，从而形成一个循环结构，借助鸟氨酸、瓜氨酸和精氨酸的辅助而实现将2分子氨和1分子二氧化碳合成1分子尿素的目的。为验证这一假说，克雷布斯又使用瓜氨酸进行测试，结果确实可显著促进尿素生成。克雷布斯提出的尿素循环途径基本内核在今天仍然适用。

尿素循环的提出为克雷布斯带来巨大声誉，同时希特勒上台也使犹太人的克雷布斯丢掉了工作不得不离开德国。1933 年，克雷布斯获邀加入剑桥大学生物化学系，两年后又成为谢菲尔德大学药理系讲师，开始研究糖类、脂肪和蛋白质生成二氧化碳和水的代谢途径。

二、三羧酸循环

此前，匈牙利生物化学家圣捷尔吉用鸽子胸肌为材料阐明多种 4 碳酸如琥珀酸、富马酸、苹果酸和草酰乙酸等参与生物氧化。1937 年，德国生物化学家诺普（Georg Franz Knoop，1875—1946）和同事在肝脏发现柠檬酸也具有催化生物氧化作用，并证明柠檬酸可首先被顺乌头酸酶催化生成异柠檬酸，异柠檬酸进一步氧化脱氢生成 α-酮戊二酸，α-酮戊二酸进一步氧化生成琥珀酸。克雷布斯决定实现这两个通路的整合。

克雷布斯和同事发现肌肉组织中柠檬酸一方面生成 α-酮戊二酸，另一方面还可通过添加草酰乙酸再生。关于柠檬酸再生，克雷布斯推测可能是草酰乙酸与丙酮酸或乙酸反应生成。由于草酰乙酸又可由琥珀酸代谢生成，因此这个代谢途径明显形成一个环状系统。由于起始于柠檬酸，因此称为柠檬酸循环（citric acid cycle），而柠檬酸含有三个羧基，又称三羧酸循环（tricarboxylic acid cycle，TCA），为纪念克雷布斯又称克雷布斯循环。为进一步证实该假说，克雷布斯在系统中添加苹果酸脱氢酶抑制剂丙二酸，结果造成苹果酸积累，同时引起其他代谢反应终止。

1948 年，克雷布斯又为三羧酸循环添加草酰琥珀酸、乙酰辅酶 A 和苹果酸单酰辅酶 A 成分，从而形成最终完善过程。三羧酸循环最初在糖代谢研究中被发现，进一步发现其他物质如脂肪酸和氨基酸等彻底氧化也通过三羧酸循环，从而确立三羧酸循环是营养物质氧化分解（此外还包括合成代谢）的共同通路。1953 年，克雷布斯由于"三羧酸循环发现"获得诺贝尔生理学或医学奖（图 2-4）。

克雷布斯三羧酸循环的关键是草酰乙酸生成柠檬酸（只有该反应完成才能成环），最早推测丙酮酸或乙酸参与，但后来这种想法存在一定偏差，直到德

图 2-4　克雷布斯和三羧酸循环

裔美国科学家李普曼（Fritz Albert Lipmann，1899—1986）乙酰辅酶 A 的发现才使该问题得到完美解决。

三、辅酶 A 与代谢

　　李普曼出生于德国柯尼斯堡（Koenigsberg）一个犹太家庭。1924 年，李普曼从柏林大学获得医学学位，学习过程中对生物化学产生浓厚兴趣，因此于 1926 年加入恺撒威廉研究所成为迈尔霍夫（1922 年诺贝尔生理学或医学奖获得者）的助手，1927 年获得博士学位。

　　20 世纪 30 年代，李普曼主要研究成纤维细胞中的物质代谢，重点在于巴斯德效应（氧的存在抑制糖酵解）。由于糖酵解和有氧氧化分支点在丙酮酸，无氧情况生成乳酸，有氧情况产物及代谢过程尚不清晰。李普曼发现丙酮酸氧化过程依赖无机磷酸存在，并有 ATP 生成，因此推测乙酰磷酸是丙酮酸氧化初产物。

　　1939 年，李普曼来到美国继续研究乙酰磷酸在代谢中的作用。1941 年，李普曼对携带细胞内化学能的乙酰磷酸分析发现，其不仅拥有富含能量的乙酰基，而且还拥有富含能量的磷酸基，李普曼认为乙酰基主要作为代谢中乙酰化载体，而 ATP 是体内能量代谢的"货币"。代谢物氧化生成能量以 ATP 形式贮存，而细胞内各种代谢耗能依赖 ATP 水解释放。

　　李普曼进一步研究发现，乙酰磷酸在进行乙酰化修饰过程中活性不足，因此可能有其他新因子发挥作用，随后在鸽胸肌提取液中鉴定出一种热稳定因子，该因子广泛存在于多种器官煮沸过的提取液中，利用透析法去除后补充任何已知的辅酶都无法恢复乙酰化修饰活性，因此推测该因子是一种新的辅酶。1946 年，李普曼从猪肝中纯化该因子，命名为辅酶 A，A 代表乙酸激活（activation of acetate）。1953 年，李普曼等确定辅酶 A 的化学组成，包含腺嘌呤、磷酸、泛酸和巯基等，辅酶 A 是多种酰基活化辅酶（图 2-5）。

图 2-5 李普曼和辅酶 A

1953 年，李普曼由于"辅酶 A 及其在代谢中重要作用的发现"和克雷布斯分享诺贝尔生理学或医学奖。圣捷尔吉的早期研究和三羧酸循环的提出与完善提供了营养物质代谢过程中脱氢的基本过程，为生物氧化研究提供了清晰画面。

第四节　酶与糖原代谢

糖原（glycogen）是一类只存在于动物体内的多糖物质（常见植物多糖为淀粉和纤维素），是葡萄糖在体内主要的储存形式。糖原是三种常用的能量储存物质之一，另两种是磷酸肌酸和脂肪。

一、糖原发现

1848 年，法国生理学家贝尔纳（Claude Bernard）注意到在没有饲喂过任何碳水化合物的狗死后可以从其肝静脉收集到大量葡萄糖，从而得出结论，肝

脏可以产生葡萄糖。1857 年,贝尔纳提取该物质并将其命名为糖原,意为
"糖形成物质",组成分析表明糖原由葡萄糖构成。不久在肌肉中也发现了糖原
的存在,至此两种最主要的糖原,即肝糖原和肌糖原鉴定成功。肝糖原占肝脏
体积 8%,主要用作血糖浓度调节,而肌糖原占肌肉体积 2%,主要为肌肉收
缩供能。20 世纪 30 年代,两位奥地利裔美国生物化学家卡尔·科里(Carl
Ferdinand Cori,1896—1984)和格蒂·科里(Gerty Theresa Cori,1896—
1957)夫妇阐明了糖原产生葡萄糖的代谢过程。

二、科里夫妇

卡尔出生于当时尚属奥匈帝国的布拉格,父亲是一家海洋生物站站长,卡
尔在这里度过自己的童年,并随父亲掌握科学入门知识。1914 年,卡尔进入
布拉格大学学医,由于第一次世界大战爆发而参军并在卫生队担任中尉职务。
战争结束后,卡尔重回布拉格大学于 1920 年毕业获得医学博士学位,在这里
结识格蒂。格蒂也出生于布拉格,于 1914 年进入布拉格大学,从而成为卡尔
同学。两人在大学第一年相遇就相互吸引,发现双方拥有诸多共同点:热爱研
究和爬山等,因此毕业后不久完婚。

1922 年,科里夫妇在欧洲工作两年后来到美国纽约的布法罗工作,最
初研究物质代谢,很快取得一系列重要成果。科里夫妇一方面具有精湛的
实验动手能力,在设备有限的情况下仍能完成许多定量和精准实验;另一
方面又具有深邃的洞察力,可将看起来毫无关联的代谢反应建立起紧密联
系。1928 年,科里夫妇发现肾上腺素对糖原代谢的调控,并于第二年提
出著名的科里循环,该循环是指葡萄糖或糖原在肌肉内通过糖酵解产生乳
酸,乳酸输出肌肉借助血液循环运输到肝脏,通过糖异生产生葡萄糖,葡
萄糖再借助血液循环运输到肌肉直接利用或生成肌糖原储存,该循环解释
了乳酸的运动规律和代谢转变过程,使人们对肌肉乳酸再利用有了深入理
解。科里循环将肝糖原和肌糖原借助乳酸和葡萄糖建立起了紧密联系。科
里循环也就是现在生物化学中的乳酸循环,它既不像三个世纪前哈维发现
的血液循环那样著名,也不像几年后克雷布斯提出的柠檬酸循环那样精
妙,但却深化了对能量使用和储存的见解,对生物能学的激素控制研究产
生了重要推动作用。

三、糖原分解

20 世纪 30 年代，科里夫妇在华盛顿大学继续研究糖原代谢，在用清水洗涤肌肉过程中发现一种不同于当时已知的 6-磷酸葡萄糖的磷酸化合物，经过分析表明该化合物为 1-磷酸葡萄糖，为纪念夫妇二人的贡献将该化合物命名为"科里酯"。科里夫妇对科里酯的产生方式和代谢去向产生浓厚兴趣，接下来重点是寻找科里酯代谢相关酶，不久就鉴定出糖原磷酸化酶（glycogen phospho-rylase），该酶催化糖原磷酸解生成科里酯。在此过程中还鉴定出催化 1-磷酸葡萄糖转化为 6-磷酸葡萄糖（糖酵解中间产物）的磷酸葡萄糖变位酶。至此，科里夫妇成功阐明糖原分解的基本过程：糖原首先在糖原磷酸化酶催化下生成科里酯，再在磷酸葡萄糖变位酶催化下生成 6-磷酸葡萄糖，生成的 6-磷酸葡萄糖或水解为葡萄糖补充血糖（肝脏）或直接进入分解代谢途径（肌肉）（图 2-6）。

糖原 ──(糖原磷酸化酶)──→ 1-磷酸葡萄糖（科里酯）──→ 6-磷酸葡萄糖 ──→ 葡萄糖

图 2-6　科里夫妇和糖原分解

1947 年，科里夫妇由于"糖原催化转变过程的发现"和阿根廷生理学家奥赛（Bernardo Alberto Houssay）分享诺贝尔生理学或医学奖。

四、糖原合成

科里夫妇发现糖原磷酸化酶不仅催化糖原分解，而且还催化逆反应，并于

1939 年首先在体外合成糖原，从而使糖原成为人类第一种完成体外合成的生物大分子。然而后续却发现，体内糖原合成由另一代谢通路完成，该研究主要由阿根廷生物化学家莱洛伊尔（Luis Federico Leloir，1906—1987）完成。

莱洛伊尔出生于法国巴黎，2 岁随父母回到阿根廷首都布宜诺斯艾利斯。1932 年，莱洛伊尔从布宜诺斯艾利斯大学毕业，获医学博士学位。莱洛伊尔随后进入医院工作，但深感医学发展无法满足患者的需求，更多情况下医生对病情都无能为力，这种挫败感使他决定从事基础研究以提升医学水平。莱洛伊尔进入阿根廷著名生理学家奥赛（1947 年诺贝尔生理学或医学奖获得者）实验室开始研究生学习，探索肾上腺素在碳水化合物代谢中的作用。

1936 年，莱洛伊尔毕业后在奥赛建议下出国深造，来到英国剑桥大学生物化学实验室工作。莱洛伊尔先后与多位著名生物化学家合作，研究氰化物和焦磷酸盐对琥珀酸脱氢酶的影响；探索肝脏生酮作用；纯化并分析 β-羟基脱氢酶性质。莱洛伊尔学成归国后，在布宜诺斯艾利斯大学研究肝脏中脂肪酸氧化过程。当时普遍认为氧化过程只能在完整细胞内完成，但莱洛伊尔成功建立了一个有活性的无细胞系统，从而大大简化了实验操作。

1944 年，莱洛伊尔再次离开阿根廷，来到美国华盛顿大学，与科里夫妇合作，全面系统地熟悉了糖原代谢的相关知识和最新进展。莱洛伊尔回到阿根廷后重点研究乳糖代谢，最初使用乳腺提取物与糖原混合的方法，由于系统较为复杂结果重复性较差，后转向可用乳糖作为能源的酵母系统，从而增加结果稳定性。莱洛伊尔和同事从酵母分离到乳糖酶，并证明该酶催化乳糖生成半乳糖-1-磷酸和葡萄糖。莱洛伊尔随后将半乳糖-1-磷酸和葡萄糖-1-磷酸加入酵母提取物，结果发现半乳糖-1-磷酸首先转化为葡萄糖-1-磷酸，再转化为葡萄糖-6-磷酸后进入糖酵解途径代谢，第一步转化过程需一种特殊因子参与。莱洛伊尔随后纯化了该因子并对其特性进行分析，发现在 260nm 处存在吸收峰，光谱与腺苷相似，但又存在些许差异，难以判断是何种物质。1949 年，莱洛伊尔学生碰巧在杂志上发现尿苷光谱与他们得到的光谱高度一致，说明该因子含尿苷基团，此外还拥有 1 分子葡萄糖和 2 分子磷酸，最终确定该因子为尿苷二磷酸葡萄糖（uridine diphosphate glucose，UDPG）。当时含腺苷的因子非常普遍，如 ATP、NAD 等，而 UDPG 是第一个例外。后续发现，含有尿苷基团的化合物在自然界也普遍存在，在单糖分子间转化和多糖合成过程发挥着重要作用，如糖原合成原料是 UDPG，而非最早认为的科里酯。

1957 年，莱洛伊尔取得第二个重大突破，证明体内催化糖原合成的酶并非最初认定的糖原磷酸化酶，而是糖原合成酶（图 2-7）。莱洛伊尔使用糖原合酶和分支酶在体外合成的糖原与天然合成的肌糖原相同；而最初应用糖原磷酸化酶和分支酶合成的糖原与天然糖原存在较大差别，说明多糖合成并非分解的逆反应，而是通过其他代谢通路完成。

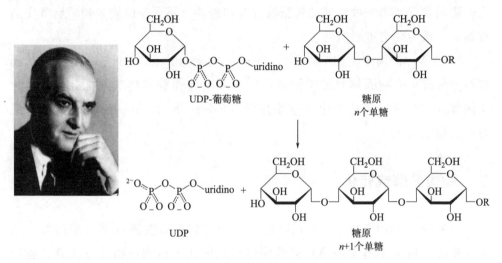

图 2-7　莱洛伊尔和糖原合成

1970 年，莱洛伊尔因为发现糖核苷酸及其在多糖生物合成中的作用而获得诺贝尔化学奖。

第五节　酶与脂类代谢

脂类（lipid）是一类化合物的统称，主要包括脂肪、磷脂和胆固醇等，其生物学作用包括细胞膜结构成分、能量储存和介导信号转导等。

一、脂类发现

固态脂肪和液态油是人类最早认识并应用的脂类物质。1779 年，瑞典化学家舍勒（Carl Wilhelm Scheele）发现甘油是植物油一部分；1815 年，法国化学家谢弗勒尔（Michel Eugène Chevreul）进一步鉴定脂肪酸，并阐明脂肪和油区别在于脂肪所含是饱和脂肪酸，而油含不饱和脂肪酸，这些研究赋予了谢弗勒尔"脂类化学之父"的美誉。

最初认为脂类只由脂肪酸和甘油构成，直到 1847 年法国化学家戈布利（Théodore Nicolas Gobley）在鸡蛋中发现脂类还含有磷酸和其他化合物，标志磷脂的发现，第一种发现的磷脂被称为卵磷脂，不久脑磷脂和鞘磷脂等先后被鉴定，成为一类重要脂类。

1769 年，法国医生德·拉萨尔（François Poulletier de la Salle）首次从胆结石中分离出一种固体状醇类物质；1815 年，谢弗勒尔将这种化合物命名为胆固醇；1888 年，奥地利化学家莱尼泽（Friedrich Reinitzer）首次描述了胆固醇的化学组成。

二、脂类分解或转化

1904 年，德国生物化学家诺普通过使用奇数和偶数链 ω-苯基脂肪酸（如 ω-苯基戊酸和 ω-苯基丁酸等）饲喂狗然后从尿液中检测产物的方法研究脂肪酸代谢。结果发现用奇数链脂肪酸实验时获得的产物是苯甲酸（1 个碳原子），若用偶数链脂肪酸实验时获得的产物是苯乙酸（2 个碳原子）。诺普据此得出脂肪酸分解代谢是通过连续去除两个碳单位来实施，直到剩余一个或两个碳的羧酸为止，他进一步推测该过程发生了氧化作用，断裂位点应该在 β 碳原子，故称 β-氧化。后续研究证实诺普假说的正确性，并鉴定出催化 β-氧化代谢途径的相关酶。

20 世纪 20 年代，德国化学家温道斯（Adolf Windaus）确定了胆固醇与胆汁酸、维生素 D_3 等之间的关系，从而确定胆固醇通常不进行氧化供能，而是作为前体物在体内转化出一系列活性衍生物，温道斯因此荣获 1928 年诺贝尔化学奖。

三、脂类合成

布洛赫（Konrad Emil Bloch，1912—2000）出生于西里西亚的尼斯（Neisse）（当时位于德国，现属波兰），在当地完成早期教育后于 1930 年进入慕尼黑技术大学主修化学和化学工程学，其间倾听了多位著名化学家和诺贝尔奖获得者汉斯·费歇尔（Hans Fischer，1930 年诺贝尔化学奖获得者）、温道斯、威兰和维尔施泰特等讲座，对化学产生浓厚兴趣，尤其对胆固醇、卟啉和酶等更是情有独钟。1934 年，布洛赫大学毕业，但恰逢希特勒上台，作为犹太人的布洛赫不得不来到瑞士开启科学研究，重点关注结核杆菌磷脂代谢。1936 年，布洛赫离开瑞士来到美国并于 1944 年加入美国国籍。

1938 年，布洛赫从美国哥伦比亚大学获得生物化学博士学位后加入哥伦比亚大学著名生物化学家舍恩海默（Rudolf Schoenheimer，1898—1941）实验室，正式开启胆固醇合成代谢研究，舍恩海默开发的放射性同位素示踪法在代谢研究中具有得天独厚的优势。布洛赫和同事使用具有放射性 C 和 H 同位素标记乙酸，然后追踪放射性在化合物中的分布，从而确定乙酸是胆固醇合成的基本原料。布洛赫进一步将突变型的链孢霉放置在放射性同位素标记的乙酸培养基上生存，最终发现乙酸中的碳原子是胆固醇所有碳原子的来源。乙酸合成胆固醇共需 36 个单独的化学反应，其中之一涉及乙酸转化成为鲨烯（由于该物质在鲨鱼肝脏中大量存在而得名）。布洛赫最初的研究计划是将放射性乙酸注射到鲨鱼体内，然后从鲨鱼肝脏分离鲨烯以确定鲨烯是胆固醇合成过程重要的中间产物，为此他来到百慕大群岛从海洋生物学家那里得到鲨鱼，不幸的是鲨鱼在实验过程中死亡，因此只能空手而归。大鼠肝脏也含有一定量鲨烯，尽管含量没有鲨鱼那么多，但来源广泛，取材容易，因此布洛赫回到芝加哥后通过给大鼠喂食同位素标记乙酸盐证明鲨烯是胆固醇生物合成中间产物。布洛赫进一步使用同位素标记乙酸盐饲喂大鼠的方法证明羊毛甾醇是胆固醇合成的下一个重要中间代谢物，并阐明了从鲨烯转化为羊毛甾醇的中间过程。胆固醇生物合成最后一部分是羊毛甾醇转化为胆固醇，羊毛甾醇相比胆固醇含有三个额外甲基。布洛赫和学生再次利用同位素示踪法证明生物氧化实现脱甲基和双键氢化。这些成就为最终解析胆固醇生物合成途径奠定了坚实基础。然而，布洛赫发现乙酸在体外无法合成胆固醇，这一问题由吕南（Feodor Felix Konrad Lynen，1911—1979）解决。

吕南出生于德国慕尼黑，父亲是慕尼黑技术大学的工程学教授。1930 年，吕南进入慕尼黑大学化学系，结识了德国著名化学家威兰，并在大学和研究生期间都跟随威兰学习。威兰获得 1927 年诺贝尔化学奖是由于研究胆汁酸及其类似物化学性质，而这些知识成为吕南研究脂类代谢的基础。需要提及的是吕南后与威兰女儿结婚，从而增添一对翁婿同获诺贝尔奖的佳话。吕南在大学期间挚爱滑雪，但在 1932 年因一次滑雪事故造成严重膝盖损伤，因祸得福由于这个缘故而在第二次世界大战期间被免除军役和为纳粹准军事组织服务的义务，可全身心投入科研。

20 世纪 40 年代，吕南开始研究简单化合物在细胞内生成复杂脂类的机制，为减少战争对科研的影响，吕南一度将实验室搬到慕尼黑郊外一个小山村。吕南发现乙酰 CoA 而不是乙酸为胆固醇生物合成起始物，并第一次精确解析了乙酰 CoA 的化学结构。1951 年，吕南完成了胆固醇生物合成的一个重大突破，在体外完成第一步反应，为后续研究奠定了坚实基础。此外吕南还研究了脂肪酸生物合成过程，并证明了第一步反应与胆固醇合成开始类似，最终解析了脂肪酸合成完整步骤。

1964 年，布洛赫和吕南由于发现在胆固醇和脂肪酸代谢过程中的调节机制分享诺贝尔生理学或医学奖。

第六节　加氧酶的作用

自 20 世纪 20 年代，威兰提出氧化的氢激活学并被后续研究证实，科学界普遍认为代谢过程如糖酵解和三羧酸循环等，分子氧只与氢结合生成水或过氧化氢，而不会直接整合到代谢物中（代谢物加氧只能来自水分子而非分子氧），这种观念到 20 世纪 50 年代出现改观。

一、特殊氧化

早石修（Osamu Hayaishi）是一位日本生物化学家，以细菌为材料研究色氨酸代谢，结果发现哺乳动物通常将色氨酸代谢为邻氨基苯甲酸，而细菌可将邻氨基苯甲酸进一步代谢为邻苯二酚（又名儿茶酚），邻苯二酚最终分解为二氧化碳和水。早石修决定研究细菌中新的代谢通路，为此纯化到一种催化邻苯二酚转化为己二烯二酸的酶，该过程消耗 1 个氧分子，意味着是一种氧化酶，然而进一步检测酶特性发现与传统氧化酶存在较大差别，因此推测该酶是一种新型酶，被命名为邻苯二酚酶（pyrocatechase），遗憾的是学术界并不接受这一观念，早石修需要提供更直接的证据。

早石修决定利用氧同位素 ^{18}O 和 ^{16}O 的质量差异来检测邻苯二酚酶催化反应的氧去路。早石修设计两组实验，一组用 $H_2^{18}O$ 和 $^{16}O_2$ 为原料，另一组用 $H_2^{16}O$ 和 $^{18}O_2$ 为原料，然后让它们分别与邻苯二酚和邻苯二酚酶混合，将两组所得产物使用质谱进行检测，结果发现己二烯二酸中的氧百分之百来自 $^{18}O_2$，而非 $H_2^{18}O$，验证了早石修最初的猜测，与此同时另一项研究也获得了相同结果。

二、同步发现

梅森（Howard Stanley Mason）是一位美国生物化学家，主要关注黑色素生成过程。在体内，黑色素由酪氨酸代谢生成，实验室研究常用苯酚衍生物作为底物研究酶活性。梅森研究发现整个黑色素生成过程存在多个步骤的加氧过程，使用蘑菇提取物测试发现存在一种催化二甲基苯酚氧化为二甲基邻苯二酚的酶，最初被命名为酚酶（后修改为酪氨酸酶）。梅森面临和早石修同样的问题，就是二甲基邻苯二酚得到的氧来自何处。梅森和同事也采用氧同位素 ^{18}O 掺入实验证明来自氧分子中一个氧原子（另一个氧与氢结合生成水）。

1955 年，梅森和早石修在《美国化学学会杂志》独立发表论文，报道了可催化将氧分子中氧原子结合到底物的酶存在的直接证据。

三、酶的分类

1957 年，梅森在《科学》杂志中将需氧参与的酶分为三类：催化氧接收电子后与氢结合生成水的酶称为氧化酶（传统的氧化酶）；催化氧分子中一个氧原子掺入底物，另一氧原子生成水的酶称为混合功能氧化酶；催化氧分子中两个氧原子均掺入底物的酶称为加氧酶。

早石修提出另一分类方式，将梅森分类中后两者统称加氧酶（oxygenase），作为对应依次称为单加氧酶和双加氧酶。加氧酶的发现成为代谢研究领域的新方向。

四、重要意义

加氧酶最初在蘑菇和细菌等生物中被发现，所催化的反应也较为罕见，因此认为这类酶仅限于低等生物，随着研究的深入而在哺乳动物中发现其广泛存在，并且催化多种化合反应，其价值也得到越来越多的重视。

加氧酶在各种化合物代谢中具有生理功能，如胆固醇生物合成及进一步代谢为类固醇激素的多步酶促反应都由各种单加氧酶催化。双加氧酶和单加氧酶还参与色氨酸和酪氨酸的分解代谢及吲哚胺和儿茶酚胺生物合成，此外在芳香类药物和致癌物生物转化过程也起着重要作用。以最常见的加氧酶细胞色素P450（cytochrome P450，P450 或 CYP）家族为例，目前已鉴定出 30 多万个成员，仅人类就有 57 个成员，该酶由于最大吸收波长为 450 nm 而得名。细胞色素 P450 家族成员在类固醇和脂肪酸氧化代谢、激素合成和分解、外源和内源各种化合物的生物转化和清除方面都至关重要。1986 年，早石修由于发现加氧酶并阐明其结构和生物重要性获得沃尔夫医学奖。最为重要的是，加氧酶还与氧感知、低氧信号通路有密切关系，进一步提升了它的重要性。

第七节　单加氧酶与氧感知

氧的作用具有双重性，一方面大部分生命过程都依赖氧的参与；另一方面氧化过程产生的自由基等副产物可危害健康。因此，氧含量和氧代谢调控具有十分重要的意义。

一、红细胞生成素与低氧

20 世纪 60 年代，科学家发现低氧下机体红细胞数量急剧增加通过提升氧的携带和运输能力来缓解缺氧状况。深入研究发现，这是缘于低氧可增加促红细胞生成素（erythropoietin，EPO）生成，使 EPO 成为第一个低氧诱导分子。随着 1985 年人 EPO 基因克隆成功，它被低氧调控的机制成为研究人员关注的方向，美国约翰霍普金斯大学遗传学家塞门扎（Gregg Leonard Semenza，1956—）首先取得突破。

二、低氧诱导因子鉴定

塞门扎出生于纽约市，在哈佛大学完成医学教育后进入宾夕法尼亚大学攻读博士学位，并于 1984 年毕业。塞门扎在哈佛大学期间对数学和化学等课程不感兴趣，却在波士顿儿童医院遗传科实验室见习期间对血液系统疾病产生浓厚兴趣，为将来的研究奠定了基础。塞门扎背景是儿科学和医学遗传学，最初研究方向是地中海贫血发病原因，但研究中无意间接触到 EPO，从而改变了研究方向。塞门扎完成医学实习后在约翰霍普金斯大学工作，不久就幸运获得一份研究 EPO 的基金资助。

1992 年，塞门扎和学生在 *EPO* 调控区发现一段与低氧诱导相关的保守 DNA 序列，将这段序列与非低氧诱导基因相连可使后者表达也受低氧调控，此序列被命名为低氧应答元件（hypoxia response element，HRE）。塞门扎推测，由于 HRE 是一段 DNA 序列，因此理论上应存在可与其结合的特异因子。为验证假说，塞门扎从低氧处理的细胞核提取物中分离并纯化到一种与 HRE 特异结合的蛋白质，该蛋白质在低氧下稳定，常氧时消失，被命名为低氧诱导因子 1（hypoxia-inducible factor 1，HIF-1）。HIF-1 由两种亚基组成，HIF-1α 和 HIF-1β，HIF-1α 蛋白含量受氧的严格调控，只存在于低氧环境，HIF-1β 蛋白为组成型，与氧浓度无关。塞门扎发现大部分组织存在稳定的 HIF-1α 蛋白，而 EPO 主要在肾脏表达，意味着 HIF-1 作用不局限于 EPO 调节，进一步鉴定出多种 HIF-1 调节的低氧诱导基因，包括血管内皮生长因子（vascular endothelial growth factor，*VEGF*）、葡萄糖转运蛋白 1（glucose transporter-1，*GLUT1*）等。

三、低氧诱导因子与泛素化修饰

冯·希佩尔-林道综合征［von Hippel-Lindau（VHL）disease］是一种遗传病，患者患血管瘤、血管母细胞瘤和肾癌概率增加，并且血管化现象明显。1993 年，*VHL* 鉴定成功，发现 VHL 病患者存在高频 *VHL* 失活突变，美国分子生物学家凯林（William George Kaelin Jr，1957—）对 VHL 蛋白作用机制的深入研究意外发现其与低氧感知相关。

凯林出生于纽约市，儿时通过把玩显微镜、化学装置、电动汽车和火车等逐渐对科学产生了极大兴趣。凯林进入杜克大学，主修化学和数学，期望将来成为一名临床医生，然而大三时听到毕晓普有关癌基因的研究而对肿瘤学研究充满向往。1982 年，凯林毕业并获得医学博士学位后，来到约翰霍普金斯大学进行住院医师培训，专攻肿瘤内科，特别是临床上对 VHL 病的关注。凯林观察到 VHL 患者都伴有红细胞增多和血管生成，而这两个过程通常与低氧相关，待 VHL 基因发现后，凯林决定研究 VHL 病与低氧的关系。

1996 年，凯林与同事制备成功 VHL 突变细胞系，并发现细胞即使在常氧环境仍大量表达低氧诱导基因如 VEGF 等，转入正常 VHL 基因后这种现象消失，进一步研究发现 VHL 突变细胞的 HIF-1α 丧失对氧的敏感性，蛋白在常氧条件下仍稳定存在。这一结果表明，VHL 蛋白在调节 HIF-1α 蛋白稳定性方面发挥着关键作用。不久，英国分子生物学家拉特克利夫（Peter John Ratcliffe，1954—）阐明了 VHL 蛋白的生物学作用。

拉特克利夫出生于英国兰开夏郡（Lancashire），在近乎完全自由的环境中成长，对探索大自然奥秘充满兴趣。1972 年，拉特克利夫进入剑桥大学冈维尔与凯斯学院专攻医学，后在伦敦圣巴多罗买医院完成实习并获得医学学位。1987 年，拉特克利夫获得剑桥大学医学博士后加入牛津大学，因为肾脏生理的专业背景，其特别关注 EPO 表达调控机制。

20 世纪 90 年代，拉特克利夫发现低氧除在肾脏调节 EPO 外，还在肝脏和脑等器官发育和代谢过程中发挥广泛作用，特别是在肿瘤发展过程更是至关重要。1999 年，拉特克利夫研究 VHL 和 HIF-1α 关系时发现，VHL 是泛素连接酶（E3）复合物的关键亚基，可识别 HIF-1α 并催化泛素化修饰和随后降解。但此时，仍然未能解释氧参与 HIF-1α 稳定性调节的具体作用，直到一种双加氧酶的发现。

四、低氧诱导因子与双加氧酶

凯林和拉特克利夫发现，HIF-1α 被 VHL 识别前需要进行特定化学修饰，该过程需铁离子和氧分子参与。2001 年，凯林和拉特克利夫两家实验室发现阻断泛素化修饰可造成 HIF-1α 蛋白积累，这些积累 HIF-1α 的脯氨酸（proline）存在羟基化修饰；阻断羟基化修饰破坏 VHL 对 HIF-1α 的识别及随后的泛素化，说明 HIF-1α 脯氨酸羟基化是蛋白质稳定性的关键因素。拉特克利夫和同事首先从果蝇中发现一种催化 HIF-1α 羟基化的双加氧酶，后在哺乳动物中鉴定成功，称脯氨酰羟化酶结构域蛋白（prolyl hydroxylase domain，PHD）。PHD 有 1、2、3 三种亚型，酶活性依赖 O_2 和 Fe^{2+} 等因子。至此，氧感知和低氧适应基本机制被揭示。常氧下，PHD 催化 HIF-α 羟基化，羟基化 HIF-α 被 VHL 识别后经泛素化修饰而降解，避免低氧应答基因表达；低氧时，PHD 酶活性受阻，HIF-α 无法完成修饰而稳定存在，进入细胞核与 HIF-β 形成异源二聚体，结合于低氧应答元件，上调基因表达、增加细胞适应性（图 2-8）。

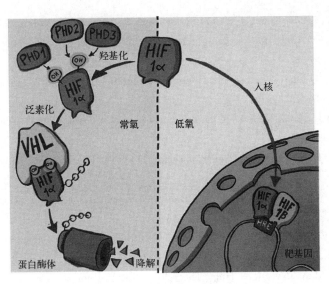

图 2-8　氧感知和低氧途径

五、研究意义

氧感知的发现具有重要的理论价值和巨大应用潜力。生命通过感知氧含量变化而实时调节靶基因表达，既增加低氧环境下的适应性，又减少正常环境下不必要的基因表达，有利于个体发育和生存。氧感知和低氧信号通路的紊乱自然会导致相关疾病的发生，低氧信号通路不足可造成冠状动脉疾病、外周动脉疾病、伤口愈合慢、器官移植排斥以及结肠炎等，过度低氧信号可引发遗传性红细胞增多症、慢性缺血性心肌病和阻塞性睡眠呼吸暂停等发生，实体肿瘤尤为突出。通过开发针对氧感知异常的药物自然会对疾病治疗具有重要意义。

2019年，塞门扎、凯林和拉特克利夫由于在"氧感知和低氧信号"领域的重要发现分享诺贝尔生理学或医学奖。

主要参考文献

[1] 郭晓强. 酶的研究与生命科学（二）：氧化酶和 ATP 酶的研究 [J]. 自然杂志，2015，37（3）：205-214.

[2] 郭晓强. 氧感知和低氧信号：跨越半个世纪的发现历程 [J]. 科学，2018，70（4）：48-51.

[3] Chandel N S. Glycolysis [J]. Cold Spring Harb Perspect Biol，2021，13（5）：a040535.

[4] Warburg O. Iron, the oxygen carrier of respiration-ferment [J]. Science，1925，61（1588）：575-582.

[5] Warburg O. The chemical constitution of respiration ferment [J]. Science，1928，68（1767）：437-443.

[6] Svirbely J L，Szent-Györgyi A. The chemical nature of vitamin C [J]. Biochem J，1932，26（3）：865-870.

[7] Kornberg H. Krebs and his trinity of cycles [J]. Nat Rev Mol Cell Biol，2000，1（3）：225-228.

[8] Krebs H A，Johnson W A. The role of citric acid in the intermediate metabolism in animal tissues [J]. Enzymologia，1937，4：148-156.

[9] Lipmann F，Kaplan N O. A common factor in the enzymatic acetylation of sulfanilamide and of choline [J]. J Biol Chem，1946，162：743-744.

[10] Shampo M A，Kyle R A. Hugo Theorell--Nobel Prize for study of enzymes [J]. Mayo Clin Proc，1998，73（2）：147.

[11] Brewer M K，Gentry M S. Brain glycogen structure and its associated proteins：Past, present and future [J]. Adv Neurobiol，2019，23：17-81.

[12] Hayaishi O. An odyssey with oxygen [J]. Biochem Biophys Res Commun，2005，338（1）：2-6.

[13] Waterman M R. Professor Howard Mason and oxygen activation [J]. Biochem Biophys Res Commun，2005，338（1）：7-11.

[14] Yamamoto S. The 50th anniversary of the discovery of oxygenases [J]. IUBMB Life，2006，58（5-6）：248-250.

[15] Semenza G L，Nejfelt M K，Chi S M，et al. Hypoxia-inducible nuclear factors bind to an

enhancer located 3′ to the human erythropoietin gene [J] . Proc Natl Acad Sci USA, 1991, 88 (13): 5680.

[16] Wang G L, Semenza G L. Purification and characterization of hypoxia-inducible factor 1 [J] . J Biol Chem, 1995, 270 (3): 1230.

[17] Iliopoulos O, Levy A P, Jiang C, et al. Negative regulation of hypoxia-inducible genes by the von Hippel-Lindau protein [J] . Proc Natl Acad Sci USA, 1996, 93 (20): 10595.

[18] Maxwell P H, Wiesener M S, Chang G W, et al. The tumour suppressor protein VHL targets hypoxia-inducible factors for oxygen-dependent proteolysis [J] . Nature, 1999, 399 (6733): 271.

[19] Jaakkola P, Mole D R, Tian Y M, et al. Targeting of HIF-alpha to the von Hippel-Lindau ubiquitylation complex by O2-regulated prolyl hydroxylation [J] . Science, 2001, 292 (5516): 468.

[20] Epstein A C, Gleadle J M, McNeill L A, et al. C. elegans EGL-9 and mammalian homologs define a family of dioxygenases that regulate HIF by prolyl hydroxylation [J] . Cell, 2001, 107 (1): 43.

[21] Johnson R S. Profile of William Kaelin, Peter Ratcliffe, and Greg Semenza, 2016 Albert Lasker Basic Medical Research Awardees [J] . Proc Natl Acad Sci USA, 2016, 113 (49): 13938.

[22] Hurst J H. William Kaelin, Peter Ratcliffe, and Gregg Semenza receive the 2016 Albert Lasker Basic Medical Research Award [J] . J Clin Invest, 2016, 126 (10): 3628.

[23] Ratcliffe P J. Oxygen sensing and hypoxia signalling pathways in animals: the implications of physiology for cancer [J] . J Physiol, 2013, 591 (8): 2027.

[24] Ricketts C J, Crooks D R, Linehan W M. Targeting HIF2α in clear-cell renal cell carcinoma [J] . Cancer Cell, 2016, 30 (4): 515.

第三章

酶与能量代谢

生物能学（bioenergetics）是研究生命体能量转化过程的学科，主要关注能量分子生成、储存或利用。由于能量是生命维持的基础，因此生物能学研究具有十分重要的价值。能量生成主要方式为生物氧化（biological oxidation），又称生物燃烧（biological combustion）或细胞呼吸（cell respiration），是细胞内通过特定的氧化还原反应将大分子储存的化学能转换为生物能的过程。

第一节　骨骼肌产热和能量货币

骨骼肌是大多数脊椎动物的主要产热器官，而肌肉收缩与热量产生有关。骨骼肌产热在体温内稳态维持方面发挥核心作用，因此对其进行研究具有十分重要的价值，首先由英国著名生理学家希尔（Archibald Vivian Hill，1886—1977）取得突破。

一、肌肉产热

希尔出生于英国布里斯托尔（Bristol），1905 年到 1909 年间在英国三一学院获得数学和自然科学双学位，随后开始研究肌肉收缩与能量代谢关系。1907年，希尔发现缺氧状态下肌肉完成收缩同时产生乳酸；1911年到1914年间，希尔进一步利用灵敏热度计对青蛙大腿带状肌肉体外收缩过程热量生成进行精准检测，发现收缩期肌肉并不需氧参与（该阶段生成乳酸），恢复期消耗氧。这一发现澄清了当时许多互相矛盾的结果，一举奠定了肌肉动力学研究基础，但乳酸消耗和氧利用相关联则由另一位科学家迈耶霍夫完成。

二、乳酸供能

迈耶霍夫出生于德国汉诺威，1909年从德国海德堡大学获得医学博士学位，但他对生理学充满巨大兴趣，因此转向基础研究。迈耶霍夫主要研究肌肉收缩热量生成和乳酸代谢间的关联。迈耶霍夫发现肌肉收缩期，肌糖原或葡萄糖可在无氧存在情况下生成乳酸，同时释放热量；恢复期，一部分乳酸可利用氧气进行氧化反应释放能量，其余部分被运出肌肉到肝脏重新转化为糖原。迈耶霍夫的结果是希尔研究的延伸和拓展，进一步深化了肌肉收缩和能量代谢的关联。两位科学家因此分享1922年诺贝尔生理学或医学奖。

三、磷酸肌酸

迈耶霍夫最初认为少部分乳酸氧化是肌肉收缩能量的直接来源，他的结果也支持这一推测。研究人员随后发现代谢过程涉及多种磷酸化合物，特别是1926年剑桥大学艾格尔顿（Philip Eggleton，1903—1954）和妻子格蕾丝（Grace Palmer Eggleton）在肌肉收缩过程中发现的一种新型磷酸化合物，被命名为磷酸原（phosphagen）。艾格尔顿发现肌肉收缩过程中磷酸原消失，有氧条件下磷酸原重新生成，同时消耗等量无机磷酸，提示磷酸原与肌肉收缩相关。与此同时，哈佛医学院菲斯克（Cyrus Fiske）和苏巴拉奥（Yellapragada Subbarow）独立发现磷酸原，并确定结构为磷酸肌酸（phosphocreatine，PCr）。

1929年，丹麦生物化学家伦斯高（Einar Lundsgaard）用碘乙酸处理肌肉阻断乳酸生成，却仍能观察到肌肉完成收缩，进一步分析发现碘乙酸处理肌肉并不影响磷酸肌酸分解，基于此提出磷酸肌酸分解是肌肉收缩的能量来源，而乳酸仅是一个代谢中间产物。

四、 ATP 供能

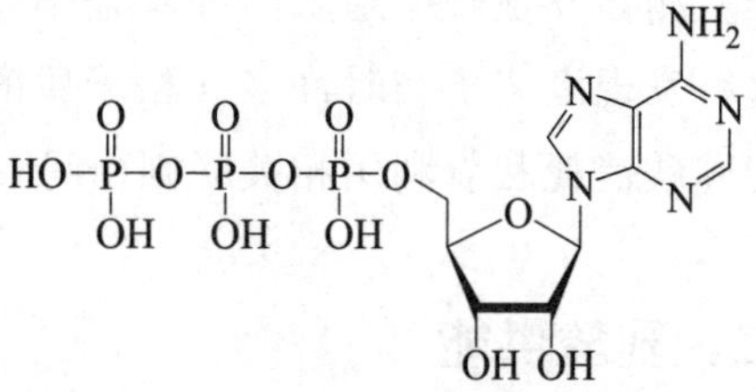

1928 年底，迈耶霍夫助手、德国科学家洛曼（Karl Lohmann，1898—1978）从肌肉中分离到焦磷酸（pyrophosphoric acid，PP），1929 年初又获得另一含磷化合物，分析发现是 AMP和 PP 复合物，命名为三磷酸腺苷（ATP）（图 3-1）。1930 年，苏联生物化

图 3-1　ATP 分子

学家恩格尔哈特（Vladimir Aleksandrovich Engelgardt，1894—1984）证明肌肉收缩需 ATP 参与，后续证明磷酸肌酸无法直接为肌肉收缩供能，而是通过促进 ATP 生成来发挥作用，正式确立肌肉收缩能量直接来源是 ATP 分子。

ATP 发现可谓 20 世纪最伟大的成就之一，遗憾的是洛曼后来未能获得诺贝尔奖，主要原因在于当时科学界并未意识到 ATP 的重要性，认为 ATP 仅参与肌肉收缩。

五、能量货币

1941 年，李普曼结合自己在代谢研究中的结果明确提出 ATP 是机体内通用能量货币，并提出高能磷酸键（high energy phosphate bond）概念，用"～"表示，认为 ATP 水解生成 ADP 是能量释放过程，反之为能量生成阶段。李普曼认为 ATP 作用不仅限于为肌肉收缩供能，而且涉及生命过程的方方面面，如离子运输、蛋白质合成等，这一论述正式确定了 ATP 在生物能学和物质代谢领域的中心地位。

第二节　ATP 生成与线粒体生物氧化

ATP 作为能量货币作用的发现激发科学界研究 ATP 生成机制，ATP 由含两个磷酸基团的 ADP 和一个磷酸分子在外界能量供应情况下生成，称磷酸化，该过程主要在线粒体内完成。

一、线粒体发现

1857 年，瑞士组织学和生理学家冯·克利克（Rudolf Albert von Kölliker，1817—1905）在研究人类肌肉细胞时首次发现一种特殊结构，命名为"肌粒"（sarcosome）。1886 年，德国病理学家奥尔特曼（Richard Altmann，1852—1900）通过改进组织保存方法以更适于显微镜观察和开发出新的组织染色法使细胞内结构更为清晰而观察到细胞内充满一串串颗粒状的细丝，被称为原生体（bioblast）。

1898 年，德国微生物学家本达（Carl Benda，1857—1932）使用结晶紫组织染色研究细胞内结构，观察到奥尔特曼的原生体有时呈线状，有时呈颗粒状，因此将其重新命名为线粒体（mitochondrion），该词来自希腊词"mitos"（意为"线"）和"chondros"（意为"颗粒"）。1900 年，德国生物化学家米凯利斯（Leonor Michaelis，1875—1949）发现活细胞内线粒体可被詹纳斯绿（Janus Green B）染成蓝绿色，一方面证明线粒体是真实结构而非实验过程中产生的人为结构，另一方面也提示线粒体与氧化反应相关。

二、氧化磷酸化的发现

1932 年，伦斯高发现碘乙酸阻断肌肉乳酸生成后，通过提供氧可使肌肉完成收缩，提示氧的利用和能量生成之间存在密切关联。与此同时，恩格尔哈特发现缺乏线粒体的哺乳动物红细胞无法利用氧（只能进行糖酵解）产生 ATP，而拥有线粒体的鸟类细胞仍可产生大量 ATP，进一步证明氧与 ATP 生成相关。

1934 年，丹麦生物化学家卡尔卡（Herman Moritz Kalckar）发现用氰化物抑制氧的利用可明显减少 ATP 的生成，相反增加氧的消耗可急剧增加 ATP 的含量，这一结果清晰表明氧化和 ATP 生成之间的耦合作用。

20 世纪 30 年代末，李普曼研究丙酮酸氧化过程时发现，ATP 是由 ADP 和磷酸联合代谢而成的。他发现当丙酮酸被氧化时，ADP 被磷酸化为 ATP，1940 年，奥乔亚（Severo Ochoa，1905—1993）正式将该过程称为"氧化磷酸化（oxidative phosphorylation）"。

1948 年，美国生物化学家莱宁格（Albert Lester Lehninger）和肯尼迪（Eugene Patrick Kennedy）确定线粒体是氧化磷酸化的主要场所，开创了ATP 研究的新篇章。

三、呼吸链的鉴定

戴维·凯林是一位出生于莫斯科的英国昆虫学家，主要研究寄生虫繁殖、生命周期和呼吸适应等现象，并对细胞呼吸和生物氧化具有浓厚兴趣。1925年，戴维·凯林发现马蝇幼虫在马胃部寄生时在气管细胞会出现一种类似马血红蛋白的物质，随后将其分离，证明与幼虫呼吸和摄氧相关，光谱分析发现该物质实际含三种成分，命名为细胞色素 a、细胞色素 b 和细胞色素 c。20 世纪30 年代，戴维·凯林对细胞色素进行全面分析，确定了细胞色素 b 是电子的第一个受体；从心肌中提取细胞色素 c；证明细胞色素 a 由两种成分组成，分别称为细胞色素 a 和细胞色素 a3。

戴维·凯林发现氧在细胞内利用是通过一系列成分依次排列形成链式结构完成的，因此这一链式结构被称为呼吸链（respiratory chain），此外还有电子转移链（electron transfer chain，ETC）或电子传输链的名称。1939 年，戴维·凯林构造出一个呼吸链简单序列：脱氢酶、细胞色素 b、细胞色素 c、细胞色素 a、细胞色素 a3 和氧，今天看来这个顺序基本正确。

后来，美国生物化学家格林（David Ezra Green，1910—1983）在结合生物氧化特征和 ATP 生成部位基础上对呼吸链进行新的命名，称其为复合物I～IV，复合物成分镶嵌在线粒体内膜，通过氧化还原反应将电子从电子供体转移给电子最终受体（O_2），与此同时将质子（H^+）从线粒体基质泵到线粒体膜间隙。

四、 ATP 生成假说

在线粒体、氧化磷酸化和呼吸链等鉴定完毕的基础上，ATP 的生成机制就成为迫切需要解决的难题。1953 年，澳大利亚生物化学家斯莱特（Edward Charles Slater，1917—2016）借鉴生物氧化过程中氢载体特征率先提出化学偶联假说（chemical coupling hypothesis），假说认为生物氧化产生的能量首先传递给一种能量载体生成高能磷酸化合物，随后该高能化合物再将能量应用于 ADP 磷酸化生成 ATP。化学偶联假说逻辑推理严谨、表达通俗易懂，最初被众多科学家所接受。证明化学偶联假说成立的关键在于找到发挥中介作用的高能化合物，遗憾的是多家实验室尝试多年无功而返，科学界开始质疑该假说的正确性（图 3-2）。

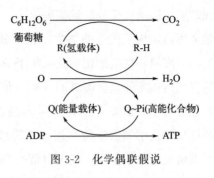

图 3-2　化学偶联假说

1961 年，英国科学家米切尔（Peter Mitchell，1920—1990）提出化学渗透假说（chemiosmotic hypothesis），假说认为线粒体内膜将线粒体区分为膜间隙和基质两部分，H^+ 和电子传递过程中，H^+ 被泵到线粒体膜间隙，而电子和 O 结合生成 O^{2-}，从而形成线粒体内膜 H^+ 浓度梯度和电化学梯度，当 H^+ 跨梯度内流到线粒体基质上，与 O^{2-} 结合生成水，这种内流驱动力促使 ATP 生成。随后大量证据支持该假说，主要包括：第一，电子传递确实可形成质子梯度，采取精密检测发现线粒体膜间隙 pH 确实低于基质内 pH；第二，仅需质子梯度即可完成 ATP 生成，在没有电子传递前提下，采用其他方式产生 pH 梯度，结果也可驱动 ATP 生成。1978 年，米切尔凭借这项贡献获得诺贝尔化学奖。

第三节　ATP 合酶旋转催化

化学渗透学说有效解释了质子跨膜化学势（chemical potential）是驱动 ATP 生成的能量源泉，但还存在一个悬而未决难题，那就是质子跨膜运输推动 ATP 生成的详细机制，该问题由美国生物化学家博耶（Paul Delos Boyer，1918—2018）经过多年探索才完全解决。

一、酶学大师

博耶出生于美国犹他州中北部的普罗沃市，从小就被培养出冒险精神，并形成逻辑、同情、关爱、诚实等能力。高中时代，博耶在化学方面天赋异禀，被化学老师认定为最优秀的学生，这种鼓舞对博耶将来的学业具有重要推动作用。其实，博耶第一次接触化学是某年圣诞节时收到的特殊礼物——一套简易化学器具。尽管当时尚不知这套器具的应用价值，但它们对博耶将来献身生物化学具有潜移默化的影响。1935 年，博耶考入杨百翰大学（Brigham Young University，BYU）。博耶发现化学和数学特别注重逻辑性，因此更适合自己，在获悉威斯康星大学可提供研究生奖学金后，提出申请并终获成功，从此开启科学旅程。

1939 年，博耶进入威斯康星大学开始研究生学习。威斯康星大学拥有极好的学术氛围，生物化学系尤其卓越。这里汇集了众多生物化学大家，并且他们在维生素、营养学和酶学等领域（这些都是当时研究热点）都拥有极高知名度。因此，博耶得以在知识的海洋中充分汲取生物化学的营养。

博耶导师是菲利普斯（Paul Phillips）教授，主要研究营养学，为博耶安排的课题是分析维生素 C、维生素 E 与生殖的关系。此外，菲利普斯积极鼓励博耶熟悉代谢和酶的作用。一方面，系里经常邀请酶学巨匠迈耶霍夫（1922年诺贝尔生理学或医学奖获得者）、李普曼（1953 年诺贝尔生理学或医学奖获得者）和科里夫妇（1947 年诺贝尔生理学或医学奖获得者）等进行学术报告，博耶得以熟悉当时的酶学前沿和热点。另一方面，系里还形成了以酶和新陈代谢为中心的学术小组，经常就相关问题展开热烈的讨论，并时常持续到深夜，极大地拓展和深化了博耶对具体酶的理解和认识。博耶就在这种科研氛围中完成了研究生学业，并为将来从事酶学研究奠定了坚实基础。

1943 年春，博耶从威斯康星大学毕业并获博士学位。由于当时正值第二次世界大战，毕业后的博耶来到斯坦福大学，作为研究助理参与一项战时计划，主要研究血浆蛋白。浓缩的血浆白蛋白对战场上休克士兵的治疗具有重要作用，但须高温灭菌后才便于储存和运输。然而，加热过程往往引发白蛋白变性，影响其生理活性。博耶小组成功找到多种减弱甚至消除白蛋白变性的策略，从而为战争做出重要贡献。这项研究的另一重要意义则在于，博耶从此更加痴迷蛋白质这种神奇的生物分子。

战争结束后，博耶最初打算留在斯坦福大学，由于该校在生物化学方面基础较为薄弱，因此他最终选择了具有较好生化基础的明尼苏达大学，开始独立科研生涯。博耶对多个生物化学问题展开广泛研究，涉及维生素 E 氧化、巯基与酶活性关系、ATP 水解等，但核心关注点在酶，前后涉及多达 25 种酶。

博耶采用化学动力学、同位素示踪和化学分析等当时较为先进的方法对酶的性质和作用机制展开广泛研究，取得了一系列重大发现。1955 年，博耶获得一份古根海姆奖学金，有机会来到瑞典诺贝尔基金会，与酶学大家特奥雷尔（1955 年诺贝尔生理学或医学奖获得者）一起研究乙醇脱氢酶作用。一系列成就使博耶这颗酶学领域的新星冉冉升起，同时也促使博耶决定自我挑战，解决代谢领域最重要、最棘手问题——ATP 生成。

二、 ATP 合酶

斯莱特提出的 ATP 生成化学偶联假说，被众多学者所接受，自然也包括博耶。证明该假说成立的关键在于找到那个所谓的高能化合物，然而遗憾的是，多家实验室经过多年尝试都无功而返。博耶实验室也在苦苦寻找。皇天不负有心人，他们最终在 1963 年发现一种含磷酸的高能化合物，它可以将能量传递给 ATP。这一发现引起科学界巨大轰动，很多人都看好博耶与斯莱特将因此分享诺贝尔奖。然而不久剧情出现重大翻转，该化合物尽管与氧化有关，但并不符合化学偶联假说的全部标准，重要性大打折扣。在博耶看来，一个原本有实力赢得冠军的运动员最终仅获一枚铜牌，失望之情显而易见。这件事可看作博耶研究生涯中的一次美丽失误，这次受挫也使他开始考虑新的研究思路。

1963 年夏，博耶加入加利福尼亚大学洛杉矶分校化学和生物化学系，并在这里一直工作到退休。开启探索 ATP 生成机制新征程的博耶将目光锁定在 ATP 合酶 F1 部分。由于这部分比较复杂，实验研究十分困难，只能获得有限数据和间接证据，因此研究更多依赖博耶的演绎和推理，难度可想而知。博耶的研究如同进入人生第二重境界：衣带渐宽终不悔，为伊消得人憔悴，而这个"伊"就是 ATP 合酶。

一转眼十余年光景，但博耶对该问题仍毫无头绪，课题几乎无进展。1972 年，当博耶梳理已有数据时，思路豁然开朗，第一次对 ATP 合酶工作机理有了新认识。直到此时，研究才算得上峰回路转，颇有"蓦然回首，那人却在灯火阑珊处"之感。

三、旋转催化假说

博耶认为 ATP 合成关键不是磷酸化（ADP 与磷酸结合），而是 ATP 释放。天然状态下，ATP 合酶将 ATP 紧紧抓牢，这种状态需外力驱动才使 ATP 释放，从而为进一步磷酸化产生 ATP 提供空间。因此，ATP 合酶 F1 部分的构象改变才是 ATP 生成关键。遗憾的是，这一假说在投稿到《生物化学杂志》后遭拒绝，理由是证据不足。幸运的是，博耶当时已是美国科学院院士，作为一项特权，博耶可未经严格同行评议即在《美国科学院院刊》上发表文章。当然，这一假说还比较粗糙，尚需进一步完善和细化。20 世纪 70 年代中期，博耶提出 ATP 合成第二概念——协同催化。博耶认为，ATP 合酶 F1 部分包含三个关键区域，分别负责底物（ADP 和磷酸）结合、产物（ATP）生成与 ATP 释放，三个区域协调运转保障 ATP 生成。

然而，现在还存在另一问题尚未解决，那就是推动三个区域快速运转的外在能量来自何处？博耶在详细了解米切尔化学渗透假说后，于 20 世纪 70 年代末进一步提出旋转催化假说。该假说认为，膜间隙 H^+ 需通过 Fo 部分回流到基质与氧结合，产生的能量用于推动 F1 部分旋转，借助旋转才最终完成 ATP 生成。80 年代开始，博耶用一系列间接实验证实旋转催化假说正确性，使得科学界逐渐接受这一假说，而真正使大家接受旋转催化机制是由于 1994 年英国科学家沃克（John Ernest Walker，1941—　）获得高分辨率牛心线粒体 F1-ATP 合酶。

四、 ATP 合酶结构解析

沃克出生于英国约克郡，1960 年进入牛津大学圣凯瑟琳学院，1964 年获得化学学士学位，1969 年从牛津大学获得博士学位。沃克对蓬勃发展的分子生物学逐渐产生了浓厚兴趣，因此于 1974 年加入剑桥大学医学研究委员会（MRC）分子生物学实验室，这里是分子生物学研究圣地，许多科学大师如克里克就在这里工作，曾诞生了十多位诺贝尔奖获得者。沃克并被分派到蛋白和核酸化学实验小组。1978 年，沃克决定将蛋白质晶体化学方法应用于膜蛋白，而 ATP 合酶成为他的主要目标。

20 世纪 80 年代，沃克确定了 ATP 合酶几种亚基的氨基酸序列，并初步确定不同亚基的不对称分布，但详细理解酶的作用机制就需在结构上实现突破，而膜蛋白结晶在当时是一个重大挑战。1994 年，沃克研究组利用晶体学方法获得分辨率极高的牛心线粒体 F1-ATP 酶晶体结构，这为证实博耶的结合变化和旋转催化机制起到了关键性作用。结构显示：ATP 合酶是一个橘子样的扁圆球体，高 8nm，宽 10nm，其中的 α 亚基、β 亚基像橘子瓣一样交替围绕在 γ 亚基周围。精细晶体结构让我们清楚地观察到此酶的三个催化亚基由于结合不同核苷酸底物构象明显不同，有力支持了博耶提出的结合变化机制，证明在催化循环的任一时刻三个催化亚基处于不同构象，不同构象之间转化可能与 γ 亚基绕 $\alpha_3\beta_3$ 转动运动相关，为人们揭开迷雾发挥了关键作用。

经过 20 多年的努力，终于证实博耶早期提出的假说：当质子跨膜运输时，带动 ATP 合酶的类车轮结构和连接杆转动，就像流动的水带动水轮机转动一样，引起其他部分转动，在这种转动下，ATP 合成酶上三个催化部位构象以抓住底物 ADP 和 Pi 合成 ATP，并将其释放，形象地刻画出 ATP 合成酶的催化循环就像转动的水轮机。

1997 年，博耶和沃克由于"阐明 ATP 合成的酶学机制"分享诺贝尔化学奖 1/2（图 3-3）。

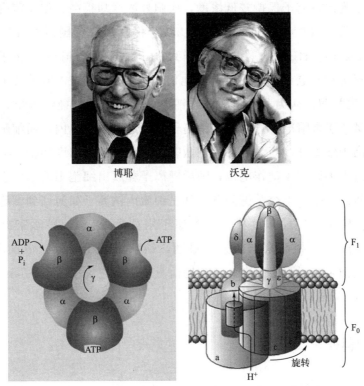

图 3-3　博耶、沃克与 ATP 合酶

第四节　钠离子，钾离子-ATP酶

ATP对于各种细胞功能完成具有必不可少的作用，包括物质跨膜运输、物质细胞内运动、肌肉收缩、生物大分子合成、细胞信号转导等，这里从离子跨膜运输、蛋白质泛素依赖的降解、肌肉收缩及细胞内物质运输等方面阐述ATP利用酶类的作用。

一、钠钾泵

一个细胞正常生存依赖于内外环境的平衡，而这种平衡通过细胞膜上的特定物质协助完成。20世纪初，科学家就已经知道了非常精妙的钠离子和钾离子平衡。细胞内钠离子保持较低浓度，而胞外浓度却很高；相反胞内钾离子浓度很高，但胞外浓度却很低。20世纪50年代，两位英国科学家——赫胥黎（Andrew Fielding Huxley）和霍奇金（Alan Lloyd Hodgkin）提出了离子假说很好地解释了动作电位产生的机制（他们也因此分享1963年诺贝尔生理学或医学奖）。离子假说认为，细胞膜内外钠离子和钾离子选择性进出是动作电位形成的基础。正常情况下，细胞外钠离子浓度远高于细胞内，而细胞内钾离子浓度又远高于细胞外；当受到外界刺激时，钠离子借助浓度梯度（类似于水往低处流）进入细胞产生动作电位，随后钾离子释放出细胞则使电位恢复。

这一假说产生了一个关键问题，就是细胞内钠离子如何回到细胞外？它们面临的最大障碍在于逆浓度梯度（类似于水往高处流），科学家提出"钠泵（sodium pump）"概念来解决这一难题，钠泵需消耗能量完成钠离子外排。现在问题是钠泵究竟存不存在？该问题由丹麦生物化学家斯科（Jens Christian Skou，1918—2018）所证明。

二、初涉科研

斯科出生于丹麦莱姆维一个富有家庭，父亲是一位商人，而母亲全职负责家庭。斯科12岁时，父亲意外去世，母亲承担起家中的重担，他的学业却并未受到明显影响。高中时，斯科对理科充满了巨大兴趣，经综合考虑后选择医学作为专业。1937 年，斯科进入哥本哈根大学，并经过 7 年的学习于 1944 年获得医学学位。三年实习期间，斯科发现自己对外科更感兴趣，并可独立开展一些临床小手术。对于外科医生而言，麻醉是一个非常关键的过程，但当时临床上可用的麻醉剂种类有限，常用的乙醚和氯仿等都存在诸多缺陷，这促使斯科决定探索麻醉机制以有利于新麻醉剂的开发和临床应用。

1947 年，斯科进入丹麦奥胡斯大学（Aarhus University）医学生理学研究所工作，他发现麻醉剂的麻醉能力与脂溶性存在相关性，而细胞膜又含有众多脂类物质，因此斯科推测麻醉剂可能通过影响神经细胞膜上特定物质的活性而发挥药理作用。几年的实验室生涯使斯科突然意识到，他更大的乐趣在于科学研究而非临床工作，因此决定放弃当初成为一名伟大外科医生的梦想。为了证明自己想法的正确性，斯科决定深入研究麻醉剂的活性。限于奥胡斯大学有限的科研实力，斯科决定到美国开展学术访问。美国之行极大地拓展了斯科的视野，一方面他通过与众多伟大科学家接触而增加了科研动力，另一方面也获悉了神经生物学、生物能学等领域的最新进展，为进一步的研究奠定了坚实基础。回到丹麦后，斯科证明了麻醉剂对特定膜蛋白活性具有一定影响，但此时他对一个新课题产生了浓厚兴趣。

三、钠离子，钾离子-ATP 酶

20 世纪 40 年代，科学家证明三磷酸腺苷（ATP）是一种重要的生命能量分子，它水解释放的能量是各种生命活动的基础，而随后科学家鉴定出可水解 ATP 的酶，称为 ATP 酶。斯科推测神经兴奋性也必然依赖能量供应，因此细胞膜上也应存在 ATP 酶。为寻找细胞膜上的 ATP 酶，斯科选择蟹的神经细胞膜进行研究，这是因为当时神经生物学研究已证明，神经细胞钠离子运输比较活跃。为此，渔民每周都为斯科运送 200 只小螃蟹，而整个研究过程使用了几千只螃蟹。斯科最初推测神经细胞膜上存在一种酶，该酶一方面可降解 ATP，另一方面可将钠离子从胞内运输到胞外。然而，斯科随后的研究却进入一个停滞期。尽管收集到大量螃蟹腿部神经并证明细胞膜上存在 ATP 酶，但酶活性极低。在补充钠离子后酶活性略有增加，但并不明显。特别是实验数据重复性较差，很难判断钠离子是否真的影响 ATP 酶活性。斯科经过一年半的尝试，实验仍是毫无进展。在一次实验过程中，斯科偶然发现，当同时加入钠离子和钾离子时，神经细胞膜上 ATP 酶活性急剧增加，从而表明 ATP 酶活性受钠离子和钾离子共同调控。这一意外发现正好与动作电位形成机制相契合，这一过程也涉及钠离子和钾离子协同效应。

1957 年，斯科宣布在细胞膜上鉴定出一种钠离子和钾离子共同调控的新型 ATP 酶，称为钠离子，钾离子-ATP 酶。1958 年，斯科在维也纳学术会议上结识钠泵领域研究专家波斯特（Robert Post）教授，获悉波斯特教授已开发出一种钠泵特异性抑制剂。斯科对钠泵抑制剂生物作用检测发现其可以影响钠离子，钾离子-ATP 酶活性，结果表明钠离子，钾离子-ATP 酶具有钠泵特性，从而确定了二者的同一身份。

四、重要意义

钠离子，钾离子-ATP 酶消耗大量 ATP，占每天 ATP 生成总量 1/3，该酶的正常功能是保持细胞内钾离子和细胞外钠离子平衡的基础，保证神经元对外界刺激做出反应并传递。钠离子，钾离子-ATP 酶还有其他重要功能，如钠离子/钾离子平衡有利于细胞营养物质摄入和代谢废物排出，如营养或氧缺乏破坏 ATP 生成而使钠离子，钾离子-ATP 酶停止工作将导致细胞膨胀死亡。大脑中该状况发生将造成快速出现意识不清和休克。

今天，我们知道定位于细胞膜上的钠泵有 α、β 和 γ 三种亚基，α 亚基执行钠离子和钾离子交换，β 亚基负责酶结构的稳定，γ 亚基发挥调节作用。钠泵水解 ATP 释放的能量可一次性将 3 个钠离子排到胞外，并于随后将 2 个钾离子摄入细胞，因此钠泵有时也被称为"钠-钾泵"。钠泵每天需消耗大量 ATP 来进行钠离子和钾离子交换，以保证细胞内外两种离子浓度梯度，从而有效维持细胞兴奋性，它的功能如果丧失将造成毁灭性后果。

1997 年，斯科由于"第一个离子运输酶——钠离子，钾离子-ATP 酶的发现"获得诺贝尔化学奖的 1/2（图 3-4）。自斯科发现钠离子，钾离子-ATP 酶以来，科学家又陆续发现其他类型 ATP 酶，如 H^+-钾离子-ATP 酶（参与胃酸生成）、Ca^{2+}-ATP 酶（控制肌细胞收缩）等。

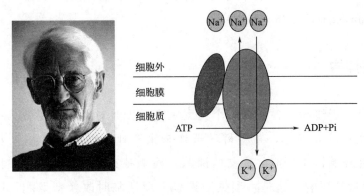

图 3-4　斯科和钠离子，钾离子-ATP 酶

第五节　ATP 依赖的蛋白降解与泛素连接酶

蛋白质既是生命过程物质基础（静态功能），又是生命活动的体现者（动态功能），因此蛋白质功能正常是生命得以维持的基本保证。蛋白质含量在细胞内是一个动态过程，以适应不同环境需求，过多造成浪费，过少会影响生理功能，因此蛋白质含量精确调控至关重要。蛋白质含量由合成速度与降解速度间平衡决定，蛋白质合成由 mRNA 翻译负责，降解过程长期以来被认为由溶酶体负责，直到 20 世纪 80 年代泛素介导的蛋白质降解系统被发现才发生改观。

一、依赖 ATP 的蛋白降解

1953 年，美国生物化学家辛普森（Melvin Simpson）开始研究蛋白质降解，他以肝脏切片为材料追踪同位素标记的蛋氨酸从蛋白质中释放的速度（快慢反映蛋白质降解速度），采用低氧环境、氰化物、2，4-二硝基苯酚处理（均可以抑制氧化磷酸化进而减少 ATP 生成），结果发现蛋白质降解速度显著降低，对这一现象的解释是蛋白质降解需 ATP 参与。然而这一解释与传统观点明显相悖，蛋白质合成过程消耗能量天经地义，而分解反应理应释放能量（至少不应消耗能量才对），如食物蛋白质被胃蛋白酶消化的过程就不需能量。这一反常现象自然引起了部分科学家的关注，其中包括美国生物化学家罗斯（Irwin Allan Rose，1926—2015）。

二、机制探寻

罗斯出生于纽约布鲁克林一个犹太家庭，少时对大脑奥秘较为痴迷，进而对医学充满巨大兴趣，并将科学选作未来职业。1948 年，罗斯从芝加哥大学毕业并开始博士研究，最初的课题是检测补充维生素 B_{12} 对大鼠不同组织 DNA 含量的影响，这是一项失败课题，罗斯临时改换新课题，即胞苷和核糖在脱氧胞苷合成中作用。罗斯对新项目本身并无太多感觉，相反随着研究深入却对酶产生浓厚兴趣。1952 年，罗斯从芝加哥大学获得博士学位。

当时，代谢通路大多已阐明，罗斯选择酶催化分子机制作为研究方向。在经历凯斯西储大学（Case Western Reserve University）卡特（Charles Carter）教授和纽约大学著名酶学大师奥乔亚（1959 年诺贝尔生理学或医学奖获得者）教授的博士后训练后，罗斯于 1954 年成为耶鲁大学药学院一位生物化学讲师，开始独立科研生涯。1963 年，罗斯离开耶鲁大学加入位于宾夕法尼亚州费城的法克斯蔡司癌症研究中心（Fox Chase Cancer Center）。

从耶鲁大学开始，罗斯研究重点在于酶的催化机制，这也成为他一生科研的挚爱。罗斯先驱性将同位素示踪、立体化学、有机化学和同位素捕获等理论和技术有机结合用于酶催化反应的详细过程，从而可在前人难以企及的精细水平探索酶作用机制的奥秘。通过体外测量酶促反应过程中质子与溶剂、底物或产物间的交换/转移过程，罗斯可在不知酶结构的前提下描述酶催化的详细过程。罗斯还进一步与晶体学家、光谱学家和化学家等合作，揭示出更为清晰的化学反应细节。罗斯和同事先后阐明糖酵解和三羧酸循环过程中多种酶的催化机制，包括醛缩酶、丙糖/戊糖异构酶、丙酮酸激酶、己糖激酶、磷酸果糖激酶等。罗斯不仅在代谢酶领域取得巨大成功，而且对蛋白质降解机制亦情有独钟。

1954 年，罗斯加入耶鲁大学生物系成为辛普森同事，并且两人实验室相隔不远，因此有机会了解辛普森的研究工作。尽管辛普森不久转向蛋白质体外合成系统而放弃蛋白质降解研究，但罗斯却对此情有独钟，并一直念念不忘，期望能解开这个谜底。

耶鲁期间，罗斯并未开展蛋白质降解研究，来到费城后才开始逐渐做一些相关实验以寻找蛋白质降解相关因子，但一直未获理想实验体系而进展缓慢，也未曾发表一篇蛋白质降解相关论文。20世纪70年代初，ATP依赖的蛋白质降解一直未取得真正意义上的突破，转机来自一次学术会议。1975年，在美国贝塞斯达举办的基因表达调控会议上，罗斯结识来自以色列的生物化学家赫什科（Avram Hershko，1937—），开启了一段科研合作佳话。

三、科研挚友

赫什科出生于匈牙利卡尔卡格一个犹太家庭，全家于1950年移民以色列而成为以色列人，赫什科在耶路撒冷完成初等教育，受哥哥影响对医学产生浓厚兴趣。1956年，赫什科进入希伯来大学哈达萨医学院学习，但后来对基础医学更感兴趣，特别是生物化学，在众多优秀老师感召下最终走上科研而非临床医生之路。1960年，赫什科进入马格（Jacob Mager）实验室开始生物化学研究，一方面全面学习生物化学知识，另一方面熟悉各种生物化学实验操作，最重要的是掌握科研基本思路，如实验要有阳性和阴性对照，所有实验必须经过多次重复所得到的结果才更具可信性。

1969年，赫什科从希伯来大学获得博士学位，为提升自己的科研能力加入了美国加利福尼亚大学旧金山分校生物化学和生物物理系汤姆金斯（Gordon Tomkins）实验室进行博士后训练。当时，实验室重点利用肝癌细胞系研究类固醇激素对酪氨酸氨基转移酶（tyrosine amino transferase，TAT）蛋白合成的影响，鉴于已有多位博士后从事这方面研究，赫什科希望导师能给自己一个"另类"课题。汤姆金斯反其道而行之，建议赫什科研究酪氨酸氨基转移酶蛋白降解的过程。

赫什科发现，体外为肝癌细胞补充激素可使酪氨酸氨基转移酶蛋白含量迅速增加，去除激素后蛋白由于降解而迅速减少；当去除激素的同时补充一种细胞能量生成抑制剂氯化钾，可观察到酪氨酸氨基转移酶蛋白降解完全停止，使用其他能量生成抑制剂得到相似结果，从而进一步证实并拓展了辛普森早期发现，那就是蛋白质降解需能量（ATP）参与。

1971年，赫什科回国成为以色列理工学院员工，建立了实验室全面系统研究蛋白质降解过程。赫什科受经典生物化学思维影响，认为解决这个问题首先需在体外重建一个模拟蛋白质降解的无细胞体系；然后从中分离、纯化活性成分；最后将这些活性成分在体外重建一个降解蛋白质系统。为此，赫什科尝试多种无细胞系统，包括肝匀浆和培养细胞甚至细菌提取物等，但均以失败而告终。在他人看来，这是一个毫无意义的课题，基本不可能完成，但赫什科坚信自己选择没错，持之以恒，切哈诺沃（Aaron Ciechanover，1947—）的加入改变了这一状况。

切哈诺沃出生于以色列北部港口城市海法（Haifa），童年就十分热爱生物学，他使用酒精提取叶绿素、用显微镜观察细胞、去野外收集动物骨骼。1965年，切哈诺沃进入哈达萨医学院（Hadassah Medical School），学习基础科学和临床科学，然而却对临床缺乏太多兴趣，但是于1969年完成一年生物化学科研后却被这个领域深深吸引。1974年，切哈诺沃获得医学博士学位后并未继续从医，而是加入赫什科实验室进行科学研究。

四、热稳定小分子物质

1977年，赫什科和切哈诺沃来到罗斯实验室全面启动蛋白质降解研究计划，形成一个老中青三代配置的核心团体。罗斯51岁，主要发挥顾问作用并凭借自己在酶学研究方面的深厚基础为课题实施提出指导性意见；赫什科40岁，发挥项目负责人角色，主要进行实验设计；切哈诺沃30岁，负责课题具体实施。此外罗斯三位博士后威尔金森（Keith Wilkinson）、哈斯（Arthur Haas）和皮卡特（Cecile Pickart）等亦发挥关键作用。

赫什科和切哈诺沃选定网状红细胞裂解液作为实验体系，利用离子交换树脂将裂解液分为两部分，不被树脂吸附部分和被树脂吸附后又被高盐洗脱的部分，两部分单独均无蛋白质降解能力，混合后恢复活性。考虑到不被树脂吸附部分成分较少，切哈诺沃决定先从中分离一种小分子热稳定性蛋白，命名活性成分1（active principle in fraction 1，APF-1）。

赫什科推测，细胞应存在一类独立于溶酶体之外且依赖ATP的蛋白酶，这类蛋白酶应由两部分组成，酶蛋白（大分子）和辅酶（小分子），因此推测ARF-1发挥辅酶功能，为更好地研究这类蛋白酶的作用机制，赫什科团队联合罗斯团队深入探索两组分的详细作用。罗斯发挥酶学研究的雄厚知识背景和熟练操作能力，指导研究生首先将 APF-1 和待降解蛋白质（如溶菌酶和乳白蛋白）分别标记同位素，将它们分别与红细胞裂解液混合完毕后，用电泳和放射自显影检测标记同位素蛋白质的变化。结果发现 ARF-1 分子量显著增加，意味着与其他蛋白质形成共价结合；待降解蛋白质可结合多个 ARF-1，并且二者结合是可逆过程。罗斯博士后威尔金森与隔壁实验室研究人员较为熟悉，一次谈话中提及是否存在两种蛋白质之间的共价结合，隔壁实验室博士后突然想起最近才发表的一项工作，就是组蛋白 H2A 与泛素之间形成共价键。威尔金森受这一消息激发，立刻启动试验并证实 APF-1 和泛素是同一物质。

五、泛素介导的蛋白质降解

1981 年到 1983 年间，赫什科和切哈诺沃鉴定出泛素与蛋白结合过程的三种酶，分别命名为泛素激活酶（E1）、泛素结合酶（E2）和泛素连接酶（E3），其中 E3 种类最为丰富，它决定靶蛋白泛素修饰特异性。赫什科等还进一步研究泛素介导蛋白质降解的生理功能，使用泛素抗体从细胞中分离得到多种泛素-蛋白质复合体，它们可降解大量缺陷蛋白质，细胞新合成蛋白质中超过 30％需通过泛素介导的降解过程。泛素仅给待降解蛋白质"贴上"一个死亡标签，蛋白质降解还需蛋白酶体（proteasome）完成。一个人类细胞大约含 30000 个蛋白酶体，这些蛋白酶体形成"桶状"结构，将蛋白质降解为 7 到 9 个氨基酸长度的小肽。

至此，泛素介导的蛋白质降解过程基本阐明：酶 E1 激活泛素分子，该反应需 ATP 参与，随后泛素分子转移到酶 E2，在酶 E3 作用下 E2-泛素复合物将泛素转移给待降解蛋白，酶 E3 可连续催化泛素转移使蛋白多泛素化，多泛素化蛋白被蛋白酶体识别被最终降解。

蛋白质泛素化涉及多个生理过程如细胞分裂、DNA 修复、氧感知、免疫防御等，其异常可导致癌症和囊性纤维化变性等多种疾病发生。2004 年，切哈诺沃、赫什科和罗斯由于"泛素介导蛋白质降解的发现"分享诺贝尔化学奖（图 3-5）。

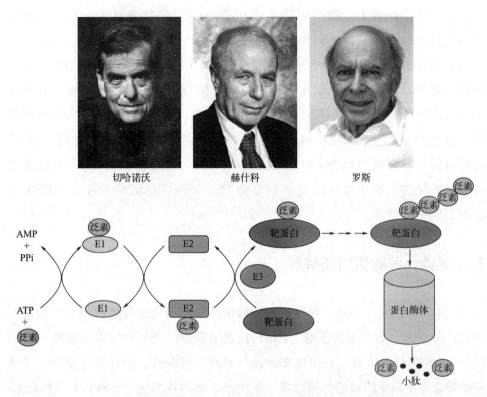

图 3-5　切哈诺沃、赫什科和罗斯与泛素介导的蛋白质降解

第六节　ATP 与分子马达运动

骨骼肌遍布全身，约占人体体重的 40％，含身体所有蛋白质 50％以上。骨骼肌典型特征是收缩作用并消耗大量 ATP，该过程分子机制一直是科学家关注重点之一。

一、肌肉收缩

1864 年，德国生理学家屈内从肌肉提取物得到黏性的肌球蛋白（myosin），推测其与肌肉运动相关。20 世纪 30 年代末，匈牙利生物化学家圣捷尔吉开始研究肌球蛋白生理功能。

圣捷尔吉首先需制备大量纯肌球蛋白，为此首先使用新鲜研磨的兔肌肉匀浆在高离子强度和碱性环境搅拌 20 分钟后借助离心方式制备上清液；然后加水稀释为低离子强度和中性环境，此时肌球蛋白从溶液中析出，形成沉淀，再将沉淀溶解就可得到纯肌球蛋白。圣捷尔吉助手在一次肌球蛋白提纯过程中出现小失误，制备肌肉匀浆后忘记及时离心，第二天发现匀浆变得极为黏稠，近乎凝胶状，已无法进一步操作。圣捷尔吉并未轻易丢弃半凝固的肌肉匀浆，而是开始思考这一现象背后的原因。这一"小意外"却奠定下一步研究的基础。

圣捷尔吉和助手向凝胶状肌肉匀浆中加入少许 ATP，发现匀浆重新液化；ATP 消耗殆尽后溶液重新凝胶化。圣捷尔吉根据状态差异推测肌球蛋白存在两种形式，低黏度时称肌球蛋白 A，高黏度时称为肌球蛋白 B。圣捷尔吉将肌球蛋白 A 和 B 均制成线状结构并补充 ATP，惊奇地发现肌球蛋白 B 纤维明显缩短，而 A 不受影响，这是人类第一次在体外观察到生命收缩现象。圣捷尔吉推测，肌球蛋白 A 和 B 区别在于 B 中含一种未知成分。

1942 年，圣捷尔吉实验室的匈牙利生物化学家斯特劳布（Brunó Ferenc Straub，1914—1996）进一步研究肌球蛋白 B。借助精妙实验设计，斯特劳布从肌球蛋白 B 纯化到一种新蛋白，该蛋白含量与肌球蛋白 B 补充 ATP 后的收缩程度成正比，被命名为肌动蛋白（actin）。斯特劳布发现肌动蛋白也存在两种形式，高盐溶液呈球状（globule），称 G-肌动蛋白；生理盐浓度下呈丝状（filament），称 F-肌动蛋白。因此，肌肉主要由肌球蛋白和肌动蛋白构成，体外补充 ATP 可完成肌球蛋白收缩，圣捷尔吉由于在肌肉生物学领域的重大发现而荣获 1953 年美国拉斯克基础医学奖。体外试验表明肌球蛋白可完成收缩，体内具体机制如何尚待阐明。

二、滑动模型

早在 19 世纪，科学家借助光学显微镜发现横纹肌纤维由明带（I 带）和暗带（A 带）交替组成，暗带中央较亮区域为 H 带，明带中央为 Z 线，相邻 Z 线间区域称肌节（sarcomere），肌节是肌肉收缩和舒张的基本单位，20 世纪 50 年代开始理解肌肉收缩机制。

1948 年，英国分子生物学家休斯·赫胥黎（Hugh Esmor Huxley，1924—2013）加入剑桥大学医学分子委员会（Medical Research Council，

MRC）跟随结构生物学家肯德鲁（John Kendrew，1962 年诺贝尔化学奖获得者）进行博士学习。当时，利用 X 射线衍射技术研究蛋白质等生物大分子刚刚兴起，而拥有物理学背景的休斯决定用这项技术研究肌肉收缩。休斯对 X 射线衍射图案分析发现，肌肉收缩过程存在肌球蛋白和肌动蛋白之间的相互运动。1952 年，休斯和博士后汉森（Jean Hanson）联合使用光学显微镜和电子显微镜发现破坏肌球蛋白只影响 A 带结构，提出 A 带主要含有肌球蛋白（粗肌丝），而 H 带主要由肌动蛋白构成（细肌丝）。与此同时安德鲁·赫胥黎（Andrew Fielding Huxley）得到相似结论。

安德鲁由于提出解释动作电位产生的离子假说分享 1963 年诺贝尔生理学或医学奖。1952 年，安德鲁也研究肌肉收缩机理，敏锐意识到干涉显微镜在这方面的重要优势。安德鲁利用组装的干涉显微镜和德国生理学家尼德格尔克（Rolf Niedergerke，1921—2011）合作发现肌肉收缩过程 A 带宽度不变，只有 H 带相应变窄。两位专家相遇并展开讨论最终得出结论——滑动肌丝假说（sliding filament hypothesis）。假说认为，肌肉缩短和伸长均通过肌节内肌球蛋白和肌动蛋白相互间滑动实现，能量由肌球蛋白通过与肌动蛋白相互作用过程中催化 ATP 水解将释放的化学能转化为机械能提供。滑动肌丝假说将肌细胞结构（A 带和 H 带，细胞学范畴）、组成（肌球蛋白和肌动蛋白，生物化学范畴）和收缩（生理学范畴）实现有机整合。休斯在随后 50 年时间坚持不懈推动肌肉收缩领域的发展。1958 年，休斯进一步提出详细描述肌丝滑动的摆动跨桥模型（swinging cross-bridge model）。模型认为缺乏 ATP 时肌球蛋白以人字形方式与肌动蛋白结合；补充 ATP 可驱使二者分离，此时肌动蛋白出现划桨样运动（往复摆动），从而完成肌肉收缩和舒张。20 世纪 70 年代开始，滑动肌丝假说和摆动跨桥模型逐渐得到科学界认可。

三、体外运动体系

休斯不仅为肌肉收缩领域贡献一生，而且还为该领域培养了一大批青年才俊，美国生物化学家斯普迪赫（James Anthony Spudich，1942—）就是其中之一。

1968 年，斯普迪赫加入休斯实验室从事博士后研究，重点关注肌肉收缩调节机制，其间阐明钙离子通过影响跨桥形成而调节肌球蛋白和肌动蛋白间滑动。1971 年，斯普迪赫加入美国加利福尼亚大学旧金山分校，联合应用生物化学、遗传学、结构生物学等方法探索生命分子运动特征。1977 年，斯普迪赫又来到斯坦福大学，决定开发简单的体外运动体系应用于机制研究，1982 年美国细胞生物学家希茨（Michael Patrick Sheetz，1946—）的到来加快试验进度。当时，希茨是华盛顿大学副教授，因学术休假来到斯普迪赫实验室，首先将肌动蛋白附着于固体支持物表面，然后加入肌球蛋白包被的小球，结果第一次体外观察到肌球蛋白在补充 ATP 后可沿肌动蛋白移动，体外证实了滑动肌丝假说的正确性，为进一步研究非肌肉细胞分子运动提供了理想实验体系。1985 年，斯普迪赫进一步用纯化肌球蛋白、肌动蛋白和 ATP 重建体内滑动过程。

体外运动系统的成功构建吸引了众多年轻人目光，美国生物化学家韦尔（Ronald David Vale，1959—）就是其中之一。1980 年，韦尔从加利福尼亚大学圣芭芭拉分校毕业并获生物学和化学双学位，随后进入斯坦福大学攻读博士学位，研究神经细胞内物质运输，特别着迷神经细胞体和末端之间长达 1 米长轴突内物质运转之谜，当获悉斯普迪赫和希茨成功构建体外运动系统后，他敏锐意识到该体系的重要性，立刻来到斯普迪赫实验室，与希茨合作开展轴突运输过程。他们使用轴突的肌球蛋白交联小球测试轴突肌球蛋白时未观察到运动发生，深入研究发现非肌肉细胞内由微管（microtubule）而非肌球蛋白发挥支架作用。

四、微管蛋白的发现

1963 年，研究人员在细胞内观察到众多小管状结构，命名为微管。1965 年，美国芝加哥大学泰勒（Edwin Taylor）让研究生波里希（Gary Borisy，1942—）研究微管构成。波里希将抑制细胞分裂的生物碱秋水仙碱（colchicine）添加到富含微管的培养细胞、海胆卵、有丝分裂纺锤体和脑组织等提取物后纯化到一种组分，于 1968 年命名为微管蛋白。微管主要包含两种亚基，α-微管蛋白和 β-微管蛋白，二者组装为一个微管单位，进一步聚合成中空的微管结构。微管在多种细胞运动过程包括胞内物质运输、囊泡定位、有丝分裂过程中染色体分离和纤毛/鞭毛摆动等方面发挥重要作用。

五、动力蛋白发现

精子运动、黏液通过气道、纤毛和鞭毛运动等具有重要生理意义，吸引众多生物学家目光，其中包括英国著名生物物理学家吉布斯（Ian Read Gibbons，1931—2018）。1957 年，吉布斯从剑桥大学获得生物物理博士，第二年进入哈佛大学主管电子显微镜室，借助电子显微镜观察到原生生物四膜虫鞭毛运动核心——轴索结构。1965 年，吉布斯从四膜虫轴索中发现一种 ATP 酶，其活性和结构特征与四膜虫轴丝弯曲功能一致，被命名为动力蛋白（dynein，来自希腊语"dyne"，意为"力"）。1972 年，吉布斯进一步证明动力蛋白参与鞭毛运动，其过程类似滑动肌丝模型，不过支持物不是肌动蛋白而是微管蛋白。

20 世纪 80 年代，韦尔证实细胞内物质运输并非采用自由扩散方式进行，而是沿着微管这个轨道实现。韦尔还发现单一微管上物质运输为双向进行，其中从神经末端通过轴突向细胞体运输的"反向"过程由动力蛋白协助完成。动力蛋白是一种微管相关分子马达，分子质量可达 2000kDa，重链球形头部含 ATP 结合结构域，负责与微管结合，轻链等其他组分负责与"货物"如细胞器和囊泡等结合通过自身运动达到运输货物目的。

六、驱动蛋白发现

细胞质内物质沿微管双向运输，动力蛋白负责反向运输，正向运输由哪种蛋白实现呢？

美国细胞生物学家布雷迪（Scott Brady）借助视频增强光学显微镜观察到无法水解的 ATP 类似物 AMP-PNP（亚胺二磷酸腺苷）可抑制轴突内物质正向运输，这一发现激发了韦尔灵感。韦尔用 AMP-PNP 处理以稳定微管和分子马达等复合物，以紫杉醇为"钓饵"将复合物与其他组分分离，去除微管蛋白和货物后获得一种新蛋白。这种新蛋白一方面与微管特异结合，另一方面具有 ATP 酶活性，可促进微管滑动，被命名为驱动蛋白（kinesin，来自希腊语"kinein"，意为"移动"）。驱动蛋白由两个重链和两个轻链构成，轻链负责与囊泡和其他货物结合，重链水解 ATP 供能推动货物沿微管从细胞体向神经末端的快速"正向"运输。驱动蛋白在真核细胞广泛存在，参与微管依赖的多种生命运动，如膜运输和有丝分裂/减数分裂过程染色体运动。

七、马达蛋白的重要性

肌球蛋白、动力蛋白和驱动蛋白是目前鉴定的三种分子马达，它们在蛋白质一级结构方面虽存在巨大差异，但在关键结构域和作用机制方面却高度保守，包括 ATP 酶结构域和肌动蛋白（或微管）结合结构域，都采用滑动方式完成运动等。当然肌球蛋白沿肌动蛋白滑动，而驱动蛋白和动力蛋白则沿微管滑动。

分子马达基因突变或功能异常可导致多种疾病发生。肌球蛋白及结合蛋白突变可造成家族肥厚型心肌病（该病常可诱发年轻运动员猝死）；动力蛋白功能缺陷常可引发纤毛功能障碍，造成呼吸道慢性感染；驱动蛋白基因突变会造成遗传性神经疾病和肾脏疾病等。

分子马达鉴定和作用机制阐明加深了人们对许多生命现象的理解和认识，特别是 ATP 利用、肌肉收缩和物质运输的关联，斯普迪赫、希茨和韦尔由于在该领域的杰出贡献分享美国拉斯克基础医学奖，有望将来进一步分享诺贝尔奖。

第七节　运动和 ATP 利用

肌肉作为特殊结缔组织在许多动物中普遍存在，是运动的结构基础，参与从低等章鱼的灵巧触手和海蛞蝓的波形蠕动到足球运动员和芭蕾舞演员的腿部协调等过程，ATP 的供给和利用是运动过程的基础。

一、运动中的 ATP 供给

与静息状态相比，运动状态对 ATP 需求剧增，肌肉主要由三种能量系统供给 ATP。

首先是磷酸原系统，肌肉开始收缩时已有 ATP 会快速耗尽，此时磷酸肌酸分解，释放的能量促使少量 ATP 快速生成。其次是糖酵解系统，糖原或葡萄糖在无氧情况下由一系列酶促反应生成乳酸，释放的能量促使一定量的 ATP 生成。最后是有氧氧化系统，糖、脂肪和氨基酸在耗氧情况下生成二氧化碳和水，同时产生大量 ATP。有氧氧化系统主要在线粒体中完成，而肌肉细胞富含线粒体，故该过程是耐力运动主要能量来源。

二、运动中 ATP 消耗

运动过程产生的大量 ATP 主要供三类 ATP 酶利用，分别是肌细胞膜上的钠离子，钾离子-ATP 酶、肌质网上的 Ca^{2+}-ATP 酶和肌球蛋白的肌球蛋白 ATP 酶。

神经肌肉接头是运动神经元和肌肉纤维间组成的化学突触，当运动神经元胞体启动动作电位后最终促使神经递质乙酰胆碱释放到突触间隙，随后与肌肉纤维上特异受体结合而激活钠/钾通道，从而引发骨骼肌动作电位。钠离子，钾离子-ATP 酶通过消耗 ATP 而使钠离子外排和钾离子流入恢复原状态。

骨骼肌动作电位形成可激活肌质网上钙离子通道打开使钙离子释放到细胞质，进一步激活骨骼肌收缩。Ca^{2+}-ATP 酶利用水解 ATP 使钙离子逆浓度梯度回流肌质网，终止肌肉收缩。

增加的 Ca^{2+} 可与细肌丝中的肌钙蛋白结合从而触发构象变化，允许肌球蛋白头部与肌动蛋白结合形成跨桥结构，同时促使 ATP 水解，随后允许肌动蛋白滑动，完成肌肉收缩。当钙离子减少后肌钙蛋白重新阻止肌球蛋白与肌动蛋白结合，收缩终止。

三、运动消耗 ATP 意义

生命在于运动，因此运动对健康具有十分重要的意义，以常规体育锻炼为例，它具有保持最佳体重、调节消化系统、维持肌肉力量和关节活动能力、促进生理健康和增强免疫系统等作用。通过 ATP 的生成和利用，运动有效保持体内能量平衡，有益于维持内稳态。

主要参考文献

[1] 郭晓强. 酶的研究与生命科学（二）：氧化酶和 ATP 酶的研究 [J]. 自然杂志，2015，

37（3）：205-214.

［2］ 郭晓强. 分子马达运动：生命滑动的乐章 ［J］. 自然杂志，2019，41（1）：205-214.

［3］ Langen P，Hucho F. Karl Lohmann and the discovery of ATP ［J］. Angew Chem Int Ed Engl，2008，47（10）：1824-1827.

［4］ Ernster L，Schatz G. Mitochondria：a historical review ［J］. J Cell Biol，1981，91（3 Pt 2）：227s-255s.

［5］ Pagliarini D J，Rutter J. Hallmarks of a new era in mitochondrial biochemistry ［J］. Genes Dev，2013，27（24）：2615-2627.

［6］ Prebble J N. The discovery of oxidative phosphorylation：a conceptual off-shoot from the study of glycolysis ［J］. Stud Hist Philos Biol Biomed Sci，2010，41（3）：253-262.

［7］ Glancy B，Kane D A，Kavazis A N，et al. Mitochondrial lactate metabolism：history and implications for exercise and disease ［J］. J Physiol，2021，599（3）：863-888.

［8］ Slater E C. Keilin，cytochrome，and the respiratory chain ［J］. J Biol Chem，2003，278（19）：16455-16461.

［9］ Slater E C. Mechanism of phosphorylation in the respiratory chain ［J］. Nature，1953，172（4387）：975-978.

［10］ Mitchell P. Coupling of phosphorylation to electron and hydrogen transfer by a chemiosmotic type of mechanism ［J］. Nature，1961，191：144-148.

［11］ Boyer P D. A research journey with ATP synthase ［J］. J Biol Chem，2002，277（42）：39045-39061.

［12］ Hutton R L，Boyer P D. Subunit interaction during catalysis. Alternating site cooperativity of mitochondrial adenosine triphosphatase ［J］. J Biol Chem，1979，254（20）：9990-9993.

［13］ Abrahams J P，Leslie A G，Lutter R，et al. Structure at 2.8 A resolution of F1-ATPase from bovine heart mitochondria ［J］. Nature，1994，370（6491）：621-628.

［14］ Skou J C. The influence of some cations on an adenosine triphosphatase from peripheral nerves ［J］. Biochim Biophys Acta，1957，23（2）：394-401.

［15］ Hershko A，Ciechanover A，Rose I A. Resolution of the ATP-dependent proteolytic system from reticulocytes：a component that interacts with ATP ［J］. Proc Natl Acad Sci USA，1979，76（7）：3107-3110.

［16］ Hershko A，Ciechanover A，Heller H，et al. Proposed role of ATP in protein breakdown：conjugation of protein with multiple chains of the polypeptide of ATP-dependent proteolysis ［J］. Proc Natl Acad Sci USA，1980，77（4）：1783-1786.

［17］ Wilkinson K D. The discovery of ubiquitin-dependent proteolysis ［J］. Proc Natl Acad Sci USA，2005，102（43）：15280-15282.

［18］ Nandi D，Tahiliani P，Kumar A，et al. The ubiquitin-proteasome system ［J］. J Biosci，2006，31（1）：137-155.

［19］ Ringe D，Petsko G A. Behind the movement ［J］. Cell，2012，150（6）：1093-1095.

[20] Huxley H E. The Mechanism of muscular contraction [J] . Science, 1969, 164 (3886): 1356-1366.

[21] Sheetz M P, Spudich J A. Movement of myosin-coated fluorescent beads on actin cables in vitro [J] . Nature, 1983, 303 (5912): 31-35.

[22] Gibbons I R, Rowe A J. Dynein: A protein with adenosine triphosphatase activity from cilia [J] . Science, 1965, 149 (3682): 424-426.

[23] Vale R D, Schnapp B J, Mitchison T, et al. Different axoplasmic proteins generate movement in opposite directions along microtubules in vitro [J] . Cell, 1985, 43 (3 Pt 2): 623-632.

[24] Vale R D, Reese T S, Sheetz M P. Identification of a novel force-generating protein, kinesin, involved in microtubule-based motility [J] . Cell, 1985, 42 (1): 39-50.

[25] Jackson S. Molecules in motion: Michael Sheetz, James Spudich, and Ronald Vale receive the 2012 Albert Lasker Basic Medical Research Award [J] . J Clin Invest, 2012, 122 (10): 3374-3377.

[26] Spudich J A. Molecular motors: forty years of interdisciplinary research [J] . Mol Biol Cell, 2011, 22 (21): 3936-3939.

[27] Hargreaves M, Spriet L L. Exercise metabolism: Fuels for the fire [J] . Cold Spring Harb Perspect Med, 2018, 8 (8): a029744.

[28] Hargreaves M, Spriet L L. Skeletal muscle energy metabolism during exercise [J] . Nat Metab, 2020, 2 (9): 817-828.

第四章

细胞间交流和酶的调控

生命是一种由最基本结构和功能单位细胞及细胞外基质形成的复合体，细胞间存在着密切联系和频繁交流，这一过程需要特定信号转导系统实现，首先是激素的调节作用。早在 1902 年，英国生理学家贝利斯（William Maddock Bayliss）和同事就首先从小肠黏膜提取液中发现促胰液素，进而提出激素概念，即特定细胞合成并分泌的一类化学物质，可远距离调节各种组织细胞的代谢活动最终达到影响机体生理活动的目的。大量激素包括甲状腺素、胰岛素、性激素、肾上腺素、胰高血糖素等的先后发现全面推动对机体内部调节机制的理解和认识。但最初研究主要集中在动物整体水平（生理层面），分子机制（生化层面）理解较少。已知胰岛素降低血糖，胰高血糖素升高血糖等，但它们通过何种机制影响糖代谢却知之甚少，这一状况直到第二信使发现后才得以改观。

第一节　腺苷酸环化酶与第二信使

一、磷酸化酶调节

科里夫妇随后对科里酯的产生方式和代谢去向产生浓厚兴趣，接下来重点是寻找科里酯代谢相关酶，不久就鉴定出糖原磷酸酶，该酶催化糖原磷酸酸解生成科里酯。20世纪40年代，科里夫妇确定糖原磷酸化酶是糖原分解过程关键酶，并将该酶实现纯化和结晶，惊奇地发现该酶存在两种形式，一种为高活性磷酸化酶a，易结晶，无需AMP也具活性，另一种为低活性磷酸化酶b，需外加AMP才可激活。这是首次发现同种酶存在两种形式，而且还发现两种形式可互相转变，肾上腺素通过调节两种形式间转化而影响酶活性，最终影响糖原分解速度而调节机体血糖浓度。

20世纪上半叶还是物质代谢研究的鼎盛时期，其间发现糖酵解、三羧酸循环、糖原分解、β-氧化、鸟氨酸循环等众多物质代谢途径，常用方法为细胞和无细胞水平研究物质变化，相关进展为萨瑟兰（Earl Wilbur Sutherland，1915—1974）的cAMP发现奠定了坚实基础。

二、第二信使发现

萨瑟兰出生于美国堪萨斯州一个小镇，1937年从堪萨斯州首府托皮卡的沃西本恩大学毕业并获得了学士学位，并在1942年从密苏里州的华盛顿大学医学院获得医学博士。由于第二次世界大战，博士毕业的萨瑟兰在美国军队服役到战争结束，退役后重回华盛顿大学医学院跟随科里夫妇进行糖原分解的研究，这些研究是促使萨瑟兰伟大发现的原动力。

科里夫妇研究重点在于糖原分解代谢，在20世纪30年代发现了糖原分解的一般过程，在40年代重点开始研究激素对糖原过程的影响，在细胞水平已证明肾上腺素和胰高血糖激素可促进糖原分解。萨瑟兰对这些问题深入研究结果发现肾上腺素等对影响糖原分解的原因是调节磷酸化酶活性。萨瑟兰发现肝细胞存在一种磷酸化酶，它可以使糖原分解的关键酶磷酸化而激活从而促进糖原的分解，该酶存在两种形式，一种是活性形式，另一种是非活性形式，两种形式差别在于磷酸基团，携带磷酸基团（磷酸化形式）为活性形式，缺乏磷酸基团为非活性，因此得出肾上腺素是通过促进磷酸化酶的磷酸化而实现激活效应，现在问题是肾上腺素如何影响磷酸化酶，对这个问题的研究直接促使cAMP的发现。

1953年，萨瑟兰离开华盛顿大学加入俄亥俄州凯斯西储大学并成为医学系和药理系教授，开始独立研究肾上腺素调节糖原磷酸化酶的机理，1956年博士生拉尔（Theodore Rall）的到来加快了科研进度。萨瑟兰和拉尔发现，体外添加肾上腺素可将粗的肝匀浆中糖原磷酸化酶激活，但离心去除肝匀浆中沉淀部分（主要为细胞膜碎片）只保留上清液（细胞液成分）后，肾上腺素激活效应消失，当将沉淀重新加入上清液后肾上腺素激活效应重新获得，这一结果清晰说明细胞膜上存在肾上腺素激活糖原磷酸化酶所必需的组分。

　　萨瑟兰和拉尔进一步分析发现单独使用肾上腺素处理肝匀浆沉淀部分，同时补充 ATP 和 Mg^{2+} 后可形成一种耐热小分子物质，若将该物质直接加入肝匀浆上清部分可在不加肾上腺素前提下对糖原磷酸化酶实现激活。萨瑟兰和拉尔进一步使用离子交换树脂将小分子物质纯化，发现它由 1 个腺嘌呤、1 个核糖和 1 个磷酸构成，初步推测是一种环状结构，即 3′,5′-环腺苷单磷酸（cyclic adenosine 3′5′-monophosphate，cAMP）。同年，利普金（David Lipkin）完成 cAMP 人工合成，合成的 cAMP 也具有激活肝匀浆上清部分糖原磷酸化酶活性，进一步证明萨瑟兰发现的正确性。cAMP 的发现是内分泌研究领域的重大突破，它将激素作用机理深入到分子水平。

三、第二信使假说

　　肾上腺素促进 cAMP 生成机制成为下一个需要解决的问题。萨瑟兰发现细胞膜上存在腺苷酸环化酶（adenylyl cyclase，AC），正是该酶被肾上腺素激活后催化 ATP 发生环化反应生成 cAMP。AC 是一种跨膜蛋白，当肝匀浆离心后位于沉淀部分，因此上清部分（缺乏 AC）加入肾上腺素自然无法生成 cAMP。萨瑟兰研究发现 AC 广泛存在于多种组织，暗示其应该有更广泛的生物学功能，不仅仅介导肝脏内激活糖原磷酸化酶的作用。60 年代，萨瑟兰经过深思熟虑后提出第二信使假说（second messenger hypothesis），用于解释激素作用基本模式。按照第二信使假说，激素作为第一信使并不进入细胞，而是首先激活细胞膜上 AC 生成细胞内的第二信使 cAMP，cAMP 进一步激活下游靶酶，最终实现生理效应（图 4-1）。

　　第二信使假说提出之初曾遭到科学界的批评和反对，他们普遍认为机体存在几十种生理功能不同的激素，这些激素生理作用不可能都由 cAMP 介导，而且腺苷酸环化酶也无法区分如此众多的激素（后来发现激素并非直接识别 AC，而是识别自己相应受体）。萨瑟兰等研究人员进一步用大量科学结果证明该假说的正确性，首先他们发现许多激素如抗利尿激素、促肾上腺皮质激素、促黑激素、黄体生成素、甲状旁腺素等确实具有激活 AC 的作用和诱导 cAMP 生成的能力，并且这种活性具有组织特异性，第二信使假说逐渐成为细胞信号转导领域的基本模式。

四、重要意义

1971 年，萨瑟兰由于在"激素作用机制"的发现而独享诺贝尔生理学或医学奖。第二信使假说以其简单性极大推动多种激素作用机制的研究，而萨瑟兰也由于其巨大贡献而被誉为"信号转导之父"。第二信使假说清晰表明，细胞外激素（或神经递质等）与受体结合可促进细胞内 cAMP 生成，cAMP 进而通过影响下游靶酶活性而最终影响细胞代谢、生长和分化。这个假说最直接的问题是 cAMP 上游及下游还有哪些分子参与，20 世纪 50 年代蛋白可逆磷酸化的发现首先解决了 cAMP 的下游问题。

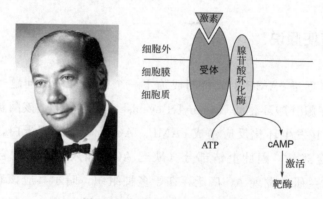

图 4-1　萨瑟兰和第二信使假说

第二节　蛋白激酶与蛋白磷酸酶

与萨瑟兰第二信使假说提出几乎同时还有另一项重要发现，即 cAMP 调节靶酶需通过可逆磷酸化方式，这项研究由埃德温·克雷布斯（Edwin Gerhard Krebs，1918—2009）和费希尔（Edmond Henri Fischer，1920—

2021）完成。

一、热爱酶学

埃德温出生于美国艾奥瓦州，1936 年考入伊利诺斯大学化学专业，临近毕业的第四学年决定继续深造。埃德温认为医学与人的健康直接相关，因此有广阔前景，但实际上他更喜欢自然科学，考虑到现实最终做出两个选择，一是有机化学，另一是医学，鉴于获得华盛顿大学医学院一份奖学金而选择后者作为专业。1940 年，埃德温来到华盛顿大学医学院，足够幸运的是有机会跟随科里夫妇助手一起工作，这段经历对他科学素质培养和实验技能的掌握具有十分重要的意义。在这里他一方面接受了传统的医学知识训练，而另一方面也开始被引导进行科学研究，

1943 年，埃德温从华盛顿大学医学院获得医学学位，又在巴恩斯医院完成 18 个月实习，随后加入海军成为一名医学官员，曾尝试应用掌握的医学知识在临床方面进行工作，但并未获得理想结果。1946 年，埃德温接受一位大学时期医学教授建议转向基础研究，结合自身化学背景顺理成章选择生物化学，也就有机会再次来到科里夫妇实验室。埃德温在随后两年研究鱼精蛋白和兔肌肉的糖原磷酸化酶，并对磷酸化酶 a 和磷酸化酶 b 转化机制产生浓厚兴趣，与此同时被生物化学的美妙深深打动，意识到最爱的是科学研究而非临床，最终决定不再回到医院而是将科研作为自己的终身职业。

1948 年，埃德温获邀成为华盛顿大学生物化学系一名助理教授，此时生物化学系主要研究蛋白质和酶，并为研究者个人发展和科学研究提供了广阔空间，有助于新来的埃德温迅速进入研究状态，但真正意义上的开始还是在 1953 年费希尔的加入。

二、合作挚友

费希尔出生于中国上海，父亲来自奥地利维也纳，7 岁时费希尔和两个哥哥被送回瑞士日内瓦。高中阶段，费希尔的一位终身挚友的独创性和不同寻常的思维对费希尔产生极为深刻的影响，两人决定将来一个成为科学家而另一个成为医生，以期治愈世界上所有疾病。1938 年，第二次世界大战开始时费希

尔进入日内瓦大学，最早想成为一名微生物学家，但后来却转到化学院，1947年毕业同时获得化学和生物学双学位。

毕业后费希尔又继续在化学院进行研究生学习，主要研究淀粉和糖原这些多糖的代谢，为了能使这些大分子物质水解则必需酶辅助，当时已发现 α-淀粉酶、β-淀粉酶、磷酸化酶等参与该过程。费希尔的课题是从猪胰腺提纯 α-淀粉酶，经过艰辛劳动最终获得该酶纯品并且还在其他动物不同部位获得，证明该酶存在的广泛性。业余时间，费希尔还研究马铃薯磷酸化酶，这项工作为后续科学突破奠定重要基础。

研究生期间，费希尔就开始考虑去美国发展，一方面由于第二次世界大战后欧洲大学受到重创，科学研究相对于美国大学出现明显落伍，许多大学还缺乏费希尔的研究方向，因此不利于进一步深造，另一方面欧洲经济也一直不景气，失业严重，获取一份理想的工作非常困难，而美国在这方面就优越许多，而真正促成费希尔美国之旅的是两件事。一是导师因哮喘发作去世使费希尔无法继续研究，另一件事是费希尔的美国移民签证异常顺利通过。

1953年，费希尔获得日内瓦大学博士后来到美国。在一份瑞士奖学金支持下，费希尔原计划进入加州理工学院开展博士后研究，但到达帕萨迪纳时却又收到华盛顿大学生物化学系的邀请，而当费希尔到达西雅图后，深深被周围的自然环境所吸引，因此接收华盛顿大学生物化学系助理教授职务并于6个月后和埃德温相识，开启一段科学合作的佳话。

三、发现激酶

早在1948年，埃德温在科里实验室工作期间就已发现催化糖原水解的磷酸化酶存在两种状态，一种是带有磷酸修饰的活性状态而另一种是缺乏磷酸修饰的失活状态，但对两种状态之间的转变机制并不清楚。尽管还知道肾上腺素、胰高血糖素等对两种形式的转变起调节作用，但原因也不详。埃德温利用自己在科里实验室进行哺乳动物骨骼肌磷酸化酶的经验和费希尔在马铃薯淀粉磷酸化酶方面研究的经历，重点对肌肉收缩进行研究。肌肉需要借助储存其中的糖原分解来提供完成收缩所需能量，而磷酸化酶可帮助糖原水解为葡萄糖供肌肉利用，此过程需 ATP 参与。

为更好地理解糖原磷酸化酶的转变，埃德温和费希尔首先按照科里夫妇程序纯化磷酸化酶a，然而结果令人失望，他们只能得到很少量磷酸化酶a纯品，更多的是磷酸化酶b。对上清获取过程分析发现，埃德温和费希尔采用离心法，而科里夫妇则用过滤法，当他们也改用过滤法后也很容易获得了大量磷酸化酶a结晶，说明过滤过程可能是磷酸化酶b向磷酸化酶a转变的一个重要因素。埃德温和费希尔进一步研究发现磷酸化酶b向磷酸化酶a转变由磷酸化酶b激酶催化完成，该酶将ATP上磷酸基团转移到磷酸化酶b而生成磷酸化酶a，同时产生ADP，该结果于1958年发表。不久，埃德温和费希尔又鉴定出将磷酸化酶a向磷酸化酶b转化的酶，即磷酸化酶磷酸酶，该过程同时释放一个无机磷酸。磷酸化酶b激酶（简称磷酸化酶激酶）是第一个发现的蛋白激酶，它意味着蛋白质磷酸化修饰过程也受到酶的严格调节，同时也暗示着磷酸化-脱磷酸化（可逆磷酸化）是一种酶活性调节的重要方式。

与此同时萨瑟兰发现cAMP是传递激素作用的第二信使，而激素通过cAMP调节靶酶活性。埃德温和费希尔研究发现当将cAMP加入到粗制的糖原磷酸化酶中并在ATP及镁离子存在前提下，糖原磷酸化酶活性增强，而将cAMP加入到纯的糖原磷酸化酶并在ATP及镁离子存在情况下，并不出现酶活性增强，这一结果说明cAMP并不能直接影响糖原磷酸化酶活性，而是通过粗制酶中的特定组分。随后埃德温和费希尔使用色谱分析方法分离得到一种受cAMP调节且可激活糖原磷酸化酶的酶，被称为蛋白激酶A（PKA），进一步又鉴定出蛋白磷酸酶，从而提出解释糖原磷酸化酶活性调节的可逆磷酸化学说。

在细胞内存在一类蛋白激酶，在外界因素促进下可将ATP分子中一个磷酸基团添加到无活性靶酶（如磷酸化酶）从而改变酶分子本身结构使酶激活；细胞中还存在一类蛋白磷酸酶，可将激活的靶酶上磷酸基团去除，从而使酶失活回到初始状态。这个学说随着大量蛋白激酶和蛋白磷酸酶的发现而被普遍接受，而且可逆磷酸化作为生物体内蛋白质活性调节的一般模式主导了众多生命过程。

四、可逆磷酸化

埃德温与费希尔随后的研究方向出现变化，埃德温继续研究蛋白激酶，费希尔则转向蛋白磷酸酶。埃德温的激酶研究非常顺利，几乎每天都有新激酶发现，从而使蛋白磷酸化成为细胞调控基本方式，而费希尔蛋白磷酸酶研究则困难重重，一方面细胞内蛋白磷酸酶数量较少，直到 20 世纪 80 年代才有几种重要的蛋白磷酸酶被发现，该结果说明生物体内可逆磷酸化以蛋白激酶作用为主，蛋白磷酸酶处于相对被动状态。现已确定 5% 基因编码蛋白激酶。

五、重要意义

蛋白可逆磷酸化的发现及在蛋白质合成、细胞代谢、激素对外界信号的反应、学习和记忆等过程中的作用研究大大推动了生物化学乃至整个生命科学的发展。蛋白可逆磷酸化的发现在医学方面也具有重要应用，对理解多种疾病如阿尔茨海默病、器官移植中的免疫排斥和癌症发生机理具有重要的帮助，几乎 50% 癌基因都与蛋白激酶有密切关系，从而为药物研发开启了一扇大门，如现在应用于器官移植抑制排斥反应的环孢霉素就是一种激酶抑制剂。

1992 年，埃德温与费希尔由于"生物调节机制的蛋白可逆磷酸化的发现"分享该年度诺贝尔生理学或医学奖（图 4-2）。

图 4-2　埃德温、费希尔和蛋白可逆磷酸化

第三节　G蛋白：一种重要GTP水解酶

第二信使假说认为信号分子作用于细胞膜上的受体后诱导细胞内第二信使（如cAMP）生成并最终作用于特定靶酶，但实际情况是否如此呢？在20世纪70年代科学家发现在受体与第二信使之间还存在一个重要信号转换器，这个转换器就是罗德贝尔（Martin Rodbell，1925—1998）和吉尔曼（Alfred Goodman Gilman，1941—2015）发现的G蛋白（一种特殊GTP水解酶）。

一、G蛋白概念提出

罗德贝尔出生于美国马里兰州巴尔的摩市，1943年考入约翰霍普金斯大学化学专业，但入学不久就对课堂教学产生厌倦，并且感到作为一个犹太人有义务参加与希特勒军队的战争。1944年，罗德贝尔暂时中止学业而参加美国海军作为一名无线电操作员在南太平洋地区参战；战争结束后回到约翰霍普金斯大学继续完成学业，于1949年获得生物学学士。

1950年，罗德贝尔进入华盛顿大学医学院新建的生物化学系进行博士学习。罗德贝尔对脂类物质非常着迷，特别是磷脂代谢，由于磷脂主要在细胞膜上发挥作用，因此这些研究为将来细胞膜信号转导研究奠定了基础。罗德贝尔以大鼠肝脏为材料研究卵磷脂的生物合成，遗憾的是在研究中由于使用的化学物质不纯［ATP中混入CTP（胞苷三磷酸）］的缘故，罗德贝尔错误得出结论，磷脂合成需ATP参与并完成活化（后证明是CTP参与）。这次教训使罗德贝尔意识到药品纯度对实验结果的重要性，值得一提的是这次失误为后来GTP在信号过程中作用的发现发挥了重要作用。

1954年，罗德贝尔从华盛顿大学获得生物化学博士学位，开始在伊利诺伊大学化学系从事博士后工作，他选择氯霉素生物合成作为研究课题，这在当时是一个巨大挑战，因为氯霉素分子结构复杂因此合成难度很大，但罗德贝尔克服众多困难并最终取得成功。罗德贝尔从成功中收获巨大科研乐趣，并有幸获得学校一份教职。但罗德贝尔发现自己并不适合教学，因此决定全身心投入科学研究。1956年，罗德贝尔接受美国国立卫生研究院下属机构国立健康研究所的研究生物化学家职位，主攻脂蛋白，他采用新的实验技术证明存在多种脂蛋白，这些脂蛋白研究的经验和磷脂研究为后续研究奠定了基础。

1960 年，罗德贝尔获得了一份布鲁塞尔自由大学奖学金来到欧洲，一方面开阔了自己的科研视野，另一方面也熟悉了许多生命科学研究新技术，特别是超薄 X 射线成像技术能够记录氢同位素标记分子在细胞内的位置。罗德贝尔又在荷兰莱顿一家实验室学习细胞培养技术，可以使用培养的心脏细胞来检测其对氢同位素标记分子的摄取能力。

1961 年，罗德贝尔回到美国并成为国立关节炎和代谢疾病研究所营养与内分泌实验室研究员，不久建立了一个快速分离和纯化脂肪细胞的方法。有一次，阿根廷著名生理学家奥赛（1947 年诺贝尔生理学或医学奖获得者）访问罗德贝尔实验室。在了解了相关研究进展后提出了自己的一些观点，如分离的脂肪细胞是否可进行正常物质代谢，细胞对胰岛素作用是否敏感等。罗德贝尔随后证明分离的脂肪细胞在体外拥有和体内相同的代谢模式，胰岛素处理可增加脂肪细胞对葡萄糖的利用。1965 年，萨瑟兰在研究所做了一次关于激素作用方式的第二信使假说的演讲，这次演讲对罗德贝尔的科学发展具有重要影响。这次演讲拓宽了罗德贝尔的思路，使他对细胞信号转导有了更深入的认识，并将这些理念应用于脂类代谢研究。

20 世纪 60 年代，生命科学迅猛发展同时计算机科学也取得了迅速进步，罗德贝尔发现计算机和生物体在基本信息加工过程方面存在诸多相似性，因此他将生物体的细胞群体当作控制论里面的系统对待，进而提出了自己的信号转导模型：一个信号的传递需要三大类基本元件辨别器、转换器和放大器，其中辨别器是细胞膜上受体，它识别胞外信号分子从而感受信息；放大器通过生成第二信使实现胞内信息强化放大，最终启动细胞内应答或将信息传递给其他细胞；转换器则是两者间重要中介，它将受体感受的信息经过自身加工转化为第二信使等。萨瑟兰第二信使假说中已包含辨别器和放大器，但缺乏转换器，那么转换器是否存在呢？

1969 年 12 月和 1970 年 1 月，罗德贝尔实验小组研究胰高血糖素对大鼠肝脏细胞膜上受体效应时发现 ATP 能够让已经结合的胰高血糖素与受体分离，而少量 GTP 也可实现类似效果，且效率几乎是 ATP 的 1000 倍，结合这个实验罗德贝尔推测 GTP 可能是激素与受体解离的生物活性因子。鉴于 GTP 总混杂其他杂质，因此他进一步采用多重实验进行验证最终确定了 GTP 可通过激活一种特定蛋白质实现信号转换作用，并将这种未知蛋白称为 GTP 结合蛋白，简称 G 蛋白 （G-protein）。进一步实验发现，外加 G 蛋白可直接将激活的受体信号传递给放大器而诱导第二信使生成。20 世纪 70 年代中期，大量事实证明 G 蛋白的存在，接下来将其纯化成为一个关键科学问题，吉尔曼的加入使这个问题得到完美解决。

二、 G 蛋白发现

　　吉尔曼出生于美国康涅狄格州纽黑文，父亲是著名药理学家，在参观父亲实验室的过程中被激发出对生物学的巨大兴趣，并且在父亲长期熏陶下逐渐培养出严密的科研思维。1962 年，吉尔曼从耶鲁大学获得学士学位并于当年秋天来到凯斯西储大学进行博士学习。吉尔曼原打算跟随父亲的朋友、细胞信号转导之父——萨瑟兰进行 cAMP 方面的研究，然而不久萨瑟兰离开凯斯西储大学，因此吉尔曼跟随拉尔开启在信号转导领域的研究。

　　1969 年，吉尔曼由于获得博士后奖学金来到国立卫生研究院诺贝尔奖获得者尼伦伯格（Marshall Warren Nirenberg，1927—2010）实验室，在这里开发出简单、敏感的 cAMP 检测法，进一步推动了对第二信使的研究。1971 年，吉尔曼成为弗吉尼亚大学药理学助理教授，独立开展 cAMP 和腺苷酸环化酶方面的工作。吉尔曼和学生罗斯（Elliot Ross）最早想纯化腺苷酸环化酶，但遗憾的是一直未获成功。

　　当罗德贝尔的重大发现被同行广泛承认后，吉尔曼又开始着手研究该问题，尝试纯化 G 蛋白。吉尔曼最初的思路是首先拆开各组分，然后组装在一起来确定各组分功能，但这一思路也并未取得实质性突破。吉尔曼一筹莫展之际，一个重大进展改变了他的研究境遇。1975 年，加利福尼亚大学旧金山分校一家研究小组幸运获得一株突变的鼠白血病细胞，该细胞丧失了激素处理后诱导生成 cAMP 的能力，吉尔曼和罗斯随后获取该细胞，暂时放弃了纯化 G 蛋白的想法，而是探索该细胞株背后的秘密。

　　1977 年，吉尔曼对突变鼠白血病细胞开展深入研究。首先将一个正常细胞提取液加入突变鼠白血病细胞分离的细胞膜后再使用肾上腺素处理恢复 cAMP 的生成能力，说明正常细胞提取液中含有突变细胞缺乏的组分；随后又将有效去除腺苷酸环化酶的正常细胞提取液加入到突变细胞的分离膜上，肾上腺素仍可诱导 cAMP 生成，这个实验说明突变细胞腺苷酸环化酶并未突变，而是其他组分出现缺失，且缺失组分应介于肾上腺素受体和腺苷酸环化酶之间，按照罗德贝尔的假说该物质应该就是 G 蛋白。

这个缺失组分随后成为吉尔曼实验室研究的中心问题，不久他发现该组分确实是一种结合 GTP 的蛋白，由三种亚基 α、β 和 γ 组成。他们的研究还阐明 G 蛋白的作用机理：激素和受体结合启动 G 蛋白的催化亚基 α 将 GTP 替换掉 GDP 进而引起结构变化，造成 α 亚基与 β 亚基、γ 亚基分离；独立的 α 亚基通过激活腺苷酸环化酶而诱导 cAMP 生成；α 亚基的 GTP 水解酶活性催化 GTP 生成 GDP 后再次与 β 亚基、γ 亚基结合，重回抑制状态，直到下次激活（图 4-3）。生物界（从酵母交配启动到人类细胞识别、激素应答等过程）广泛存在 G 蛋白，并发挥多种生物学功能。

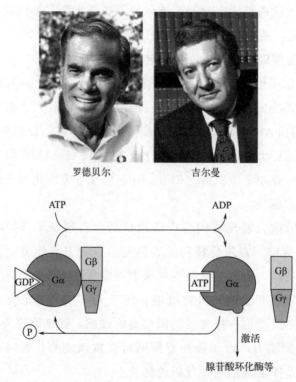

罗德贝尔   吉尔曼

图 4-3 G 蛋白作用

三、 G 蛋白重要性

G 蛋白的发现证明罗德贝尔当初推论和实验的正确性，同时广泛的研究也确定 G 蛋白对于生命系统的重要性，因此 1994 年罗德贝尔和吉尔曼由于"G蛋白及其在细胞内信号转导中作用的发现"的重要贡献分享该年度诺贝尔生理学或医学奖。

G 蛋白的发现具有重要的意义，为生理学家们在这个领域研究提供了广泛前景。G 蛋白从外界接受信息，经过调整、集合、放大，再传递到细胞内的效应器，从而控制最基本的生命过程，起到信息换能器作用。G 蛋白结构或功能出现紊乱可导致多种疾病的发生。霍乱是一种由霍乱杆菌引起的烈性胃肠道传染病，霍乱杆菌可产生霍乱毒素，这种毒素可改变 G 蛋白结构，从而影响水和盐从肠道的吸收，引起严重脱水。糖尿病、酒精中毒等疾病则与 G 蛋白功能紊乱相关。人群中 G 蛋白特定亚基基因突变还可导致钙代谢受阻和骨骼变形等。总之，G 蛋白的发现不仅完善了细胞信号转导过程，而且还具有广泛的临床应用，为众多疾病新治疗方案的提出奠定了坚实基础。

第四节　一氧化氮与鸟苷酸环化酶

一氧化氮（nitric oxide，NO）是一种无色气体，是一种重要工业中间体，但它是汽车尾气众多有毒气体之一。美国职业安全与健康管理局将工作场所一氧化氮暴露法定限值（允许暴露限值）设定为 8 小时工作日内 25mg/kg，当一氧化氮含量达到 100mg/kg 时会对生命和健康立即造成危害。

20 世纪 70 年代末和 80 年代初，一系列研究意外发现 NO 还是体内一种重要的气体信号分子，可通过激活特定酶活性参与多个重要的生理过程，这一发现为部分疾病治疗带来了新方案。对 NO 信号分子的研究首先由穆拉德（Ferid Murad，1936—2023）完成。

一、含氮药物

穆拉德出生于美国印第安纳州，童年时的理想是成为一名内科医生，但后来对科研产生浓厚兴趣，从而改变了初衷。1958 年 2 月，穆拉德进入凯斯西储大学药理系，有幸跟随著名的细胞信号转导研究专家和后来的诺贝尔奖获得者萨瑟兰开展研究。由于前一年（1957年）刚发现第二信使——cAMP，穆拉德就被指派研究儿茶酚胺对 cAMP 生成的影响。穆拉德发现心脏和肝脏中儿茶酚胺均可促进 cAMP 生成，此外还意外发现乙酰胆碱可抑制 cAMP 生成，这是首次描述 cAMP 被抑制生成的结果。通过研究穆拉德对细胞信号转导产生了浓厚兴趣，尤其是第二信使。

1965年，穆拉德从凯斯西储大学获得医学和药理学双博士，在经历一段实习期和博士后经历后于 1970 年加入弗吉尼亚大学。穆拉德研究过程中发现另外一种第二信使——环鸟苷酸（cyclic guanosine monophosphate，cGMP），研究重点也就转移到此，cGMP 可由鸟苷酸环化酶（guanylate cyclase，GC）催化 GTP 生成，意味着活化 GC 的物质可增加细胞内 cGMP 含量进而发挥生物学功能。穆拉德对 GC 的研究还发现一些新特征，和定位于细胞膜上的 AC 不同，GC 既存在于细胞膜还存在于细胞内，细胞内 GC 的发现提出了新的科学问题——它是如何在细胞内被活化的，因为这意味着信号分子可进入细胞内。

作为药理学家，穆拉德开始研究已使用上百年的治疗心绞痛的药物硝化甘油的作用机制，结果发现硝化甘油及其他含氮化合物均可活化细胞内的 GC。进一步研究发现包括硝酸甘油在内的多种舒张血管的含氮药物在体内可生成一氧化氮，而单独使用一氧化氮也可激活 GC 而诱导 cGMP 生成，cGMP 可使肌球蛋白轻链去磷酸化而引发血管平滑肌舒张。1977 年，穆拉德提出硝化甘油药理作用新机制，即通过先生成 NP，进一步增加 cGMP 来实现，更为重要的是他将其进行推广，认为正常细胞也可由含氮化合物产生一氧化氮，一氧化氮可跨过细胞膜进入邻近细胞，通过诱导 cGMP 生成发挥调节作用。穆拉德这一推断表明：一氧化氮可作为一种具有调节功能的信使分子，但当时这一推测缺乏直接证据，并且还未曾发现一种气体类型的信号分子，因此该观点未得到科学界普遍接受。不久，另一位药理学家弗吉戈特（Robert F. Furchgott，1916—2009）的一项独立研究为此提供了重要证据。

二、 EDRF 发现

弗吉戈特出生于美国南卡罗来纳州，童年时对自然史和生命科学产生了浓厚兴趣，决定将来从事科学研究。弗吉戈特首先进入南卡罗来纳大学化学系并于 1937 年从北卡罗来纳大学获得化学学士，1940 年又从西北大学获得生物化学博士学位。弗吉戈特先后在西北大学、冷泉港实验室、康奈尔大学医学院及华盛顿大学工作，研究了血液红细胞结构、组织代谢、兔肠平滑肌细胞能量代谢和功能、激素（如肾上腺素、去甲肾上腺素、乙酰胆碱等）对动脉的作用。1956 年进入纽约州立大学新建的药理系并成为首任主任。

20 世纪 60 年代，弗吉戈特改进了一种实验操作方法，利用兔动脉切片研究血管对药物、神经递质和激素的反应，这个重大改进更加容易定量研究不同药物对血管平滑肌的生理效应。弗吉戈特在研究乙酰胆碱类药物对血管影响时发现，在相近实验条件下，乙酰胆碱处理有时使血管扩张，有时对血管无明显作用，有时甚至引起血管收缩，同一物质展现出截然不同的生理效应使弗奇戈特迷惑不解。

1978 年 5 月 7 日，弗吉戈特技术员戴维森（David Davidson）利用血管环研究乙酰胆碱的生理功能，由于疏忽而弄错加药步骤，意外发现乙酰胆碱可导致血管舒张，并且多次重复均得到相似结果。开始推测是血管制备方法的原因，他们改用血管条进行测试，结果舒张反应消失。然而他们并没有直接相信这个解释，随后对两种不同制备方式进行对比观察，血管条制备过程中往往引起血管壁磨损（血管环不会），因此可能损害内皮细胞。弗吉戈特等随后将血管环的内皮细胞破坏，结果血管舒张效应消失，结合这个事实得出乙酰胆碱诱导内皮细胞产生某种物质引发血管舒张反应。1980 年，弗奇戈特发表这一结果，将这种未知物质命名为内皮细胞源性血管舒张因子（endothelium-derived relaxing factor，EDRF）。接下来问题是 EDRF 本质是什么，弗奇戈特深入研究同时，另一位科学家伊格纳罗（Louis Joseph Ignarro，1941—）也加入了研究行列。

三、一氧化氮

伊格纳罗出生于美国纽约市布鲁克林区，童年时期就对化学产生浓厚兴趣。1962 年，伊格纳罗从纽约哥伦比亚大学药学院毕业进入明尼苏达大学药理系开始研究生学习并于 1966 年获得博士学位。伊格纳罗随后进入国立卫生研究院心、肺和血液研究所，在这里工作两年，主要进行 α-肾上腺素和 β-肾上腺素分离及化学结构解析，这使伊格纳罗开始逐渐进入到细胞信号转导研究领域。

1968 年，伊格纳罗参与一种非固醇抗炎药物研发，逐渐对 cGMP 的生理作用产生浓厚兴趣。1973 年，伊格纳罗成为新奥尔良杜兰大学医学院药理学助理教授，系统研究 cGMP，在 1977 年阅读到穆拉德关于硝化甘油及相关含氮化合物可产生一氧化氮的论文后深受启发，于 1978 年将研究重点转向一氧化氮与 cGMP 间的关系。

1979 年，伊格纳罗发现一氧化氮可促进 GTP 转化为 cGMP 并使血管平滑肌舒张，1983 年又发现细胞内存在一氧化氮受体，这促使伊格纳罗决定进一步研究细胞内一氧化氮的产生机制。1980 年，弗吉戈特关于 EDRF 的报道再一次为伊格纳罗带来灵感，他通过 NO 和 EDRF 性质对比发现二者具有很大相似性（都可使血管舒张），但是否一致还需通过实验证实。已经知道 EDRF 可以影响血红素的光谱，对血红素光谱分析表明，其暴露于 EDRF 和 NO 之下最大吸收波长改变幅度竟完全一样，而其他分子不具有这种特点，从而清晰说明未知的 EDRF 就是 NO。

1986 年，在美国明尼苏达州罗切斯特市举办的第四届舒张血管机制国际研讨会上，伊格纳罗和弗吉戈特同时用充足的证据表明 EDRF 和 NO 是同一分子，意味着乙酰胆碱刺激内皮细胞可诱导 NO（EDRF）生成，NO 进一步通过激活鸟苷酸环化酶增加 cGMP 生成最终影响血管舒张。这些结果确定 NO 的信号分子地位，同时证实穆拉德当初的推测。这次会议进一步加快 NO 研究进程，后续研究证明 NO 远比想象中重要，1992 年，《科学》杂志将一氧化氮评为年度明星分子。

四、 NO-cGMP 信号通路

1998 年，弗吉戈特、伊格纳罗和穆拉德由于"NO 作为心血管系统一种信号分子的发现"分享该年度诺贝尔生理学或医学奖（图 4-4）。诺贝尔评奖委员会认为，NO 作为信号分子的发现不仅解释了一类古老药物的工作原理，而且打开了疾病治疗的新领域。现在已知 NO 参与众多生物学过程如炎症、血流、细胞生长、血管平滑肌舒张和长期记忆等，NO 作用原理还被用于心脏病、中风、癌症、肺部高血压等疾病治疗，最著名的案例是美国辉瑞制药公司依据 NO 作用原理研制出治疗男性勃起功能障碍新药西地那非（sildenafil），商品名伟哥（viagra）（第九章详细叙述）。

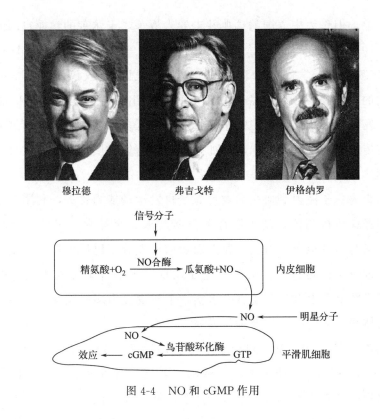

精氨酸+O$_2$ →(NO合酶) 瓜氨酸+NO

内皮细胞

信号分子

NO ← 明星分子

NO → 鸟苷酸环化酶

效应 ← cGMP ← GTP

平滑肌细胞

图 4-4　NO 和 cGMP 作用

第五节　神经系统的蛋白激酶与磷酸酶

　　神经激素是一类由神经内分泌细胞合成和释放的小分子或肽类物质，如儿茶酚胺等。20 世纪 50 年代时已鉴定成功肾上腺素和去甲肾上腺素等，随后瑞典药理学家卡尔森（Arvid Carlsson，1923—2018）对多巴胺的鉴定进一步丰富了对神经激素的认识。

一、新型神经递质多巴胺

　　卡尔森出生于瑞典乌普萨拉一个较为富裕的中产家庭，父母都拥有良好的学术背景。在浓厚家庭氛围熏陶下，卡尔森逐渐走上学术道路，因为喜爱医学而于 1941 年进入兰德大学深造医学。尽管当时的欧洲大陆在第二次世界大战中激战正酣，但作为中立国的瑞典并未卷入战争，卡尔森的学业也因此未受明显影响。1944 年，卡尔森进入药理系阿尔格伦（Gunnar Ahlgren）实验室并于 1951 年获得博士学位。20 世纪 50 年代，多巴胺还仅仅被认为是去甲肾上腺素代谢的前体物质，卡尔森开发出一种检测组织中多巴胺含量的高敏感方法，结果发现在大脑某些部位如基底神经节脑区多巴胺含量远远超过去甲肾上腺素，与传统看法存在一定出入（如果单纯为前体物质的话，不大可能出现超大量积累），因此卡尔森决定一探究竟。

卡尔森为兔子注射利血平后发现兔子自发运动能力丧失，利用自己开发的高灵敏神经递质检测仪发现去甲肾上腺素并未完全耗竭，相反多巴胺消耗殆尽。随后又为这些兔子注射去甲肾上腺素前体左旋多巴后发现兔子基本恢复运动能力。进一步检测兔子大脑神经递质发现，去甲肾上腺素浓度升高并不明显，而多巴胺显著上升。基于这一事实，卡尔森提出多巴胺并非单纯的去甲肾上腺素前体物，而是一种重要神经递质。

卡尔森在实验中还观察到利血平处理动物造成的症状与帕金森病（Parkinson's disease，PD）非常相似，暗示二者之间存在密切联系。接下来，卡尔森检测到帕金森病人基底神经节脑区多巴胺含量极低，提出多巴胺含量减少是引发帕金森病的重要原因，这也意味着为帕金森患者补充左旋多巴可弥补大脑内多巴胺缺乏，从而恢复其正常运动能力，从而使左旋多巴成为治疗帕金森病的重要药物。卡尔森进一步研究还发现另两类治疗精神病的药物氯丙嗪（chloropromazine）和氟哌啶醇（haloperidol）可增加多巴胺生成，但却出现与利血平相似的效果。结合这些事实，卡尔森提出治疗精神病的药物均通过破坏多巴胺信号途径实现，而氯丙嗪和氟哌啶醇可抑制多巴胺受体发挥作用，这种抑制效应反馈性增加多巴胺生成。这些发现对抑郁症治疗具有重要帮助。卡尔森和同事还阐明阻断 5-羟色胺细胞摄入可实现抗抑郁作用，这项发现促使第一种选择性 5-羟色胺重摄取抑制剂齐美利定（zimelidine）的开发成功并用于抗抑郁症治疗。卡尔森的研究开创了精神药理学新时代，研究人员可通过合理设计神经元间信号转导调节剂而开发出神经精神疾病的治疗药物。卡尔森的研究阐明了多种神经递质的重要性，这些物质发挥生理作用的分子机制成为随后研究的重点之一，其中美国神经药理学家格林加德（Paul Greengard，1925—2019）贡献最为突出。

二、神经递质与可逆磷酸化

格林加德出生于美国纽约一个犹太家庭，很小就展现出数学和物理方面的天赋，二战期间曾加入美国海军并被派往麻省理工学院（年仅 17 岁）协助开发预警系统。1948 年，格林加德从汉密尔顿学院毕业获得数学和物理学位，他最初打算从事理论物理职业，但又不喜欢核武器，最终折中选择了新兴的生物物理学作为研究方向，并最终于 1953 年从约翰霍普金斯大学获得生物物理学博士学位。在约翰霍普金斯大学期间，格林加德受英国诺贝尔奖获得者、生物物理学家霍奇金的演讲鼓舞而决定从事神经科学研究。

20 世纪 50 年代，神经生物学家认为电传导是神经作用的主要方式，尽管已鉴定出多种神经递质，但这些神经递质最终也是通过触发神经元间电信号发挥功能，因此神经生物学家重点关注的是神经电生理。格林加德敏锐意识到神经元交流过程中许多生化过程也发挥关键作用，为此先后在英国和美国进行博士后研究以证实自己的推测，遗憾的是进展非常有限，但在范德堡大学的学术度假改变了这一状况。格林加德一方面熟悉了萨瑟兰的第二信使 cAMP 假说，另一方面也获知了埃德温 PKA 的发现，格林加德认为这些新进展在神经生物学领域具有重要应用。格林加德随后提出两个重要假说：第一，可逆磷酸化是第二信使 cAMP 发挥生物学作用的一般模式，同样适用于神经系统；第二，神经递质可像激素一样通过与细胞膜上受体结合进一步促进细胞内 cAMP 生成进而激活蛋白磷酸化发挥生物学作用。

1968 年，格林加德成为耶鲁大学药理学教授，正式开启神经系统信号转导研究以验证假说的正确性。不久，格林加德就在大脑中检测到 cAMP 依赖的蛋白激酶 PKA，随后还发现多种神经系统特异性蛋白激酶和蛋白磷酸酶，极大拓展了人们对大脑可逆磷酸化修饰重要性的理解。格林加德重点对多巴胺信号途径进行了重点研究，发现多巴胺可激活腺苷酸环化酶而增加细胞内第二信使 cAMP 含量并进一步激活蛋白激酶 A，蛋白激酶 A 可通过磷酸化特定靶蛋白而影响活性。在神经细胞，蛋白激酶 A 最重要的一类靶蛋白是离子通道，这些离子通道经磷酸化修饰后可影响通道的关闭，通过改变细胞内外离子平衡进而影响神经元功能。格林加德的研究一方面拓展了人们对神经系统信号转导的理解，另一方面还增加了人们对多种神经治疗药物作用机制的认识，为新药开发奠定重要基础，重要的是还为坎德尔（Eric Richard Kandel，1929—）研究提供了重要思路。

三、学习和记忆的可逆磷酸化

坎德尔出生于奥地利首都维也纳一个犹太人家庭，1939年由于二战缘故全家移民到美国。坎德尔在哈佛大学本科专业是历史和文学，受到哈佛大学强大心理学优势影响而对学习和记忆过程产生巨大兴趣，另一方面受同胞弗洛伊德的影响对意识也产生浓厚兴趣，但此时主要处于描述阶段。1952年，坎德尔进入纽约大学医学院进一步坚定信念，那就是尝试解析学习和记忆的生物学基础。

坎德尔最初研究猫的学习和记忆，但由于猫海马系统过于复杂而进展缓慢，他意外地发现一种海洋低等生物海兔非常适合神经研究。海兔神经系统较简单，只有20000个神经元，远少于其他模式动物几个数量级，并且部分神经元还较为巨大（直径一毫米，可达裸眼可看程度），可减少对高精度设备的依赖。海兔用鳃呼吸和用虹吸管输送水分到全身，并存在一个受神经支配的简单缩鳃反射过程。缩鳃反射是一种防御性运动应答行为，当外界刺激物触摸虹吸管时，海兔反射性缩鳃以避免其遭受损害；然而反复刺激虹吸管并未施加进一步伤害时，海兔缩鳃反应强度会降低。坎德尔认为海兔的缩鳃反射属于一种学习方式，可用于研究学习过程的习惯化和致敏机制。

缩鳃反射回路较为简单，主要依赖两种神经元，一是虹吸管接收身体触摸的感觉神经元，一是控制鳃收缩反应的运动神经元。触摸可激活感觉神经元释放神经递质。神经递质与运动神经元上受体结合后激活后者。反复触摸相对于单次触摸导致缩鳃强度下降的原因在于感觉神经元中神经递质释放减少，这种过程为习惯化。随后继续研究外界干预是否可改变这种习惯性应答，或者说记忆能否被外界新刺激所改变。将虹吸管接触与尾巴痛苦电击相结合，海兔出现强烈缩鳃反射，说明最初的习惯化现象消失，被抑制的神经冲动重新被激活且远远强于最初，这种过程称为敏感性。多次重复双重刺激会导致虹吸管感觉神经元和运动神经元之间突触发生持续性增强现象，形成长期记忆。20世纪80年代，坎德尔为解析海兔短期和长期记忆的分子机制，与格林加德开始合作研究。

坎德尔发现海兔缩鳃反射的敏感性实验中引入第三个神经元，该神经元与虹吸管感觉神经元间形成突触，当短期电极刺激启动时可释放5-羟色胺，5-羟色胺与感觉神经元膜上受体结合进一步激活腺苷酸环化酶从而增加细胞内cAMP，cAMP可造成蛋白激酶A（PKA）活化，通过影响特异性钾离子通道而影响记忆形成。反复刺激产生的5-羟色胺可造成感觉神经元内PKA活化后被运输入细胞核，通过影响环腺苷酸效应元件结合蛋白启动子区转录因子活性而增加特定新蛋白在突触末梢合成，在强化已有突触基础上促进新突触生成，最终形成长期记忆。这一结果意味着新蛋白合成是长期记忆形成的关键因素之一，后续对高等动物小鼠和兔子甚至人的学习和记忆过程研究表明海兔的信号转导部分机制也基本适用。

2000年，卡尔森、格林加德和坎德尔由于"神经系统中信号转导的发现"而分享诺贝尔生理学或医学奖。神经系统是最为复杂的一个体系，由上百亿个神经元构成，这些神经元间通过突触进行着复杂的信号转导过程，三位科学家的发现有利于人们对大脑正常功能的理解和对信号转导异常引发神经和精神疾病的认识，从而对相关新药物的开发和应用大有裨益。

主要参考文献

[1] 郭晓强，王跃民. 信号转导与诺贝尔奖[J]. 自然杂志，2013，35（4）：274-285.

[2] 郭晓强. 内皮细胞舒血管因子的发现者——弗奇戈特[J]. 科学（上海），2010，62（3）：45-48.

[3] 郭晓强. 可逆磷酸化发现者——埃德温·格汉德·克雷布斯[J]. 自然杂志，2011，33（2）：121-124.

[4] Cori G T，Green A A. Crystalline Muscle Phosphorylase. Ⅱ. Prosthetic Group[J]. J Biol Chem，1943，151（1）：31-38.

[5] Sutherland E W，Rall T W. Fractionation and haracterization of a cyclic adenine ribonucle-otide formed by tissue particles[J]. J Biol Chem，1958，232（2）：1077-1091.

[6] Sutherland E W，Robison G A. The role of cyclic-3'，5'-AMP in responses to cate-cholamines and other hormones[J]. Pharmacol Rev，1966，18（1）：145-161.

[7] Krebs E G，Kent A B，Fischer E H. The muscle phosphorylase b kinase reaction[J]. J Biol Chem，1958，231（1）：73-83.

[8] Walsh D A，Perkins J P，Krebs E G. An adenosine 3'，5'-monophosphate-dependant pro-tein kinase from rabbit skeletal muscle[J]. J Biol Chem，1968，243（13）：3763-3765.

[9] Rodbell M，Birnbaumer L，Pohl S L，et al. The glucagon-sensitive adenyl cyclase system

in plasma membranes of rat liver. V. An obligatory role of guanyl nucleotides in glucagon action [J] . J Biol Chem, 1971, 246 (6): 1877-1882.

[10] Northup J K, Sternweis P C, Smigel M D, et al. Purification of the regulatory component of adenylate cyclase [J] . Proc Natl Acad Sci USA, 1980, 77 (11): 6516-6520.

[11] Murad F, Mittal C K, Arnold W P, et al. Guanylate cyclase: activation by azide, nitro compounds, nitric oxide, and hydroxyl radical and inhibition by hemoglobin and myoglobin [J] . Adv Cyclic Nucleotide Res, 1978, 9: 145-158.

[12] Furchgott R F, Zawadzki J V. The obligatory role of endothelial cells in the relaxation of arterial smooth muscle by acetylcholine [J] . Nature, 1980, 288 (5789): 373-376.

[13] Furchgott R F. Endothelium-derived relaxing factor: discovery, early studies, and identification as nitric oxide [J] . Biosci Rep, 1999, 19 (4): 235-251.

[14] Ignarro L J. Nitric oxide: a unique endogenous signaling molecule in vascular biology [J] . Biosci Rep, 1999, 19 (2): 51-71.

[15] Carlsson A, Lindqvist M, Magnusson T, et al. On the presence of 3-hydroxytyramine in brain [J] . Science, 1958, 127 (3296): 471.

[16] Carlsson A. A half-century of neurotransmitter research: impact on neurology and psychiatry. Nobel lecture [J] . Biosci Rep, 2001, 21 (6): 691-710.

[17] Kebabian J W, Greengard P. Dopamine-sensitive adenyl cyclase: possible role in synaptic transmission [J] . Science, 1971, 174 (4016): 1346-1349.

[18] Nestler E J, Greengard P. Protein phosphorylation in the brain [J] . Nature, 1983, 305 (5935): 583-588.

[19] Greengard P. The neurobiology of dopamine signaling [J] . Biosci Rep, 2001, 21 (3): 247-269.

[20] Shuster M J, Camardo J S, Siegelbaum S A, et al. Cyclic AMP-dependent protein kinase closes the serotonin-sensitive K^+ channels of Aplysia sensory neurones in cell-free membrane patches [J] . Nature, 1985, 313 (6001): 392-395.

[21] Schacher S, Castellucci V F, Kandel E R. cAMP evokes long-term facilitation in Aplysia sensory neurons that requires new protein synthesis [J] . Science, 1988, 240 (4859): 1667-1669.

[22] Kandel E R. The molecular biology of memory storage: a dialog between genes and synapses [J] . Biosci Rep, 2001, 21 (5): 565-611.

第五章

酶与遗传信息传递

1953 年，沃森（James Dewey Watson，1928—）和克里克（Francis Harry Compton Crick，1918—2004）的 DNA 双螺旋模型的提出标志着分子生物学诞生，同时也标志着生命信息储存分子 DNA、RNA 和功能分子蛋白质成为生命科学研究的重中之重。

1957 年，克里克首次提出生物系统内遗传信息流动的一般规律——中心法则（central dogma），该法则指出："信息"一旦从核酸传递到蛋白质就无法再次传递回去。这里信息指的是核酸中的碱基或蛋白质中的氨基酸残基排列顺序。详细解释就是：信息可从核酸到核酸，也可从核酸到蛋白质，但绝不可能从蛋白质到蛋白质或从蛋白质到核酸。具体而言，DNA、RNA 和蛋白质三种生物大分子信息间流动构成 9 种关系，其中 6 种关系理论可行，3 种关系不可行。如 DNA 到 DNA，称为 DNA 复制；DNA 到 RNA，称为转录；RNA 到 DNA，称为逆转录；RNA 到 RNA，称为 RNA 复制；RNA 到蛋白质，称为翻译；DNA 到蛋白质，称为另类翻译。中心法则奠定了分子生物学研究的理论基础，并提供研究的基本范式，接下来的关键是所有过程都应为酶促反应，因此酶的鉴定就成为后续研究的核心问题。

第一节　DNA 聚合酶与复制

DNA 复制对于保证遗传信息的稳定传递具有至关重要的作用，因此成为许多科学家重点关注的问题之一。

一、复制机制

1953 年，沃森和克里克在第二篇《自然》论文中探讨了 DNA 复制机制，DNA 作为遗传分子必须在细胞分裂前完成数量加倍才可完成后续的分配，他们推测亲代 DNA 以每条链为模板，依据碱基互补配对原则精确复制遗传信息产生新链，最终产生的两个子代 DNA 中一条链来自亲代，另一条全新合成，这种模式称为半保留复制（semiconservative replication）。

1954 年，加州理工学院德尔布吕克（Max Delbrück）发表论文质疑半保留复制，认为解开紧密缠绕的 DNA 结构过于困难，因此整条 DNA 链作模板不大可能，进一步提出替代方案，DNA 小片段从母体螺旋中断裂作模板单独复制，然后这些小片段重新结合形成全新杂合 DNA，这种模型称为分散式复制（dispersive replication）。1956 年，德尔布吕克在一次学术研讨会上总结了DNA 复制的三种可能模式，除了上面提及的半保留和分散式以外，还有一种全保留复制（conservative replication），即形成的两个子代 DNA，一个完全来自亲代，一个完全新合成。接下来需要用实验证实是三种模式都存在，还是只有一种模型正确。

1954 年春，加州理工学院研究生梅瑟生与德尔布吕克讨论 DNA 复制问题并产生浓厚兴趣，不久结识纽约罗切斯特大学研究生斯塔克（Franklin William Stahl，1929—　），共同的兴趣使他们决定联合解决 DNA 复制之谜。1956年底，实验正式启动，主要使用了两种方法：同位素标记法和密度梯度离心法（该方法由梅瑟生于 1954 年发明）。

首先，将大肠埃希菌放置于只含重氮（^{15}N）的培养基中生长一段时间以保证 DNA 所含氮原子均为^{15}N；随后将其转入含轻氮（^{14}N）的培养基中生长，此后新合成的 DNA 所含氮原子均为^{14}N；不同时间点收集大肠埃希菌 DNA，采用密度梯度离心分离携带不同氮原子的 DNA，进一步采用紫外线检测 DNA 的位置。结果显示，未转入轻氮培养基前的大肠埃希菌其 DNA 只有一条带（对应 ^{15}N）；转入轻氮培养基并完成一次复制后的大肠埃希菌 DNA 仍是一条带，但位置高于第一次的一条带，这一结果否定了全保留复制（若是如此应该是一条重带和一条轻带）；转入轻氮培养基并完成两次复制后的大肠埃希菌 DNA 出现两条带，一条轻带和一条中间带，这一结果否定了分散式复制；对进一步复制后的大肠埃希菌 DNA 的检测结果也均表明半保留复制的正确性。梅瑟生-斯塔克实验是生命科学史上最精美的实验之一，从而使科学界更容易接受 DNA 半保留复制机制，进一步凸显了 DNA 作为遗传分子的重要性，与此同时美国生物化学家阿瑟·科恩伯格对 DNA 复制相关酶的研究进一步深化了人们对 DNA 的理解。

二、酶的研究

阿瑟出生于美国纽约布鲁克林，中学时代就展现出超强的学习能力并取得优异成绩，曾完成三次跳级，15 岁就从林肯中学毕业，同时获得奖学金顺利进入纽约市立学院医学预科班学习，所选专业为生物学和化学。阿瑟最初接触生物化学时，对酶一无所知，幸运的是他的一位挚友在酶学方面有较好基础，借此学到许多酶学知识，如细胞色素 c 和琥珀酸氧化等。1946 年 1 月，阿瑟在好友推荐下来到纽约大学医学院，进入当时世界上著名的年轻酶学专家奥乔亚实验室工作一年，掌握酶的纯化技术。随后，阿瑟又进入华盛顿大学跟随科里夫妇继续六个月的学习，掌握分光光度计使用和酶的分离。酶的分离及纯化在当时是一件耗时且费力的工作，需耐心和细心，纯化的每个阶段，实验人员都必须检测制备物的酶活性，经过多个步骤最终才可获得需要的酶，这些工作使阿瑟熟悉酶方面的基本操作。

1947 年，阿瑟返回美国国立卫生研究院，组建自己的酶学研究小组，迅速成长为酶学领域的耀眼新星。阿瑟早期主要研究辅酶和无机磷酸盐的酶促合成机制，发现核苷酸两种生成方式——从头合成和补救合成；阐明嘌呤和嘧啶核苷酸从头合成关键步骤；鉴定 5-磷酸核糖焦磷酸（PRPP）是重要的中间产物；合成含有核苷酸的辅酶如 FAD 和 DPN 等，并在此过程中发现一种新型缩合反应，并推测 DNA 或 RNA 也采取类似方式合成。这些工作促使阿瑟挑战自我，开展大分子核酸的合成研究。

三、酶的鉴定

1953 年，阿瑟担心美国国立卫生研究院的资助会减少而转入华盛顿大学，成为微生物系教授。阿瑟选择细菌作为研究对象，使用同位素标记和离子交换色谱来追踪生物反应进行程度和产物性质。1954 年，阿瑟和同事分离得到合成 DNA 和 RNA 中 5 种核苷酸的酶，接下来寻找合成核酸的酶。1955 年，奥乔亚发现催化 RNA 生成的酶，阿瑟决定重点研究 DNA 合成。当时，大部分科学家都认为 DNA 合成过于复杂，细胞外不可能完成，因此阿瑟的成功更显意义重大。

1955 年春天，阿瑟以大肠埃希菌为材料全面研究 DNA 合成，不久两个博士后贝斯曼（Maurice Bessman）和莱曼（Robert Lehman）以及技术员西蒙斯（Ernest Simms）的加入壮大了团队力量，从而加快了研究步伐，随后的一系列实验结果均显示 DNA 合成酶的存在。

1955 年 12 月，他们发现大肠埃希菌提取物、放射性同位素标记的碱基、能量分子 ATP 和无机离子 Mg^{2+} 在合适 pH 条件下可产生极少量不溶于酸的放射性物质，该物质对 DNA 酶敏感。他们在反应混合物中鉴定出携带不同磷酸数量的脱氧核苷酸，如 dTMP、dTDP 和 dTTP 等，加入 dTTP 相比较于加入 dTMP 和 dTDP 反应速度加快，提示 dNTP 应该是 DNA 合成的原料。基于这一现象，他们进一步合成四种 dNTP（dATP、dGTP、dCTP 和 dTTP），并测试到它们确实更有利于 DNA 合成。阿瑟还借鉴糖原合成机制，认为 DNA 合成还需引物，因此还外加 DNA 来促使反应进行。随后，阿瑟小组从大肠埃希菌完成酶的初步分离纯化，并证实在合适缓冲液和离子环境中可将四种 dNTP 合成 DNA，将该酶命名为 DNA 聚合酶（图 5-1）。

1957 年，阿瑟将研究结果投稿到著名的《生物化学杂志》却遭到拒绝，理由包括"作者声称使用酶合成 DNA 值得怀疑""聚合酶是一个拙劣的命名"等，幸运的是 1958 年新主编埃兹尔（John Edsall）的任命才使论文于当年 7 月顺利出版。与此同时，阿瑟也意识到研究中的一个重大缺陷，那就是一开始他将 DNA 看作和糖原一样的生物大分子，忽视 DNA 遗传分子的作用，也就是 DNA 合成的模板依赖性。为此，阿瑟进一步深化研究，发现必须四种

图 5-1　阿瑟和 DNA 聚合酶

dNTP 均加入才能完成 DNA 合成，缺一不可；新生成的 DNA 与外加 DNA 在碱基组成比例方面一致；新生成 DNA 碱基组成与外加的四种 dNTP 比例无关。至此，负责 DNA 复制的酶鉴定成功。

1959 年，距 DNA 聚合酶发现仅 1 年时间阿瑟就被授予诺贝尔生理学或医学奖，基础研究如此迅速得到承认在科学史上都较为罕见，凸显这项发现的重要性。1955 年诺贝尔生理学或医学奖获得者特奥雷尔对这项研究评价为"澄清了生命再生和延续的许多重大问题"。

四、 DNA 首次体外合成

1959 年，阿瑟加入斯坦福大学医学院，组建生物化学系，决定体外合成具有生物活性的 DNA。当时面临两大困难：大肠埃希菌 DNA 作为模板的复杂性；提取的大肠埃希菌 DNA 聚合酶往往污染 DNA 酶，造成新合成 DNA 迅速降解。阿瑟一方面接受加州理工学院辛斯黑默（Robert Sinsheimer）建议改用较短的 φX174 噬菌体 DNA 作模板，另一方面改进纯化步骤最终获得了高纯度的 DNA 聚合酶。然而，后续又遇新麻烦，那就是 φX174 DNA 是一种单链环状 DNA，作为模板时环打开，体外复制完成后却无法自动闭合。1967 年，阿瑟及其他几个实验室同时发现了 DNA 连接酶，该酶催化 DNA 环化，所有问题均得到了解决。1967 年，阿瑟和同事使用 φX174 的 DNA 作为模板、四种 dNTP、DNA 聚合酶和 DNA 连接酶，在试管中合成包含 6000 个碱基的病毒 DNA，将新合成的 DNA 加入大肠埃希菌培养液发现其具有感染力，说明人工合成 DNA 具有生物活性，研究结果在《美国国家科学院院刊》发表。

1967 年 12 月 14 日，当论文正式出版时，阿瑟举行了一个记者招待会，尽最大努力劝记者不要报道"试管中合成生命"，因为噬菌体和其他病毒一样无法独立存活。令阿瑟意想不到的是，美国总统约翰逊在同一天演讲中了解了这项工作后急切告诉观众"斯坦福大学一些天才在试管中创造出了生命"。第二天，几乎所有报纸都刊发了约翰逊这个评论。

五、不止一种 DNA 聚合酶

阿瑟对大肠埃希菌 DNA 聚合酶的深入研究发现该酶还可具有 DNA 修复损伤作用，从而使科学界开始怀疑该酶是否真正负责 DNA 复制。1969 年，卡尔恩（John Cairns）等发现大肠埃希菌 DNA 聚合酶突变后仍可正常复制，提示尚存其他 DNA 聚合酶。随后众多科学家踏上新型大肠埃希菌 DNA 聚合酶探寻之路，阿瑟二儿子托马斯·科恩伯格（Thomas Bill Kornberg）最为成功。托马斯原本是一位天才大提琴演奏家，一次演出中手受伤后转向科学。1971年，托马斯发现了第二个 DNA 聚合酶，称 DNA 聚合酶Ⅱ，而阿瑟发现的那个酶称 DNA 聚合酶Ⅰ；一年后又鉴定出 DNA 聚合酶Ⅲ，该酶主要负责细菌 DNA 复制。值得一提的是，阿瑟发现的 DNA 聚合酶Ⅰ主要参与 DNA 损伤修复。

目前在原核生物中共发现 5 种 DNA 聚合酶，它们发挥着不同的生物学作用（表 5-1）。真核生物拥有更多 DNA 聚合酶，人类至少有 14 种 DNA 聚合酶。

表 5-1　原核生物 DNA 聚合酶特性

名称	其他活性	作用
Ⅰ	DNA 聚合活性、$3'$-$5'$外切酶活性和 $5'$-$3'$外切酶活性	DNA 修复
Ⅱ	$3'$-$5'$外切酶活性	DNA 修复
Ⅲ	$3'$-$5'$外切酶活性	DNA 复制
Ⅳ	无	易出错、非靶向突变
Ⅴ	无	SOS 反应和易错 DNA 修复

六、重大意义

DNA 聚合酶获奖意义重大，一方面初步阐明 DNA 复制机制，深化对生命过程的理解和认识，另一方面还为分子生物学提供了重要工具，DNA 聚合酶在 DNA 重组、DNA 测序、聚合酶链式反应（polymerase chain reaction，PCR）等方面都有广泛应用。

第二节　RNA 聚合酶与转录

转录是遗传信息表达的第一步，在酶催化下产生与 DNA 单链特定区域互补 RNA 分子的过程。

一、多核苷酸磷酸酶

1953 年后，DNA 和 RNA 这两类生物大分子的重要性开始得到科学界关注，生物化学领域也逐渐从物质代谢转移到分子生物学，西班牙裔美国生物化学家奥乔亚率先取得重大突破，鉴定出多核苷酸磷酸酶。

奥乔亚出生于西班牙，在西班牙马德里康普顿斯大学医学院获得医学博士学位，早期主要研究肌肉生理学和生物化学，阐明糖酵解多步酶促反应。1941 年，奥乔亚来到美国，先在华盛顿大学医学院后在纽约大学医学院工作，其间主要对物质代谢特别是三羧酸循环的阐明发挥关键作用，实验室工作人员拥有酶的鉴定、纯化和分析等丰富经验，奥乔亚本人也成为酶学领域核心人物之一。RNA 重要性的确立使奥乔亚决定从物质代谢转向 RNA 合成。

1955 年，奥乔亚女博士后格伦伯格-马纳戈（Marianne Grunberg-Manago，1921—2013）研究氧化磷酸化机制过程中观察到醋酸菌提取液具有磷酸和 ADP 交换活性，随后分离并纯化负责催化该反应的酶，发现该酶可催化二核苷酸（NDP）合成类似 RNA 分子的多聚核苷酸，由于该酶与多糖合成酶类似，因此被命名为多核苷酸磷酸化酶（poly nucleotide phosphorylase，PNP）。科学界最初认为 PNP 是负责细胞内 RNA 生物合成的 RNA 聚合酶，奥乔亚也由于"发现 RNA 生物合成机理"获得 1959 年诺贝尔生理学或医学奖。

随后却发现 PNP 并非 RNA 聚合酶，这是源于一方面该酶发挥催化作用不需模板（DNA 或 RNA），另一方面该酶催化的反应具有可逆性，在体内更多促进 RNA 降解而非合成。不久，奥乔亚意外发现该酶具有重要生物应用，可用于特定寡聚核苷酸链的体外合成和 RNA 分子末端磷酸同位素标记，从而在体外转录和遗传密码破译等研究中发挥关键性作用。奥乔亚借助 PNP 催化合成的寡聚核苷酸确定翻译过程中 RNA 方向为 5′ 到 3′，同时破译多种遗传密码，可能由于 1959 诺贝尔奖的一些原因，奥乔亚未能获得 1968 年诺贝尔生理学或医学奖。

PNP 高度保守，除酵母等少数生物外，其在原核生物和真核生物均广泛存在，生理条件下主要发挥 3′ → 5′ 核酸外切酶活性。PNP 具有多种生物学功能，细菌缺乏可造成应激适应能力下降和毒力降低，哺乳动物中酶活性降低可引发多种疾病。PNP 是首个发现的 RNA 代谢相关酶，尽管并不负责转录，却激发了科学家寻找其他 RNA 酶类，特别是真正的 RNA 聚合酶。

二、原核生物 RNA 聚合酶鉴定

1958 年，美国生物化学家赫尔维茨（Jerard Hurwitz，1928—2019）加入纽约大学医学院微生物学系，决定开展 RNA 生物合成研究。奥乔亚的失误不仅没有动摇赫尔维茨的信心，相反更激发他加快研究进程，以免被其他科学家捷足先登。受阿瑟 DNA 聚合酶发现的启示，赫尔维茨决定采取一种类似策略，在大肠埃希菌提取液中检测可在 DNA 模板和四种 NTP 存在前提下催化 RNA 生成的酶活性。

最初实验结果令人鼓舞，但提取液催化活性极不稳定，经过改进纯化方法使结果更加可靠，随后又面临另一问题，就是大肠埃希菌富含 PNP，需要排斥其对结果的影响。赫尔维茨进一步测试发现提取液使用底物为四种 NTP，而非 NDP；去除 DNA 可减少 RNA 产物生成；抑制 PNP 活性并不影响 RNA 生成，初步表明大肠埃希菌提取液拥有 DNA 依赖的 RNA 合成酶活性。

1960 年春末，赫尔维茨经过多次实验重复，发现往大肠埃希菌提取液中添加 DNA 可显著促进 RNA 合成；DNA 酶处理可阻断 RNA 生成，此时已基本确定发现 RNA 聚合酶。当文章发表后，赫尔维茨才知道多家实验室与此同时也取得了类似发现，进一步证明了结果的可靠性。一年后，赫尔维茨进一步使用多聚 dT 作为 DNA 模板，大肠埃希菌提取物可在四种 NTP 底物存在情况下只生成多聚 A 的 RNA；使用多聚 d（A-T）作为 DNA 模板，结果也仅仅获得多聚 U-A 的 RNA，说明 RNA 的催化生成具有模板依赖性，而非随机添加。此时，韦斯（Samuel Weiss）从溶胞菌中也成功分离出 DNA 依赖性 RNA 聚合酶，为进一步研究 RNA 生物合成提供了重要支持。几年后，美国生物化学卢德（Robert Gayle Roeder，1942—）进一步鉴定出了真核生物 RNA 聚合酶。

三、真核生物 RNA 聚合酶

卢德出生于美国印第安纳州，1965 年从伊利诺伊大学获得化学硕士学位，后进入华盛顿大学跟随路特教授（William Rutter）研究真核转录。卢德认为真核生物应该与原核生物类似拥有自身的 RNA 聚合酶，沿着该思路开始研究真核转录。卢德首先制备出原核生物 RNA 聚合酶，作为对照筛选和鉴定新的 RNA 聚合酶，不久发现真核细胞存在三种 RNA 聚合酶（原核生物仅有一种），每种酶负责特定的 RNA 转录，如 RNA 聚合酶 I 负责 rRNA，聚合酶 II 负责 mRNA，聚合酶 III 负责 tRNA。1969 年，卢德发表了这个结果。

1968 年，法国斯特拉斯堡大学的分子生物学家尚邦（Pierre Chambon，1931—）也开始研究真核生物 RNA 生物合成。当时已发现真菌毒素 α-鹅膏蕈碱（α-amanitin）对 RNA 合成具有抑制作用，这为 RNA 聚合酶研究提供了重要工具。尚邦发现 α-鹅膏蕈碱处理真核细胞只抑制部分 RNA 生成，暗示多种 RNA 聚合酶存在。1969 年，尚邦借助酶纯化方法从小牛胸腺分离到两种 RNA 聚合酶，一种对 α-鹅膏蕈碱不敏感，命名为 RNA 聚合酶 A；另一种对 α-鹅膏蕈碱敏感，命名为 RNA 聚合酶 B，后又鉴定出对 α-鹅膏蕈碱中度敏感的 RNA 聚合酶 C，它们与卢德发现的三种酶相对应（表 5-2）。

所有蛋白编码基因都由 RNA 聚合酶 II 转录，因此 RNA 聚合酶 II 是转录调控的主要靶点。原核生物 RNA 聚合酶由四个核心亚基和一个 σ 亚基构成，其中 σ 亚基是聚合酶识别启动子（启动子是 DNA 中一段特定核苷酸序列，是转录起始位点）并启动转录所必需。20 世纪 70 年代，对真核 RNA 聚合酶进行深入研究表明其也由多亚基组成，但数量更多，并不含有识别启动子的 σ 样因子，它们单独也无法完成体外转录过程，提示尚需其他因子的参与。

1979 年，纯化的 RNA 聚合酶 II 和人类培养细胞提取物混合在体外可完成转录，进一步鉴定出多种转录因子（transcription factor，TF），包括最关键的 5 种通用转录因子 TFIIB、TFIID、TFIIE、TFIIF 和 TFIIH，它们可辅助

RNA 聚合酶Ⅱ识别转录起始位点，启动转录产生特定 mRNA。更详细的转录过程则主要由美国结构生物学家罗杰·科恩伯格（Roger David Kornberg, 1947— ）团队完成。

表 5-2　三种真核生物 RNA 聚合酶

名称	转录产物	α-鹅膏蕈碱敏感性
Ⅰ（A）	28S、18S 和 5.8S rRNA	不
Ⅱ（B）	mRNA 前体	敏
Ⅲ（C）	tRNA 和 5SrRNA	中度

四、真核生物 RNA 聚合酶Ⅱ的研究

罗杰出生于美国密苏里州，是 1959 年诺贝尔生理学或医学奖获得者阿瑟·科恩伯格长子，受家庭环境熏陶，自小对科学充满巨大兴趣，10 岁愿望是圣诞节能在实验室度过，18 岁在父亲实验室开展研究，并与多位后来的诺贝尔奖获得者共同发表论文。

1967 年，罗杰从哈佛大学获得化学学位，进入斯坦福大学跟随麦康奈尔（Harden McConnell）进行物理化学研究生阶段学习，利用磁共振技术研究离子跨细胞膜运输机制，意外发现细胞膜中脂类分子除进行快速横向扩散外，还进行少量内外翻转运动，这一研究经历为将来真核生物结构解析提供了重要思路。

1972 年，罗杰来到英国分子生物学研究所开展博士后研究，主要为了熟悉并掌握解析生物大分子结构的 X 射线晶体衍射技术，指导教师为克里克和克鲁格（Aaron Klug，1981 年诺贝尔化学奖获得者），重点研究染色质结构。染色体由 DNA 和组蛋白构成，而组蛋白又包含 5 种亚基 H1、H2A、H2B、H3 和 H4，当时使用 X 射线晶体衍射观察到染色体存在重复单元，采用核酸酶降解处理发现所得的 DNA 产物片段大小呈现倍数关系。罗杰基于已有数据推测 H3 和 H4 应形成二聚体，进一步和同事采用平衡超速离心和化学交联技术得到 H3 和 H4 不仅形成二聚体，而且是双二聚体，即（H3/H4）2，在此基础上提出染色体的核小体结构模型。染色体由重复的核小体构成，一个核小体由 H2A、H2B、H3 和 H4 四种亚基各提供两个构成异八聚体；核小体包含

200bp 左右长度 DNA；DNA 在异八聚体外围将其包裹。进一步实验基本支持这一模型。

1976 年，罗杰回到美国，先加入哈佛医学院生物化学系，两年后又回到斯坦福医学院结构生物学系，继续研究核小体结构和功能，发现核小体在转录调节中发现发挥着关键性作用，为更清晰理解基因表达过程而决定全面研究转录机制。三种 RNA 分子中，编码蛋白质的 mRNA 种类最为多样，转录调节也最为精细，因此罗杰将真核生物 RNA 聚合酶 II 作为研究对象。为降低实验难度，罗杰决定选择最简单真核生物酵母作为研究对象，经过多次尝试最终建立了一个理想的体外酵母转录系统，并发现酵母和哺乳动物 RNA 聚合酶 II 系统基本结构和组成相同，些许差异并不影响整体机制。

五、真核生物 mRNA 转录机制的阐明

20 世纪 80 年代，罗杰首先从酵母中分离和纯化到与人类相同的五种通用转录因子，并证明了它们在结构上的进化保守性，进一步说明选择酵母作为模式生物的可行性。

20 世纪 90 年代初，罗杰发现酵母体系含有 RNA 聚合酶 II 和通用转录因子时只对一些共有基因转录，对一些组织特异性基因无效，对这种现象的深入研究发现中介体（mediator）的存在。罗杰团队分离并纯化中介体，发现这是一个由大约 20 种不同蛋白质构成的多蛋白复合物，主要在组织特异性基因表达过程发挥作用。中介体的发现有效解释了真核生物转录早期研究中许多难以解释的现象。真核生物特异性基因转录需要三类基本元件，即 RNA 聚合酶 II、通用转录因子和中介体，在特异性基因上游还存在一个特定序列称为增强子，它与特定调节因子结合而影响 RNA 聚合酶 II 和通用转录因子活性，这种影响是通过中介体来介导实现的。如果组织中缺乏相关的调节因子则无法开启基因转录，如红细胞中缺乏肝细胞特异性物质，故不表达肝脏特异性基因。

20 世纪 90 年代初，借助生物化学和遗传学方法初步阐明参与真核生物转录的基本元件，若想进一步理解动态的详细过程，则需借助结构生物学的手段来实现，罗杰在这方面的深厚背景为此提供了得天独厚的优势。当时，解析真核转录复合物存在诸多挑战，首先它是一个由五十多种亚基构成的多蛋白不稳定复合物；其次为了更好地理解转录过程，需要捕捉到转录进行过程中多个时

间节点的复合物结构。随后的几项重大突破解决了这些难题。首先，制备出高纯度、均一性好的足够数量酵母 Pol Ⅱ；其次，去除真核转录复合物中一些非必要亚基以实现轻装上阵的目的，利于后续的结晶和观察；第三，改进 Pol Ⅱ 复合物纯化和结晶的程序，包括引进脂双层形成二维晶体后再推导三维晶体、制备均匀晶胞、引入新的重金属原子等，最后获得清晰度高、对比度好的晶体 X 射线衍射图案；最后，辅助电子显微镜技术提升解析效果。

　　1993 年，罗杰首先获得第一个突破，鉴定出 RNA 聚合酶识别启动子的方式，但其他信息提供较少。2001 年，罗杰进一步取得重大突破：一方面获得一个含有 10 亚基的酵母 RNA 聚合酶Ⅱ在 2.8Å（$1Å = 10^{-10}$ m）分辨率的图案；另一方面阐述由 RNA 聚合酶Ⅱ、模板 DNA 和产物 RNA 形成的延长复合物分子水平上的结构特征，首次实现了在分子层面阐述转录详细机制。随后几年，罗杰实验室相继获得转录过程中许多复合物的结构，从 RNA 聚合酶Ⅱ、模板 DNA、新生成的产物 RNA、四种核苷酸原料及其他蛋白因子在真核生物转录过程中的位置和作用方式方面，进一步增进了人们对真核生物转录过程清晰的、动态的理解（图 5-2）。

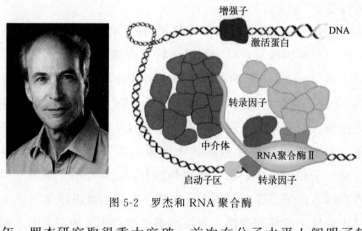

图 5-2　罗杰和 RNA 聚合酶

　　2001 年，罗杰研究取得重大突破，首次在分子水平上阐明了转录机制。罗杰获得酵母 RNA 聚合酶Ⅱ在 2.8Å 分辨率上的结构，发现 RNA 聚合酶Ⅱ的两个最大亚基位于 DNA 结合部位两侧，其他小亚基则位于周围。随后几年，罗杰又相继获得许多转录过程复合物结构，从而对转录 RNA 聚合酶Ⅱ、模板 DNA、新形成 RNA、4 种核苷酸及转录因子在转录过程中的位置和作用方式等有了一个清晰、动态的理解。对 DNA 转录过程中的移位、链分离、核苷酸选择、启动子识别等过程有了更深一步的认识。由于 RNA 聚合酶及相关亚基在酵母和高等哺乳动物（包括人）中的高度保守性，这些研究将对理解人类基因转录机制具有重要益处。

经过罗杰和其他科学家的努力，目前对转录过程中启动子识别、转录起始完成、磷酸二酯键形成、DNA-RNA 杂交链移动、核苷酸精确筛选、转录终止后新形成 RNA 链的分离等有了较详细的理解和认识。

2006 年，罗杰由于"真核细胞转录分子基础方面的研究"而获得诺贝尔化学奖。转录是基因表达的关键阶段，其精细调节对保证机体正常状态具有十分重要的意义，如干细胞的增殖和分化、器官的发育和建成等。基因转录调节异常可导致肿瘤、炎症和代谢性疾病等的发生。因此，对转录过程精细机制的理解具有重大的理论和应用价值。

第三节　逆转录酶

克里克"中心法则"尽管并未排除遗传信息可从 RNA 传递到 DNA，但 20 世纪 60 年代主流观点仍认为这种可能性不高，直到 1970 年逆转录酶的突破性发现从根本上改变了这种看法，而这项发现可追溯到杜尔贝科（Renato Dulbecco，1914—2012）对致癌病毒的研究。

一、 DNA 病毒致癌机制

杜尔贝科出生于意大利南部卡坦扎罗（Catanzaro），父亲是一位土木工程师。杜尔贝科少年时就对物理学和数学具有巨大兴趣，都灵大学期间就开始从事科学研究。1947 年秋，杜尔贝科移民到美国并于 1949 年加入麻省理工学院。20 世纪 50 年代初，动物病毒研究较少，是一个充满挑战的领域，引起了杜尔贝科巨大兴趣。1952 年，杜尔贝科取得第一个重大突破，成功开发出通过体外检测宿主细胞死亡数来确定病毒数量的噬斑法（plaque method），为下一步重大发现提供技术保证。

20 世纪 50 年代末，杜尔贝科招收研究生特明（Howard Martin Temin，

1934—1994）和博士后鲁宾（Harry Rubin），特明对致癌病毒很感兴趣，也促使杜尔贝科转向这一方向。杜尔贝科首先选择1958年才分离成功的多瘤病毒（polyoma virus）作为研究对象，该病毒是一种DNA病毒，且结构较为简单，可诱发小鼠白血病发生。杜尔贝科采用噬斑法追踪多瘤病毒感染宿主细胞后的行踪，发现有两种情况发生，一是病毒在细胞内快速增殖最终杀死宿主释放大量新病毒；二是病毒并不杀死宿主细胞产生新病毒，但造成细胞行为改变获得无限增殖能力（形态也与正常细胞明显不同），该过程被称为转化（transformation）。转化细胞不再释放病毒，从而提出一个问题：病毒引发细胞转化后，病毒本身到底消失还是仍保留在胞内？进一步实验证实：后一种假设更符合事实。随后，杜尔贝科和福格特（Marguerite Vogt）等设计一系列重要实验，借助分子生物学方法最终发现多瘤病毒DNA整合到宿主细胞基因组（此时病毒称前病毒），随宿主DNA一起复制。宿主细胞由于获取病毒基因（后称为癌基因）而出现转化，这个理论很好地解释了病毒在体外使体外培养的细胞持续无限增殖，而在动物体内则首先引起细胞转化发生和随后细胞无限增殖，最终导致恶性肿瘤生长。杜尔贝科的发现也为特明研究提供了重要思路。

二、 RNA病毒致癌机制

特明出生于美国费城一个犹太家庭，从小就对自然科学表现出极大兴趣，在宾夕法尼亚斯沃斯摩尔学院完成生物学教育后进入加州理工学院跟随杜尔贝科开展病毒研究，被指派给鲁宾具体负责。鲁宾刚发现劳斯肉瘤病毒（Rous sarcoma virus，RSV）在体外可诱导正常鸡细胞发生转化，转化后细胞可快速增殖，建议特明开发出体外定量检测RSV方法。特明对此很感兴趣，不久开发成功一种与噬斑法类似的病毒定量法，不同的是病毒感染细胞后细胞由于发生转化而非死亡，因此检测转化细胞数量即可。基于该方法，特明发现转化细胞数量与RSV接种数量成正比。特明发现细胞转化发生是一个不可逆过程且转化细胞可稳定传代，显而易见由病毒遗传物质引起。此时一个重要的科学问题开始出现，那就是RSV遗传物质（RNA）如何诱导细胞转化。特明推测有两种可能：要么RSV直接向细胞提供遗传信息使其成为肿瘤细胞；要么间接激活宿主细胞潜在的肿瘤状态。结合噬菌体对细菌的溶原现象和杜尔贝科DNA病毒的整合机制，特明倾向于第一种假设，但RNA如何整合到DNA

中呢？

　　特明进一步完成三个主要试验。首先，采用 DNA 转录抑制剂放线菌素 D 处理 RSV 感染的培养鸡细胞可损害病毒复制，暗示 RSV 繁殖存在 DNA 转录阶段；其次，使用 DNA 复制抑制剂处理可减少病毒复制，暗示 RSV 繁殖存在 DNA 复制阶段；最后，采用核酸杂交实验发现病毒转化的大鼠细胞中存在 RSV 遗传信息，更进一步提示 RSV 可产生 DNA。

　　1964 年春，特明基于这些实验结果在一次学术会议上正式提出解释 RSV 诱导细胞转化的前病毒假说：RSV 在感染宿主细胞后早期以某种方式将 RNA 信息传递给 DNA，DNA 随后被整合到宿主基因组，这部分 DNA 可用作病毒 RNA 合成模板。遗憾的是该假说并未得到科学界普遍认可，原因之一在于科学界对他提供的实验证据持不同看法。针对第一个结果可解释为 RSV 复制依赖于宿主细胞特定基因表达；针对第二个结果可认为宿主细胞 DNA 合成而非病毒 DNA 合成对于病毒复制是必要的，比如提供细胞内环境；针对第三个结果由于当时核酸杂交技术本身分辨率有限，因此数据无法令人足够信服。

　　特明后续研究还提供了其他一些证据来说明前病毒假说的正确性，但仍无法说服同行认可，此时酶的重要性就得到有效凸显。无论从间接证据还是逻辑性上说，前病毒假说都合情合理，关键问题在于当时已鉴定的所有酶都没有以 RNA 为模板合成 DNA 的能力，因此前病毒假说就缺乏成立的根基。特明也意识到这个症结所在，因此全身心投入新酶的探索之中。

三、逆转录酶的发现

　　1969 年，博士后水谷哲（Satoshi Mizutani）加入特明实验室极大加快了研究进程。他们研究发现 RSV 感染宿主细胞后其繁殖对蛋白质合成抑制剂环己酰亚胺处理不敏感，意味着 RSV 繁殖所必要的酶已存在于宿主细胞或病毒颗粒中，不再需要通过翻译新合成的 RNA 做模板。特明也得出类似的见解：RSV 合成 DNA 所需的酶在感染宿主细胞前就可能已存在于病毒体中，待病毒进入细胞后迅速启动 DNA 合成，而不需要宿主细胞重新合成酶，这就意味着可从病毒中分离得到期待的酶。幸运的是，水谷哲在核酸聚合酶方面接受过良好训练，有丰富的酶纯化和活性鉴定经验，因此立即启动了实验。水谷哲将 RSV 病毒粒子与非离子洗涤剂、盐（Mg^{2+} 和 NaCl）和四种 dNTP（其中一种被放射性标记）一起在合适的缓冲液中孵育一段时间。水谷哲通过对产物进行核糖核酸酶或 NaOH 处理来证明 DNA 的生成；通过对反应起始物分别进行 RNase 或 DNase 预处理而确定模板是 RNA。这一结果清晰表明 RSV 中存在一种以 RNA 为模板催化合成 DNA 的酶。

1970 年 5 月，特明在休斯顿举行的第十届癌症国际大会上首次介绍了这些结果，遗憾的是仍未被科学界普遍接受，特别是《自然》杂志的一位社论作者称其"极其不完整"。特明对自己的发现持谨慎态度，决定继续实验以提供更充足的证据，但回到学校后他却收到自己校友巴尔的摩（David Baltimore，1938—）的电话，被告知已找到特明前病毒假说中需要的酶，并将结果整理后已提交给《自然》杂志。

四、重要佐证

巴尔的摩出生于纽约市一个犹太家庭，高中时就挚爱生物学，在缅因州巴尔港杰克森生物学实验室暑期学生项目度过一个夏天，在这里结识了特明并建立了长期友谊。1960 年，巴尔的摩于从斯沃斯莫尔学院以优异成绩获得学士学位，大学期间对新生分子生物学产生浓厚兴趣，并于 1959 年作为本科生研究计划的一员又在冷泉港实验室度过一个夏天，在熟悉相关知识的同时有幸结识了麻省理工学院著名噬菌体研究专家和将来的诺贝尔奖获得者卢里亚（Salvador Luria），并被邀请毕业后进入他们的学校深造。1960 年，巴尔的摩进入麻省理工学院开启噬菌体遗传学的研究生学习，并于两年内完成了博士论文，可见能力不同凡响。1961 年，巴尔的摩又参加冷泉港实验室的动物病毒学课程，他的兴趣很快转到这一领域，因此转到洛克菲勒大学，跟随富兰克林（Richard Franklin）从事脊髓灰质炎病毒在内的正链 RNA 病毒（病毒 RNA 直接发挥 mRNA 作用）的研究。

1968 年，巴尔的摩回到麻省理工学院，继续开展病毒学研究，这次他将目标锁定在水泡性口炎病毒（vesicular stomatitis virus，VSV）上。VSV 和脊髓灰质炎病毒一样也是一种单链 RNA 病毒，但巴尔的摩发现纯化的 VSV 单链 RNA 无法像脊髓灰质炎病毒单链 RNA 一样具有传染性，经深入研究发现 VSV 是一种负链 RNA 病毒，其 RNA 与编码病毒蛋白质的 mRNA 互补。因此，为解释 VSV 感染机制，巴尔的摩在 VSV 颗粒中寻找并发现了 RNA 的依赖性 RNA 聚合酶。这项发现促使巴尔的摩去其他单链 RNA 病毒中寻找这类酶的存在，他将注意力转向一类新型 RNA 单链病毒——肿瘤病毒，并幸运获得小鼠白血病病毒（murine leukemia virus，MLV）和 RSV 两种这类病毒。巴尔的摩采用类似检测 VSV 中 RNA 聚合酶的方法研究 MLV 却获得阴性结果，当进一步测试其是否含有 DNA 聚合酶时（将反应中的四种 NTP 替换为四种 dNTP）却获得阳性结果，生成的大分子物质为 DNA。巴尔的摩迅速将结果整理并完成稿件撰写后投寄给《自然》杂志，并将结果电话告知了特明。特明对这个消息异常震惊，迅速将相关数据进行整理并撰写成文章快速投寄给《自然》杂志，最终于 6 月 15 日被杂志收到。《自然》杂志在接收到巴尔的摩的论文后还持有一定怀疑态度，毕竟对如此重大的发现要谨慎为好，待特明的文章收到后则消除了这一顾虑，毕竟两家独立试验在不同的病毒中得到了相同的结果，相互印证了结果的正确性。1970 年 6 月 27 日，两篇文章同时在《自然》杂志刊登，表明从病毒中发现了一种 RNA 依赖的 DNA 聚合酶，该酶后被命名为逆转录酶（图 5-3）。

图 5-3　逆转录酶的发现

五、重大影响

科学界对逆转录酶的发现极为迅速。文章刊登距离收到特明初稿仅 12 天，创下一个从收稿到刊发的速度新纪录（沃森和克里克 DNA 双螺旋结构论文刊发时间 23 天）。时间如此之短以至于论文校样送到特明办公室时该期杂志已经出版，导致一些印刷错误都没来得及纠正。当巴尔的摩在冷泉港实验室第一次报道自己的实验结果时，听众中的一位著名科学家立即离开回到自己实验室，不久又重回会场报告说已重复出巴尔的摩的实验。世界各地多家实验室迅速跟进，在多种病毒中鉴定出逆转录酶。

1975 年，特明、巴尔的摩和杜尔贝科由于"肿瘤病毒和细胞遗传材料间相互作用的发现"而分享诺贝尔生理学或医学奖。当初颁奖重点在于病毒致癌机制，然而令大家意想不到的是随后的发展证明逆转录酶更为重要。逆转录现象和逆转录酶的发现是现代医学最重要的发现之一，它促使克里克 1970 年进一步强调中心法则中信息流动的基本规律。逆转录酶的发现重要性可体现在以下几个方面。

第一，鉴定出一类新型病毒。将携带逆转录酶的 RNA 病毒单列为逆转录病毒家族，该家族成员众多，特别是 20 世纪 80 年代人类免疫缺陷病毒（HIV）的发现更是拓展了对其致病机制的认识。

第二，发现染色体末端维持机制。逆转录酶和逆转录过程最初被认为是病毒特有，20 世纪 80 年代端粒酶的发现从根本上改变了这一看法。端粒酶由端粒酶逆转录酶和端粒酶 RNA 构成，通过产生端粒重复序列而保证基因组的完整性。

第三，在基因工程和 PCR 等多个领域有广泛应用。采用逆转录酶可以将 mRNA 转换为双链 DNA，为进一步分子克隆奠定基础。PCR 反应是以 DNA 为模板，故先用逆转录酶使 RNA 转变为 DNA，然后开展后续分析成为 RNA 研究的常规做法，因此逆转录酶的发现无疑解决了诸多 RNA 研究中的难题，如新冠肺炎检测。

第四节　肽酰转移酶与翻译

翻译是将遗传信息进一步传递到蛋白质中的过程，需要三种主要 RNA

的参与。

一、三种基本 mRNA 的发现和作用

帕拉德（George Emil Palade，1912—2008）是一位出生于罗马尼亚的细胞生物学家，于 1946 年初来到美国跟随纽约大学克劳德（Albert Claude）教授学习细胞组分分离方法和电子显微镜技术。20 世纪 50 年代初，帕拉德将肝脏组织匀浆离心获得两种组分，一种为易沉淀大颗粒，包含线粒体等已知细胞器；另一种为难沉淀小颗粒，被称为微粒体。帕拉德发现微粒体由蛋白质和 RNA 两部分构成，因此将其命名为核蛋白体（RNP），1958 年又将其命名为核糖体（ribosome），将相应 RNA 称核糖体 RNA（ribosomal RNA，rRNA）。

扎梅奇尼克（Paul Charles Zamecnik，1912—2009）是一位美国生物化学家，于 1953 年成功制备出第一个大鼠肝脏匀浆无细胞体系。扎梅奇尼克采用无细胞体系证明核糖体是蛋白质合成场所。1956 年，扎梅奇尼克将放射性标记氨基酸加入无细胞体系，通过离心获得含有高放射性部分，除含活化氨基酸外还包含某种 RNA，后确定其参与活化氨基酸转运，将其命名为转运 RNA（transfer RNA，tRNA）。

当时科学界普遍认为 rRNA 是蛋白质合成模板，但后续研究否定了这一推测。布伦纳（Sydney Brenner，1927—2019）是一位出生于南非的英国分子生物学家，决定采用同位素示踪法寻找新型 RNA。布伦纳先用重同位素（^{13}C 和 ^{15}N）标记大肠埃希菌 rRNA，随后用 T2 噬菌体感染大肠埃希菌并迅速将其转移到轻同位素（^{12}C 和 ^{14}N）培养基（还含有 ^{32}P）继续培养；密度梯度离心未检测到轻同位素标记的核糖体，表明噬菌体感染后没有新 rRNA 生成；杂交实验表明 32P 标记的新物质不与大肠埃希菌 DNA 互补，而与噬菌体 DNA 互补，提示新型 RNA 的存在。1961 年，布伦纳将这一结果发表，这种 RNA 被命名为信使 RNA（messenger RNA，mRNA），作为蛋白质合成的模板。

1961 年，美国生物化学家尼伦伯格和助手马特伊（Heinrich Matthaei）采用多聚 U 策略解析得出第一种遗传密码 UUU 对应苯丙氨酸，后又采用三联体-核糖体结合策略阐明多种遗传密码信息。与此同时，另一位美国生物化学家霍拉纳（Har Gobind Khorana，1922—2011）采用人工合成 RNA 的策略也

解析出大部分遗传密码信息。1965 年，mRNA 中对应氨基酸的 61 种遗传密码和 3 种终止密码被完全解析。美国生物化学家霍利（Robert W. Holley，1922—1993）于 1965 年完成酵母丙氨酸-tRNA 结构解析，从而解释了 tRNA 参与蛋白质翻译的机制，一方面其与氨基酸结合，另一方面携带反密码与遗传密码精确配对。1968 年，三位科学家由于"对遗传密码及其在蛋白质合成过程方面作用的解释"分享诺贝尔生理学或医学奖。

至此，参与蛋白质翻译过程的三种 RNA 中，mRNA 和 tRNA 的作用和机制已被阐明，只有 rRNA 作用机制尚待探究。

二、肽酰转移酶中心的发现

蛋白质合成的实质就是按照 mRNA 中遗传密码指令将相应氨基酸连接形成多肽的过程。20 世纪 60 年代，研究人员确定了核糖体由大、小两种亚基构成，原核生物 70S 核糖体由 50S 大亚基和 30S 小亚基构成，真核生物 80S 核糖体由 60S 大亚基和 40S 小亚基构成。采用大肠埃希菌无细胞蛋白合成系统发现翻译产生的新生蛋白质主要与 50S 亚基结合，且共价结合于 tRNA，称为肽酰tRNA。研究还表明蛋白质翻译还需能量分子 GTP 和多种非核糖体成分的蛋白因子参与，但具体作用不详。

英国科学家蒙罗（Robin Monro）随后对 70S 核糖体生物功能展开全面研究，最终确定了催化肽键形成反应的活性中心位于 50S 大亚基，该酶催化过程中不需能量分子，因此不属于合成酶，更合适的名称为肽酰转移酶（peptidyl transferase）。

三、肽酰转移酶可能是一种核酶

50S 亚基由 31 种蛋白质和 23S rRNA 构成，按照酶本质是蛋白质的传统观点，研究人员随后想知道哪种或者哪些核糖体蛋白质发挥肽酰转移酶活性。采用蛋白质逐渐剥离的策略发现，去除部分蛋白质并不影响酶活性；进一步蛋白质剥离最终使酶失活后通过回补蛋白质的方法确实可恢复酶活性，但这些蛋白质在单独状态下均无酶活性，因此长期无法确定哪种蛋白质拥有酶活性。

20 世纪 60 年代末，克里克和其他科学家等基于遗传密码破译和核糖体的功能研究时提出"RNA世界"雏形，认定核糖体最初完全由RNA构成，蛋白质是进化过程中出现的产物。由于当时未发现RNA具有催化活性，因此推测rRNA催化功能丧失而被相应蛋白质代替。20世纪80年代，核酶的发现改变了科学界对核糖体功能的认识。两位美国进化生物学家乌斯（Carl Richard Woese，1928—2012）和诺勒（Harry Noller，1939—）提出核糖体中的rRNA而非蛋白质拥有肽酰转移酶活性。

1992年，诺勒和合作者采用生物化学方法将大肠埃希菌核糖体50S大亚基中绝大多数蛋白质去除，结果仍保留肽酰转移酶活性。由于无法去除所有蛋白质（部分蛋白质去除容易破坏亚基结构完整性），因此该实验只是强烈提示rRNA具有催化功能，但无法排除蛋白质的作用。1996年，绍斯塔克（Jack William Szostak，1952—）实验室取得又一进展，人工制造出一种具有催化功能的RNA，该RNA拥有肽基转移酶活性。这一结果进一步表明单纯rRNA就有催化蛋白质的潜力，遗憾的是仍无法完全排除核糖体中蛋白质参与催化的可能性。解决这一问题的关键是制备出高分辨率的核糖体大亚基结构，四年后这由美国生物化学家施泰茨（Thomas Arthur Steitz，1940—2018）等实现。

四、核糖体结构解析

施泰茨出生于美国威斯康星州，1962年毕业于劳伦斯大学化学系，随后进入哈佛大学，最初并没有一个确切研究方向，当1963年参加佩鲁兹（Max Ferdinand Perutz，1962年诺贝尔化学奖获得者）关于肌红蛋白结构讲座时第一次观察到原子分辨率下的蛋白质三维结构并被深深吸引，从而对蛋白质结构解析产生浓厚兴趣。施泰茨随后了解到利普斯科姆（William Nunn Lipscomb Jr，1976年诺贝尔化学奖获得者）实验室正在从事蛋白质结构研究，因此申请成为实验室的一员。随后几年，施泰茨先后确定羧肽酶A和天冬氨酸氨基甲酰转移酶等的空间结构。

1966年，施泰茨从哈佛大学获得生物化学和分子生物学博士学位后加入英国MRC分子生物学实验室从事博士后研究，解析糜蛋白酶结构。1970年，施泰茨加入耶鲁大学开启独立的蛋白质结构研究之路，先后解析母己糖激酶、DNA聚合酶I和HIV逆转录酶等多种重要蛋白质结构。20世纪90年代，施泰茨决定挑战自我，解析复杂的核糖体结构。由于细菌生长迅速，容易获得生长晶体所需的大量蛋白质，在此基础上聚焦核糖体 50S 大亚基结构，目标是获得分辨率约为 2Å 的晶体。

1998 年，施泰茨实验室取得第一个重大突破，获得原核生物核糖体 50S 大亚基的 9Å 分辨率结构；一年后，又进一步得到 5Å 分辨率结构。2000 年，施泰茨终于实现预定目标，获得 2.4Å 分辨率的核糖体 50S 大亚基，可以清晰分辨 50S 亚基的 23SrRNA（含有 3045 个核苷酸）和 31 种蛋白质的空间位置和形态。

五、肽酰转移酶作为核酶的证实

原核生物核糖体 50S 大亚基结构的解析使许多问题得到完美的解决，特别是肽酰转移酶本质。从结构可清晰发现，围绕催化肽键形成的肽酰转移酶中心向外拓展 18Å 范围内没有可见的肽链（蛋白质由于距离催化位点过远而根本无法发挥直接作用），从而无可辩驳地说明 23SrRNA 是一种核酶，拥有肽酰转移酶活性（图 5-4）。结构还显示，23SrRNA 构成核糖体大亚基主要功能单元，蛋白质则有机分布于相应的缝隙和角落。这个结果为"RNA 世界"起源理论提供了更为直接的证据，那就是核糖体最初主要由 rRNA 构成，随着时间推移而使 rRNA 结构逐渐融入多种蛋白质，但关键功能中心却并未丧失。与此同时，拉马克里斯南（Venkatraman Ramakrishnan，1952—）和尤纳斯（Ada Yonath，1939—）也获得了原核生物核糖体高分辨率三维结构，进一步证实了施泰茨结果的可靠性。

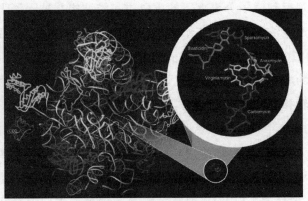

图 5-4　施泰茨与 23SrRNA 的肽酰转移酶中心

六、重大意义和影响

2009 年，施泰茨、拉马克里斯南和尤纳斯由于"核糖体结构和功能的研究"分享诺贝尔化学奖。肽酰转移酶结构和特性阐明具有重要的理论和应用价值。理论方面既凸显了"RNA 世界"假说的重要性和普适性，又深化了对生命过程最基本化学反应（肽键形成）的理解和认识。应用方面，为抗生素开发或者肿瘤药物研制提供了全新靶点。

第五节　DNA 修复酶与基因组完整性

人类由 10^{14} 个细胞构成，每个细胞有 4×10^9 个碱基，正常寿命内经历 10^{16} 个分裂周期，每个周期的 DNA 复制估计错误率为 10^{-10} 个突变，这是引起 DNA 变异的最重要因素。为减少 DNA 变异发生率，机体还进化出一整套完整、精细的 DNA 修复系统，成为保证物种稳定性的根本。

一、碱基切除修复

DNA 部分碱基容易发生自发化学反应而改变碱基类型和配对模式，引起突变。以胞嘧啶（C）为例，它容易发生脱氨基反应变为尿嘧啶（U），造成原来 C-G 配对变成 U-A 配对，细胞复制后可引发 DNA 变异，若该碱基处于关键位置则将产生严重后果。

林达尔（Tomas Robert Lindahl，1938—）出生于瑞典斯德哥尔摩，1967年从卡罗林斯卡学院获得博士学位，并于 1970 年完成医学培训。偏爱基础研究的林达尔决定探索 DNA 修复背后隐藏的奥秘，他主要研究胞嘧啶脱氨基修复过程，该过程的关键是机体如何识别胞嘧啶到尿嘧啶的变异并及时纠正。1974 年，林达尔发现尿嘧啶-DNA 糖基化酶（uracil-DNA glycosylase，UNG），这是一种可特异性识别 DNA 中尿嘧啶并将其切除的酶，随后研究人员又发现了一系列特异性 DNA 糖基化酶（完成其他错误碱基的识别和切除），从而鉴定出一个全新修复系统。林达尔开始深入研究糖基化酶碱基修复过程，经过近 20 年探索，于 1994 年在体外首先阐明了大肠埃希菌碱基修复过程，两年后又解析出人体外碱基修复机制。

以尿嘧啶切除修复为例。第一步，糖基化酶 UNG 在 DNA 双链众多碱基中寻找到错误的 U（U 不存在于正常 DNA），发现后将其从 DNA 双螺旋内部翻转到链外并催化 U 和脱氧核糖之间的糖苷键断裂，去除 U 后剩下一个无碱基位点（apurinic/apyrimidnic site，AP site）；第二步，再被 AP 位点核酸内切酶及其他辅酶催化去掉脱氧核糖骨架而出现单核苷酸缺口；第三步，DNA 聚合酶根据模板信息 G 将缺失位置填补上正确碱基 C；最后一步，DNA 连接酶负责形成完整双链。由于这种系统首先切除的是碱基，故称为碱基切除修复（BER）。

二、核苷酸切除修复

1960 年，科学家发现一定剂量紫外线照射可造成细菌 DNA 两个相邻碱基 TT 自身共价相连形成二聚体，这种二聚体的存在可破坏 DNA 双螺旋结构，造成 DNA 复制过程中碱基错配甚至碱基缺失，细菌出现死亡。后来发现用可见光（光修复）或未照射过紫外线的细菌裂解液（暗修复）处理则可恢复正常，但人们对这种现象的详细机制缺乏理解。

桑贾尔（Aziz Sancar，1946—）出生于土耳其东南部一个中低产家庭，家庭对教育格外重视，受此影响，桑贾尔接受了系统的学校教育，并展示出过人的天赋。桑贾尔高中时喜欢的是化学，但在同学劝说下梦想成为一名医生，因此考取伊斯坦布尔大学医学院，但在大学接触生物化学后而决定成为一名生物化学家。70 年代，桑贾尔开始美国的追梦之旅，进入得克萨斯大学达拉斯分校开展分子生物学博士学习，其导师当时正在研究 DNA 修复过程，很早就对此具有浓厚兴趣的桑贾尔正式开始自己的学术生涯。1976 年，桑贾尔成功鉴定出光修复酶（photolyase），从而完成了在该领域的小试牛刀（后来桑贾尔还阐明光修复的详细机制），随后他将大部分精力投入暗修复系统。早在 1966 年，研究人员借助紫外线敏感菌株证实了三个基因 *UvrA*、*UvrB* 和 *UvrC* 对保证减少 DNA 损伤具有重要意义，从而奠定了该系统的研究基础，但三个基因的具体机制却一直不详。1981 年，在耶鲁大学担任技术员的桑贾尔完成了三种蛋白 UvrA、UvrB 和 UvrC 的纯化，并不久在体外首次实现了大肠埃希菌的三种蛋白 UvrA、UvrB、UvrC 核酸内切酶重建，并证实该系统可实现对核苷酸的切除修复。1995 年，桑贾尔进一步实现了类似人体内的体外核苷酸切除过程，证明了该系统具有较高保守性。

目前，人们对核苷酸切除修复（NER）过程已有较为清晰的理解，以细菌 TT 二聚体切除为例。首先，2 个 UvrA 亚基和 1 个 UvrB 亚基形成三元复合物，沿双链 DNA 滑动以寻找损伤位点；待 UvrA 特异性识别 TT 二聚体之后，可激活 UvrB 解旋酶活性，从而使损伤部位局部结构松散；随后 1 个 UvrC 亚基代替 2 个 UvrA 亚基，启动损伤位置前后各一段距离的精确内切而去除 12～13 个核苷酸长度的片段；最后再由 DNA 聚合酶和连接酶催化完成空缺填补。

三、错配修复

尽管复制过程中 DNA 聚合酶具有较高保真度，但无法做到百分之百正确，总会在工作过程中出现"微小"差错。尽管 DNA 聚合酶本身的校对功能使错配频率降低到 5×10^{-5}，但在碱基总体数量较大的前提下，如人基因组有 30 亿对碱基，这个数量也不容小视，因此细胞还需二次校对系统的存在以保证将错配率降到最低。

1963 年，出生于美国新墨西哥州的 17 岁少年莫德里奇（Paul Lawrence Modrich，1946—）听父亲谈及 DNA 的重要性，而那一年恰是提出 DNA 双螺旋模型的沃森-克里克获诺贝尔生理学或医学奖的第二年，自此开始，莫德里奇就对 DNA 产生痴迷，并最终将 DNA 修复机制研究作为自己的科研方向。碱基错配修复系统最早在肺炎链球菌中被发现，随后人们在大肠埃希菌中鉴定出多种基因与此相关，这些基因失活后导致细菌突变率显著增加，因此将这些基因称为"*Mut*"（突变前三个字母）基因，最关键的三个基因是 *MutS*、*MutH* 和 *MutL*，但基因功能未知。1976 年，莫德里奇发现大肠埃希菌不复制时 DNA 两条链在 GATC 位点均被甲基化，但 DNA 复制过程中，新生子代链一般不被甲基化，只有亲代链被甲基化，这一差别成为区分 DNA 复制过程亲代链与子代链的重要标志。同一年，梅瑟生小组发现碱基错配修复基本只在一条链上完成。1983 年，莫德里奇等进一步确定 GATC 位点甲基化是碱基错配修复重要的识别标志，保证只修复子代链而不影响亲代链。借助高超的实验技巧，莫德里奇先后纯化了 MutS、MutH 和 MutL，最终于 1989 年在体外完成大肠埃希菌碱基错配修复系统重建。2004 年，莫德里奇在体外实现了人碱基错配修复，并证明了该系统的保守性。

细菌 DNA 错配修复（MMR）基本机制基本过程：第一步，细菌 MutH 和模板链 DNA 甲基化 GATC 位点结合，MutS 识别错配位置；第二步，MutL 负责将 MutH 和 MutS 拉近形成三元复合物，激活 MutH 核酸内切酶活性，在靠近甲基化位点时将新生链 DNA 切开；第三步，招募解螺旋酶从切口位置向错配位点移动将双链解开，待跨过错配碱基位置后将子代链切除；最后，由 DNA 聚合酶和连接酶催化完成空缺填补。

四、研究意义

1994 年，DNA 修复酶由于在保护人类健康、维持物种稳定和保证进化等方面的重要性而被《科学》杂志评为"年度明星分子"。2015 年，林达尔、桑贾尔和莫德里奇由于在"DNA 修复机制"研究领域的卓越贡献分享诺贝尔化学奖。

这项发现的重要性一方面体现在深化对生命系统稳定遗传机制的理解和认识上，另一方面也为部分疾病治疗带来了新希望。DNA 修复系统的缺失或功能下降导致 DNA 损伤逐渐增加，引起编码基因突变、基因组不稳定等后果，最终出现衰老或癌症，如黑色素瘤、结肠癌等均已发现与 DNA 修复缺陷相关。通过设计特定药物增加细胞 DNA 修复能力而减少 DNA 损伤有望成为癌症治疗的新思路，但从基础研究到最终临床应用仍有很长的路要走。

第六节　端粒酶与 DNA 末端完整性

DNA 修复系统是为了保持内部序列完整性，端粒的存在则为了保证末端完整性。

一、染色体端粒

端粒（telomere）研究可追溯到 20 世纪 30 年代，著名遗传学家穆勒（Hermann Muller，1946 年诺贝尔生理学或医学奖获得者）和麦克林托克（Barbara McClintock，1983 年诺贝尔生理学或医学奖获得者）分别使用果蝇和玉米为材料发现染色体末端的一个特殊结构，该结构和染色体断裂形成的末端存在着许多差异，如它们不能相互融合，当染色体末端该结构完整时细胞才能复制。1938 年，穆勒独创 telomeres 一词描述该结构，希腊语"telos"意为末端，"meros"意为部分或片段，二者联合就为末端片段，现在称为端粒。尽管二位科学大师发现并提出端粒概念，但端粒的独特之处和功能由于条件所限而一直不被知晓。

二、端粒 DNA 序列特殊性

布莱克本（Elizabeth Helen Blackburn，1948—）是一位澳大利亚和美国遗传学家，在澳大利亚墨尔本大学获得生物化学学位，后进入剑桥大学师从桑格进行博士学习。1975 年，布莱克本进入美国耶鲁大学开展博士后工作，决定利用从桑格教授那学到的 DNA 测序技术来探索端粒 DNA 特征。布莱克本面临的最大难题是大部分真核生物染色体 DNA 较长，而当时技术根本无法对其进行测序，幸运的是实验室拥有一种简单生物——四膜虫。四膜虫拥有两种细胞核，大核负责体细胞发育，小核负责生殖，大核含有大量长度一致且相对较短的微小染色体，尤其是核糖体 DNA（rDNA）高达 1 万个以上，这为研究带来极大便利。布莱克本收集到足够数量大核染色体后对其末端进行测序，结果非常奇特，四膜虫染色体末端含有大量六个核苷酸（CCCCAA）组成的串联重复序列，重复数从 20 次到 70 次之间不等，1977 年布莱克本获得这一结果并于第二年发表。

三、端粒 DNA 特殊序列的普遍性

虽然四膜虫中发现了染色体端粒的特殊 DNA 序列，但该结果是否具有普

适性尚待确定。1980 年，布莱克本在一个学术会议上遇到哈佛医学院酵母遗传学家绍斯塔克，两人讨论以酵母为材料进一步研究端粒结构。

布莱克本和绍斯塔克发现酵母染色体上也存在短重复序列，虽然序列不同于四膜虫（酵母为 TG1-3），但是将四膜虫末端重复序列替换酵母染色体重复序列后，四膜虫重复序列可随酵母 DNA 复制而保留，相反去掉这些重复序列可导致酵母 DNA 稳定性下降而被快速降解。四膜虫端粒 DNA 可保护酵母染色体稳定性证明端粒功能的保守性。广泛研究发现大多数生物都存在端粒特异性 DNA 序列，如人端粒重复序列为 TTAGGG，证明端粒末端 DNA 重复是一种普遍现象。

端粒研究产生了一个根本问题：这些重复序列是如何添加到染色体末端的。关于此问题存在两种机制，一是端粒序列通过转座或重组实现，另一种是由特定酶催化。布莱克本倾向于后一种观点，这是因为携带四膜虫端粒的染色体转入酵母后，添加的是酵母端粒而不是四膜虫端粒，这种现象无法用重组机制解释。

四、端粒酶的发现

格雷德（Carol Widney Greider，1961—）出生于美国加利福尼亚，受父亲影响自小就对科研拥有浓厚兴趣。1983 年，格雷德从加利福尼亚大学圣芭芭拉分校获得生物学学位，1984 年 5 月加入布莱克本实验室开始博士学习，决定将催化端粒序列延长酶鉴定作为课题。格雷德对科研非常投入，每天工作达 12h，利用生物化学和 DNA 克隆技术进行全面探索。格雷德首先利用生物化学方法鉴定是否存在具有催化端粒序列延长的酶，由于对该酶特性一无所知，因此只能摸索条件进行。格雷德将通过酶切获得的端粒模板和放射性标记的 dNTP 与四膜虫细胞核提取液混合，一段时间后提取 DNA，检测其长度变化。不久，格雷德就从电泳结果中发现特异的六核苷酸重复，然而随后发现这是由于 DNA 聚合酶催化的缘故。1984 年圣诞节，格雷德经多次失败后将原来的端粒模板换成人工合成的短六核苷酸重复，反应完毕后利用电泳检测，结果发现生成一系列相差 6 个核苷酸的 DNA 延长产物，这是该酶存在的第一个证据。进一步排除其他已发现酶特别是 DNA 聚合酶前提下，最终确定细胞中存在一种催化端粒末端延长的新酶，该酶被命名为端粒末端转移酶（telomere

terminal transferase），后被称为端粒酶（telomerase）（图 5-5）。1985 年 12
月，成果在《细胞》杂志发表。

布莱克本　　　　　格雷德

5′ GGGGTTGGGGTTGGGGTT 3′ + ndGTP+ndTTP

Mg²⁺ │端粒酶

5′ GGGGTTGGGGTTGGGGTTGGGGTTGGGGTT ... 3′

图 5-5　端粒酶的发现

　　随后，格雷德和布莱克本对端粒酶催化机制开展深入研究，她们推测该酶
应含有 DNA 或 RNA 模板，但当该酶被 RNA 酶处理后丧失末端序列添加活
性，说明 RNA 发挥着关键作用。随后格雷德充分利用自己的生物化学技巧对
四膜虫端粒酶进行纯化，发现该酶由 RNA 和蛋白质两部分构成，RNA 含有
CAACCCCAA 序列，该序列是合成 TTGGGG 的模板，而蛋白质部分具有逆
转录酶活性，会以 RNA 为模板将特定脱氧核苷酸依次添加到染色体末端。

五、端粒的生物学作用

　　端粒和端粒酶的鉴定成功使研究人员开始探索端粒在细胞中的作用。绍斯
塔克和研究生获得丧失添加端粒结构的酵母突变体，这些突变酵母开始还可正
常生长，随着端粒 DNA 逐渐缩短甚至消失，酵母生长缓慢，最终停止分裂；
布莱克本和同事制备了端粒酶中 RNA 缺乏的四膜虫突变体，结果其效应与酵
母类似，两种突变细胞都出现提前衰老现象，相反有功能的端粒可防止染色体
损伤和延迟细胞衰老；格雷德研究小组发现人类细胞衰老也可被端粒酶延迟。
这些结果都说明端粒长度与细胞寿命密切相关，考虑到衰老是一个复杂过程，

受多种因素影响，端粒是其中重要因素之一。精子和卵子等生殖细胞可制造端粒酶，而大多数成年细胞却丧失这一功能，导致成年细胞端粒短于生殖细胞，体外试验证明端粒缩短将导致细胞逐渐衰老。85%～90%人类癌细胞端粒酶活性增强，这造成癌细胞增殖失控出现"不死性"；阻断体外培养癌细胞端粒酶活性，将抑制细胞分裂并导致细胞死亡。这些发现促使科学家尝试通过阻断端粒酶活性来达到癌症治疗目的，目前已有相关化合物开始临床试验。

此外，一些遗传性疾病也由端粒酶缺陷造成，如某种类型的先天性再生障碍性贫血（congenital aplastic anemia）、先天性角化不良（dyskeratosis congenital，DKC）和特发性肺纤维化（idiopathic pulmonary fibrosis，IPF）等，病人特定类型细胞端粒缩短，细胞分裂能力下降，破坏细胞分裂或组织更新而出现疾病。人们对这些遗传疾病发生机制的理解为将来新治疗方法的出现提供了重要保证。

布莱克本首先发现端粒 DNA 的特异重复序列，布莱克本和绍斯塔克合作证明端粒特异重复序列的普遍性和重要性，布莱克本和格雷德鉴定出端粒酶，三位科学家都发现端粒异常可造成细胞或生物体的生长异常，这些发现为端粒和端粒酶全面研究奠定了基础，揭示了疾病发生的新机制，推动了治疗新方法的发展。2009 年，布莱克本、绍斯塔克和格雷德由于"端粒和端粒酶对于染色体保护作用"方面的发现分享诺贝尔生理学或医学奖。

第七节 组蛋白修饰酶与基因表达调控

组蛋白是染色体基本成分之一，其研究可追溯至 19 世纪末。1884 年，德国有机化学家科塞尔（Albrecht Kossel）首次从细胞核中鉴定出一种携带正电荷显碱性的物质，将其命名为组蛋白（histone）。受限于技术手段，组蛋白研究在后续几十年未取得明显进展。1947 年，美国遗传学家米尔斯基（Alfred Mirsky）才在冷泉港会议上首次提出，真核生物染色体由 DNA、组蛋白、RNA 和非组蛋白 4 部分构成。20 世纪 50 年代，生命科学界存在一个长期困扰科学家的难题：受精卵可发育出多种类型细胞，而这些细胞 DNA 完全相同，产生这一现象的原因是什么？

一、组蛋白修饰

20 世纪 60 年代，组蛋白中鉴定出大量修饰氨基酸。1963 年，菲利普首次发现组蛋白存在乙酰化氨基酸；翌年，墨菲在小牛胸腺组蛋白鉴定出甲基化赖氨酸。这些发现凸显了组蛋白结构的多样性，也暗示了组蛋白可能具有重要的生物学作用。

1964 年，洛克菲勒大学教授奥尔弗里（Vincent Allfrey, 1900—1974）决定研究组蛋白修饰的生物学意义。奥尔弗里首先应用蛋白质合成抑制剂嘌呤霉素（puromycin, PM）处理体外翻译体系，结果发现不影响组蛋白乙酰化和甲基化，说明组蛋白修饰在翻译后完成；随后又利用 C-14 标记醋酸钠（形成的乙酰化修饰物具有放射性）和小牛胸腺细胞核共孵育，借助色谱技术分离各种组蛋白，并依据放射强度确定组蛋白乙酰化程度，结果显示组蛋白 H3 和 H4 存在广泛乙酰化。奥尔弗里认为，由于乙酰化具有中和正电荷的能力，因此造成了组蛋白携带正电数量减少，从而与带负电 DNA 结合能力减弱，使染色体结构松散，有利于基因激活与转录。奥尔弗里进一步提出：不同细胞内组蛋白乙酰化修饰不同，从而引起了 RNA 转录效率的差异，这种差异造成了细胞表型差异，即细胞分化。

奥尔弗里凭借这项工作奠定了在组蛋白修饰领域先驱的地位。遗憾的是，这一工作主要为体外试验，且主要借助逻辑推理确定组蛋白乙酰化与转录的关联，没有体内证据支持，故而未引起太大关注。20 世纪 80 年代，美国细胞生物学家格伦斯坦（Michael Grunstein, 1946—2024）的酵母体内试验进一步证实了奥尔弗里的结论。

二、组蛋白修饰与基因表达调控

格伦斯坦出生于罗马尼亚，后全家移民到加拿大蒙特利尔，他在麦吉尔大学完成高等教育。格伦斯坦在大学期间的一份暑假工作首次接触到气相色谱，从而激发了对科学的巨大兴趣；另一方面大学时一位遗传学教授独特的授课方式（让学生从论文中寻找错误）使他进一步热爱上遗传学。

格伦斯坦对发育遗传学很感兴趣，因此来到苏格兰爱丁堡大学开始博士学习，导师是著名遗传学家比恩施蒂尔（Max Birnstiel），主要对非洲爪蟾核糖体 RNA 基因进行全面研究，从而对基因表达调控有了深入理解，并决定寻找解决基因操作的实际方法。为此，格伦斯坦从爱丁堡大学毕业后进入斯坦福大学跟随凯德斯（Larry Kedes）从事博士后训练，重点研究组蛋白 mRNA，为此需要找到基因分离的方法。幸运的是，斯坦福大学在这方面有重大优势，格伦斯坦在哈葛尼斯（David Swenson Hogness）实验室成功开发出集落杂交筛选技术。对遗传学领域来说，这是一个重大突破，研究人员借此可分离单一目的基因 DNA，从而为格伦斯坦的进一步研究奠定重要基础。

1975 年，格伦斯坦完成博士后工作加入加利福尼亚大学洛杉矶分校建立自己的研究小组，全面研究组蛋白基因，最初选择海胆作为模式生物（海胆含有较多组蛋白基因），然而海胆获取受环境影响太大而最终选择了酵母，成熟的酵母遗传学操作方法为后续研究提供了可靠保证。

格伦斯坦发现酵母组蛋白完全缺失会导致酵母死亡，但从这一结果仍无法判断组蛋白对基因表达的影响，因为组蛋白的完全破坏会造成染色体无法有效组装。格伦斯坦进一步发现，去除组蛋白 H4 在 N 端部分氨基酸对核小体结构无明显影响，此时酵母可正常生存，却丧失有性生殖能力，这是源于原本影响生殖的沉默基因重新被激活，造成生殖紊乱。这是首次在活细胞中证明组蛋白与基因表达间的因果关系。格伦斯坦还发现，组蛋白 H4 的 N 端赖氨酸乙酰化后可使部分沉默基因重新被激活，确立组蛋白乙酰化具有调节基因表达功能。接下来的问题：组蛋白乙酰化如何在体内完成？20 世纪 90 年代初，多家实验室竞争寻找组蛋白修饰酶，美国分子生物学家洛克菲勒大学艾利斯（Charles David Allis，1951—2023）最终赢得了这场胜利。

三、组蛋白乙酰转移酶

艾利斯出生于美国俄亥俄州，少年时对科学无太大兴趣，1969 年进入辛辛那提大学时原本打算进入医学院，却在一位细胞生物学教授影响下选择了生物系。艾利斯毕业后进入印第安纳大学攻读研究生，重点研究果蝇早期胚胎，其间被一次学术演讲主题深深感动，从而热爱上染色体研究。1978 年，艾利斯完成生物学博士学位后来到罗切斯特大学开展博士后工作，一方面掌握生物体培养和细胞核分离技术，另一方面以四膜虫为模式初步研究了组蛋白和组蛋白乙酰化。1981年，艾利斯成为贝勒医学院生物化学系助理教授。致力于染色质全面研究，重点是寻找修饰组蛋白的蛋白质。

1996年，艾利斯小组首先从四膜虫中鉴定出第一个组蛋白乙酰转移酶（histone acetyltransferase，HAT），并发现它与酵母激活因子Gcn5高度同源，意味着组蛋白乙酰化具有转录激活效应。与此同时，哈佛大学施赖伯（Stuart Schreiber）团队发现一种哺乳动物组蛋白去乙酰化酶（histone deacetylase，HDAC）与酵母转录抑制因子Rpd3p高度同源，表明组蛋白去乙酰化具有转录抑制的作用。这两项研究确立了组蛋白修饰（乙酰化）、修饰酶和基因表达调节（转录激活或抑制）作用的直接因果关系；其另一方面意义则在于，继发现可逆磷酸化影响蛋白质活性、可逆泛素化影响蛋白质稳定性之后，又鉴定出可逆组蛋白乙酰化影响基因转录活性，这是基因表达调节的一种分子开关（图5-6）。

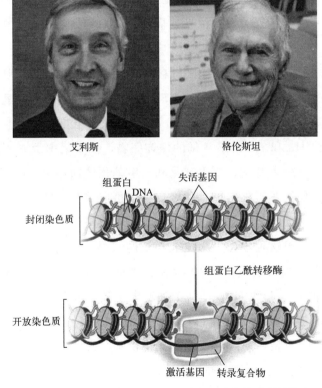

艾利斯　　　　　　　　　　格伦斯坦

图 5-6　艾利斯、格伦斯坦和组蛋白乙酰化转录激活效应

组蛋白乙酰转移酶和去乙酰化酶的发现，开创了组蛋白研究的新时代。许多科学家开始重新评估这种被忽视了很久的蛋白质功能。自此，以组蛋白修饰为主的基因表达调节研究，迅速成为生命科学和医学的前沿与热点之一。

四、广泛的组蛋白修饰

组蛋白存在多种翻译后修饰，包括乙酰化、甲基化、泛素化和磷酸化等，它们具有广泛的生物学功能。

乙酰化是最早被发现并深入研究的组蛋白修饰，人们对其作用机制理解也较为全面。人类存在多种乙酰转移酶和去乙酰化酶，分别在乙酰化修饰中发挥"写（write）"和"擦（erase）"功能，此外还有一类乙酰化组蛋白识别蛋白，发挥"读（read）"功能。组蛋白乙酰化通常是转录激活标志，因此可逆乙酰化可作为基因表达开关发挥活性，而识别蛋白则通过招募相关因子使开关调节更精细。

2000 年，艾利斯实验室发现组蛋白甲基转移酶；2004 年，哈佛大学施洋实验室发现第一个组蛋白去甲基化酶 LSD1；2006 年，多家实验室几乎同时发现组蛋白去甲基化酶 JmjC（Jumonji C）家族，证实组蛋白甲基化也是一个可逆修饰。组蛋白 H3 和 H4 是最常见的修饰底物，主要集中于 N 端赖氨酸与精氨酸。赖氨酸可被一甲基化、二甲基化和三甲基化修饰，精氨酸则发生一甲基化、对称二甲基化和非对称二甲基化修饰。组蛋白甲基化的不同状态影响转录激活或抑制，赖氨酸与精氨酸双位点修饰及不同甲基化个数修饰增加了组蛋白甲基化多样性，赋予这种修饰更为复杂和多样的调节功能。

1975 年，首次发现组蛋白 H2A 存在泛素化修饰，比发现泛素化介导的蛋白质降解还要早，H2A 和 H2B 是两个被泛素化修饰最多的组蛋白。组蛋白泛素化也是可逆修饰，存在泛素连接酶和去泛素化酶。组蛋白一般为单泛素修饰，这种作用不造成蛋白质降解，主要提供识别标志，在特定基因转录调节和 DNA 损伤应答反应过程中发挥关键作用。

组蛋白磷酸化修饰位点为丝氨酸、苏氨酸和赖氨酸，此修饰一方面参与基因表达调控，另一方面还在细胞周期过程发挥调节作用。

五、组蛋白密码假说

目前科学界普遍接受的观点是，DNA 无法解释有关人类发育和疾病的所有问题。那么组蛋白修饰这种对基因的精细调控，是否在发育和疾病方面起重要作用呢？2000 年，艾利斯等首先提出组蛋白密码（histone code）假说。组蛋白密码亦称"第二密码"，是相对于 DNA 为第一密码而言的。按照这个假说，多种组蛋白的翻译后修饰（包括乙酰化、甲基化等）可以针对 DNA 为模板的细胞内多个过程如复制、转录、重组和修复等，发挥单独或联合的调节作用。

组蛋白密码假说在 DNA 中心地位的基础上，强调组蛋白翻译后修饰的重要性，将传统上以 DNA 为主线拓展到以 DNA 和组蛋白共同构成的染色体为重点，尤其突出了组蛋白修饰的三维结构在基因表达调节过程中的精细作用，从而突破了传统的"DNA-RNA-蛋白质-生物学功能"这一单纯线性关系的限制。目前，大量数据均支持组蛋白密码假说，该假说为众多生命现象提供了全新的解释。例如，不同细胞的同一基因，或者同一细胞在不同的时期，都有不同的表达模式，有时甚至相反。其中的原因之一可能在于组蛋白修饰上的差异。

六、组蛋白修饰与疾病发生

组蛋白密码在解释许多生命现象的同时也拓展了人们对多种疾病包括糖尿病、高血压和癌症等发生机理的理解与认识。这里重点介绍与癌症有关的例子。

大家普遍接受观点是，癌症发生是先天遗传与后天环境协同作用的结果，一般认为环境因素通过影响 DNA（造成 DNA 结构变异或点突变等）发挥生物学作用，但这一机制无法解释目前发现的所有相关现象，那么是否还有其他的机制呢？

首先看一下大脑学习记忆的磷酸化修饰模式。短时记忆原理在于离子通道磷酸化修饰，引起离子通透性改变；长时记忆则涉及转录因子磷酸化，从而改变神经元基因表达模式。上述过程并不直接影响 DNA 序列。学习记忆是一个后天形成的过程（当然也受一定遗传因素影响），而大部分肿瘤也是后天形成（遗传性肿瘤发生频率极低，其机制也与后天肿瘤存在众多差异）。由此可知，两者之间存在一定可比性，已在多种肿瘤组织中检测出组蛋白修饰酶基因突变和表达异常，进而破坏组蛋白修饰的稳定性和基因表达模式。

根据已发现的癌症组蛋白修饰异常以及学习记忆磷酸化修饰机制两方面事例，英国伯明翰大学特纳（Bryan Turner）提出癌症发生的组蛋白修饰记忆假说。组蛋白可逆修饰为酶促过程，而内外环境均可影响酶活性进而改变基因表达模式。受环境因素影响的组蛋白修饰改变的短期效应会造成细胞增殖异常，这种改变可以消除；然而长期环境胁迫引起细胞持续增殖并发生细胞转化，最终造成不可逆癌变。组蛋白修饰记忆假说没有完全否定 DNA 突变在肿瘤发展中作用，而是提升了组蛋白在其中的重要性，改变了传统上从突变到癌变的单一思维模式。

当然，要证实这一假说尚面临三大挑战。首先是研究方法上的突破。组蛋白修饰是一个动态过程，不像 DNA 序列稳定，而研究真核细胞内实时组蛋白修饰仍是目前科学界最大的难题之一。其次是分析方法上的突破。组蛋白修饰是一种精细调节，因此具有微小性，有时差异并不显著，无法区分结果到底是组蛋白修饰效应（真实信号）还是细胞本身差异（噪声信号）。最后是理念上改观。习惯了 DNA 分析的简单模式，就可能不习惯组蛋白修饰这种复杂调控。

组蛋白修饰记忆假说旨在为癌症治疗提供新的模式。传统的癌症治疗思路是采用物理或化学方法将癌细胞杀死，但往往带来较大副作用，主要因为这些方法对正常细胞也具有一定杀伤力。然而从这个组蛋白修饰记忆假说来看，癌细胞和正常细胞缺乏真正意义上的差别，只是组蛋白修饰（记忆程度）上的不同，所以即使杀死了所谓的"癌"细胞，其他"正常"细胞还是可以潜在地持续过渡到"癌"细胞。从这个角度出发，癌症的"杂合性"或者"异质性"的原因，并不仅仅在于基因突变的不同，还可能与组蛋白修饰记忆模式差异相关。由此看来，癌症治疗策略应以消除组蛋白记忆为主，这需要做三方面的工作：一是去除诱发因素，从而消除错误记忆；二是补充健康环境，重新建立正常记忆；三是形成局域化效应，将无法逆转记忆的细胞限定于特定空间。

七、组蛋白修饰调控的意义

传统的 DNA 研究主要涉及基因与性状对应的线性关系。相对于此，组蛋白修饰复杂得多，研究难度也较大。组蛋白修饰紊乱所致的表型，并无 DNA 异常所引起的显著而稳定的差异，有时很难与随机误差相区分，从而难以判断其真正的生物学意义。不过，随着组蛋白研究的深入，人们的认识也从传统的 DNA 拓展到染色体层面，开始考虑组蛋白的生物学价值。相信随着研究手段的发展与完善，通过组蛋白生物学研究将会使人们对一些尤其涉及高等哺乳动物生理和病理的问题产生新理解与新认识，也将为预防和治疗提供新策略。其实许多药物就是酶的抑制剂，而组蛋白修饰就是通过酶来调控的，组蛋白修饰研究可以帮助改进相关药物的研发和使用理念。同时，该领域的深入探索还有助于生命科学从传统的线性、静态研究过渡到非线性、动态研究。而从生命科学史的发展轨迹来看，染色体研究统治了经典遗传学近 50 年，DNA 研究统治了分子生物学 50 年，21 世纪的前 50 年是否已经开始由组蛋白修饰为主的生物化学唱主角呢？研究发展的新趋势值得关注。

主要参考文献

[1] Watson J D, Crick F H. Molecular structure of nucleic acids: a structure for deoxyribose nucleic acid [J]. Nature, 1953, 171 (4356): 737-738.

[2] Crick F H. On protein synthesis [J]. Symp Soc Exp Biol, 1958, 12: 138-163.

[3] 郭晓强. 酶的研究与生命科学（三）：分子生物学酶的发现和应用 [J]. 自然杂志, 2015, 37 (5): 369-390.

[4] Watson J D, Crick F H. Genetical implications of the structure of deoxyribonucleic acid [J]. Nature, 1953, 171 (4361): 964-967.

[5] Meselson M, Stahl F W. The Replication of DNA in Escherichia Coli [J]. Proc Natl Acad Sci USA, 1958, 44 (7): 671-682.

[6] Friedberg E C. The eureka enzyme: the discovery of DNA polymerase [J]. Nat Rev Mol Cell Biol, 2006, 7 (2): 143-147.

[7] Kresge N, Simoni R D, Hill R L. Arthur Kornberg's discovery of DNA polymerase I [J]. J Biol Chem, 2005, 280 (49): 46.

[8] Lehman I R, Bessman M J, Simms E S, et al. Enzymatic synthesis of deoxyribonucleic acid. I. Preparation of substrates and partial purification of an enzyme from Escherichia coli

[J] . J Biol Chem, 1958, 233 (1): 163-170.

[9] Bessman M J, Lehman I R, Simms E S, et al. Enzymatic synthesis of deoxyribonucleic acid. II. General properties of the reaction [J] . J Biol Chem, 1958, 233 (1): 171-177.

[10] Bessman M J, Lehman I R, Adler J, et al. Enzymatic synthesis of deoxyribonucleic acid. III. The incorporation of pyrimidine and purine analogues into deoxyribonucleic acid [J] . Proc Natl Acad Sci USA, 1958, 44 (7): 633-640.

[11] Goulian M, Kornberg A, Sinsheimer R L. Enzymatic synthesis of DNA. XXIV. Synthesis of infectious phage phi-X174 DNA [J] . Proc Natl Acad Sci USA, 1967, 58 (6): 2321-2328.

[12] Lehman I R. Historical perspective: Arthur Kornberg, a giant of 20th century biochemistry [J] . Trends Biochem Sci, 2008, 33 (6): 291-296.

[13] Kornberg A. Remembering our teachers [J] . J Biol Chem, 2001, 276 (1): 3-11.

[14] Grunberg-Manago M, Oritz P J, OchoA S. Enzymatic synthesis of nucleic acid like polynucleotides [J] . Science, 1955, 122 (3176): 907-910.

[15]   Hurwitz J. The discovery of RNA polymerase [J] . J Biol Chem, 2005, 280 (52): 42477-42485.

[16] Roeder R G, Rutter W J. Multiple forms of DNA-dependent RNA polymerase in eukaryotic organisms [J] . Nature, 1969, 224 (5216): 234-237.

[17] Kedinger C, Gniazdowski M, Mandel J L Jr, et al. Alpha-amanitin: a specific inhibitor of one of two DNA-pendent RNA polymerase activities from calf thymus [J] . Biochem Biophys Res Commun, 1970, 38 (1): 165-171.

[18] Cramer P, Bushnell D A, Kornberg R D. Structural basis of transcription: RNA polymerase II at 2.8 angstroms resolution [J] . Science, 2001, 292: 1863-1876.

[19] Landick R. A long time in the making--the Nobel Prize for RNA polymerase [J] . Cell, 2006, 127 (6): 1087-1090.

[20] Kornberg R D. The molecular basis of eukaryotic transcription [J] . Proc Natl Acad Sci USA, 2007, 104 (32): 12955-12961.

[21] Coffin J M, Fan H. The Discovery of Reverse Transcriptase [J] . Annu Rev Virol, 2016, 3 (1): 29-51.

[22] Temin H M, Mizutani S. RNA-dependent DNA polymerase in virions of Rous sarcoma virus [J] . Nature, 1970, 226 (5252): 1211-1213.

[23] Baltimore D. RNA-dependent DNA polymerase in virions of RNA tumour viruses [J]. Nature, 1970, 226 (5252): 1209-1211.

[24] Coffin J M. 50th anniversary of the discovery of reverse transcriptase [J] . Mol Biol Cell, 2021, 32 (2): 91-97.

[25] Pederson T. The 50th anniversary of reverse transcriptase-and its ironic legacy in the time of coronavirus [J] . FASEB J, 2020, 34 (6): 7219-7221.

[26] Noller H F, Hoffarth V, Zimniak L. Unusual resistance of peptidyl transferase to protein

extraction procedures〔J〕. Science, 1992, 256 (5062): 1416-1419.

〔27〕 Lohse P A, Szostak J W. Ribozyme-catalysed amino-acid transfer reactions〔J〕. Nature, 1996, 381 (6581): 442-444.

〔28〕 Ban N, Nissen P, Hansen J, et al. The complete atomic structure of the large ribosomal subunit at 2. 4 A resolution〔J〕. Science, 2000, 289 (5481): 905-920.

〔29〕 Nissen P, Hansen J, Ban N, et al. The structural basis of ribosome activity in peptide bond synthesis〔J〕. Science. 2000, 289 (5481): 920-930.

〔30〕 Cech T R. The ribosome is a ribozyme〔J〕. Science, 2000, 289 (5481): 878-879.

〔31〕 郭晓强. DNA 损伤与修复——2015 年诺贝尔化学奖解读〔J〕. 生命世界, 2016, 318 (04): 48-53.

〔32〕 Kunkel T A. Celebrating DNA's Repair Crew〔J〕. Cell, 2015, 163 (6): 1301-1303.

〔33〕 Dianov G, Lindahl T. Reconstitution of the DNA base excision-repair pathway〔J〕. Curr Biol, 1994, 4 (12): 1069-1076.

〔34〕 Sancar A, Rupp W D. A novel repair enzyme: UVRABC excision nuclease of Escherichia coli cuts a DNA strand on both sides of the damaged region〔J〕. Cell, 1983, 33 (1): 249-260.

〔35〕 Lahue R S, Au K G, Modrich P. DNA mismatch correction in a defined system〔J〕. Science, 1989, 245 (4914): 160-164.

〔36〕 Cleaver J E. Profile of Tomas Lindahl, Paul Modrich, and Aziz Sancar, 2015 Nobel Laureates in Chemistry〔J〕. Proc Natl Acad Sci USA, 2016, 113 (2): 242-245.

〔37〕 Blackburn E H, Gall J G. A tandemly repeated sequence at the termini of the extrachromosomal ribosomal RNA genes in Tetrahymena〔J〕. J Mol Biol, 1978, 120 (1): 33-53.

〔38〕 Szostak J W, Blackburn E H. Cloning yeast telomeres on linear plasmid vectors〔J〕. Cell, 1982, 29 (1): 245-255.

〔39〕 Greider C W, Blackburn EH. Identification of a specific telomere terminal transferase activity in Tetrahymena extracts〔J〕. Cell, 1985, 43 (2 Pt 1): 405-413.

〔40〕 Harley C B, Futcher A B, Greider C W. Telomeres shorten during ageing of human fibroblasts〔J〕. Nature, 1990, 345 (6274): 458-460.

〔41〕 郭晓强. 组蛋白修饰研究的历程和意义〔J〕. 科学, 2017, 69 (2): 37-41.

〔42〕 Verdin E, Ott M. 50 years of protein acetylation: from gene regulation to epigenetics, metabolism and beyond〔J〕. Nat Rev Mol Cell Biol, 2015, 16 (4): 258-264.

〔43〕 Morber J R. Profile of michael grunstein〔J〕. Proc Natl Acad Sci USA, 2011, 108 (46): 18597-18599.

〔44〕 Kayne P S, Kim U J, Han M, et al. Extremely conserved histone H4 N terminus is dispensable for growth but essential for repressing the silent mating loci in yeast〔J〕. Cell, 1988, 55 (1): 27-39.

〔45〕 Han M, Grunstein M. Nucleosome loss activates yeast downstream promoters in vivo〔J〕. Cell, 1988, 55 (6): 1137-1145.

[46] Williams C L. Michael Grunstein and David Allis receive the 2018 Lasker Basic Medical Research Award [J] . J Clin Invest，2018，128 (10)：4201-4203.

[47] Brownell J E，Zhou J，Ranalli T，et al. Tetrahymena histone acetyltransferase A：A homolog to yeast Gcn5p linking histone acetylation to gene activation [J] . Cell，1996，84 (6)：843-851.

[48] Taunton J，Hassig C A，Schreiber S L. A mammalian histone deacetylase related to the yeast transcriptional regulator Rpd3p [J] . Science，1996，272 (5260)：408-411.

[49] Stillman B. Histone modifications：insights into their influence on gene expression [J]. Cell，2018，175 (1)：6-9.

[50] Turner B M. Cellular memory and the histone code [J] . Cell，2002，111 (3)：285-291.

第二篇

健康长寿

第六章

酶与基因工程

1953 年，DNA 双螺旋模型的提出标志着分子生物学的诞生，随后二十年借助大肠埃希菌、噬菌体等简单模式生物阐明了诸多生命奥秘，包括基因结构（顺反子、启动子）、DNA 复制（半保留复制和半不连续复制）、RNA 转录（三种RNA）、遗传密码（三联体密码）、基因表达调控机制（操纵子学说）等，从而奠定了分子生物学的知识框架。与此同时，一系列重要的酶被先后发现，如 DNA 聚合酶、RNA 聚合酶、DNA 连接酶等，它们不但深化了对生命奥秘的全面理解，而且推动了生物技术的快速发展，相关成果深刻影响着我们今天的生活。

第一节　限制性内切酶的发现与应用

基因工程技术的核心是对 DNA 的精准操作，这个过程需要酶来协助完成，最为关键的一类酶是限制性内切酶。

一、宿主控制的噬菌体限制

人类生活在一个微生物驱动的世界，生命早期正是由于细菌和古菌等微生物的存在才消除了不利于高等生物出现的不利环境，为真核生物的诞生和蓬勃发展创造了理想的大气条件。微生物在进化过程中产生出可催化几乎所有过程的酶，从而成为基因工程等技术的基础，因此借鉴和利用微生物中特定酶类是技术进化的根本任务之一。

噬菌体（bacteriophage）是一类感染细菌或古菌的病毒，于 1915 年由英国微生物家图尔特（Frederick William Twort）首先发现。20 世纪 40 年代，美国微生物家德尔布吕克、赫尔希（Alfred Hershey）和卢里亚（Salvador Luria）等发现这种结构简单同时拥有许多基本生命过程的病毒可作为生命现象探索的理想模型，将其引入实验室开展广泛的基础研究，取得了一系列重大进展。1943 年，德尔布吕克和卢里亚借助噬菌体从统计学上证明了基因突变为随机过程，符合达尔文原理而非拉马克原理；1952 年，赫尔希等利用噬菌体侵染试验证明 DNA 是遗传物质，三位科学家因此分享 1969 年诺贝尔生理学或医学奖。噬菌体作为一种简单模式为现代分子生物学发展奠定坚实基础的同时，许多新现象的揭示极大推动了多领域快速发展。

20 世纪 50 年代，卢里亚实验室和瑞士微生物学家威格尔（Jean-Jacques Weigle）实验室几乎同时发现了一种噬菌体独特的感染现象。同一噬菌体对不同大肠埃希菌菌株拥有不同感染力，如 λ 噬菌体对大肠埃希菌 C 菌株感染力是 K 菌株的一千倍；λ 噬菌体感染 C 菌株后可使大肠埃希菌损失殆尽，但侥幸生存下来 C 菌株却获得了对 λ 噬菌体感染的抵抗力，这一现象被称为"宿主控制的噬菌体限制"，对其分子机制的探索成为随后多家实验室研究的方向，由威格尔学生亚伯（Werner Arber，1929—）取得重大突破。

二、"限制-修饰"假说的证实

亚伯出生于瑞士阿尔高州，1949 年到 1953 年在苏黎世联邦理工学院完成物理学和化学教育，即将毕业时接触到基础科学并深爱其中。1953 年 11 月，亚伯在大学物理老师推荐下在日内瓦大学生物物理实验室获得电子显微镜助理职位，一方面熟悉生物标本制作和显微镜观察，另一方面他结识了威格尔并接触到噬菌体，确定了一生的研究重点。

1960 年，亚伯在完成 2 年美国合作研究后加入日内瓦大学，开始研究"宿主控制的噬菌体限制"的分子基础。1962 年，亚伯和研究生杜索瓦

（Daisy Dussoix，1936—2014）发现感染 λ 噬菌体并形成溶原状态的大肠埃希菌 K12（K12-λ）对野生型 λ 噬菌体再次感染具有抵抗作用，但对溶菌后释放的 λ 噬菌体（λ-P1）无抵抗作用，考虑到两种噬菌体 DNA 一级结构一致，唯一差别只可能在于 DNA 中的碱基存在修饰。根据这种现象，亚伯推测细菌存在核酸内切酶，可将外源侵入的噬菌体 DNA 切割并破坏，从而限制其繁殖；细菌同时还存在 DNA 修饰酶，通过对自身 DNA（包括溶源化后整合的 λ 噬菌体 DNA）修饰以避免核酸内切酶的自我切割，这种具有保护自身 DNA 并破坏外源 DNA 的系统称为限制-修饰系统，可看作原核生物较为初级的免疫系统。尽管当时尚未鉴定出这两类酶，特别是具有识别特定核苷酸序列能力并实现精确 DNA 切割的内切酶，但限制-修饰系统假说完美解释了宿主控制的噬菌体限制现象。为证实该假说的正确性需解决三个重要的科学问题，首先是 DNA 修饰机制，其次是核酸内切酶客观存在，最后也是关键所在，即完成酶的纯化。

当时已知 DNA 存在碱基修饰，其中甲基化最常见，但其生物学作用一直不详，亚伯假说提出后普遍认为这里的修饰应该就是甲基化。1963 年，亚伯到访加利福尼亚大学伯克利分校，了解到蛋氨酸在 DNA 甲基化过程中的作用，通过生成 S-腺苷蛋氨酸（SAM）而提供甲基，若蛋氨酸代谢异常则损害细菌修饰过程，最终于 1965 年确定 DNA 甲基化是免遭 DNA 被切割的保护机制。

随后大量证据表明细菌中确实存在限制性内切酶，亚伯决定从大肠埃希菌 K12 中提取和纯化，与此同时哈佛大学梅瑟生使用大肠埃希菌 K 为原料启动相似研究。1968 年，梅瑟生和博士后完成了限制性内切酶 EcoK I 的纯化，证实其可将未修饰的 DNA 进行切割，与此同时亚伯也获得了 EcoB I 纯化物，证实其内切酶活性。EcoK I 和 EcoB I 两种酶性质非常类似，后被统称为 I 型限制性内切酶，都可识别特定核苷酸序列，但遗憾的是它们对 DNA 的切割是在随机位置，不具特异性，因此应用价值有限，I 型限制性内切酶的发现证实了亚伯限制-修饰假说的正确性。早期限制-修饰研究主要聚焦于大肠埃希菌 K12、大肠埃希菌 B 和 P1 噬菌体，它们主要拥有 I 型和 III 型限制系统，而美国微生物遗传学家史密斯（Hamilton Othanel Smith，1931—）采用流感嗜血杆菌（*Hemophilus influenzae*）为材料发现具有识别和切割双重特异性的 II 型限制性内切酶。

三、Ⅱ型限制性内切酶

史密斯出生于美国纽约，儿时就对化学、电学和电子学等充满巨大兴趣，经常和哥哥在他们的地下实验室里探索自然界奥秘。高中毕业后，史密斯原本进入伊利诺伊大学主修数学，但大二时被哥哥送给的一本关于中枢神经系统环路数学建模的书所吸引，随后转入加利福尼亚大学伯克利分校开始学习细胞生理学、生物化学和生物学等课程，最终获得生物学学位。1952年，史密斯开始在约翰霍普金斯大学医学院学习，4年后获得医学博士学位，并进入巴恩斯医院实习，1957年被征召进入美国海军服役两年，在进一步接受住院医师培训的过程中对噬菌体产生了浓厚兴趣，决定转向基础研究。

1962年，史密斯进入密歇根大学人类遗传学系开始研究生涯，主要探索噬菌体P22感染宿主后发生溶菌或溶原的分子机制。1967年，史密斯加入约翰霍普金斯大学担任微生物学助理教授，由于大肠埃希菌和λ噬菌体研究团队过多，因此决定改变一下研究方向，不久研究生威尔科克斯（Kent Wilcox）的加入推动了研究进程。史密斯获悉学校有团队研究流感嗜血杆菌，因此主动进行学习以掌握操作技术和培养方法。史密斯让威尔科克斯使用噬菌体P22的DNA感染流感嗜血杆菌，然后回收以实现DNA扩增。恰在此时，史密斯阅读到梅瑟生有关限制性内切酶的那篇文章，并给学生进行了文章解读，使大家熟悉了限制和修饰现象。此时威尔科克斯提及自己的实验情况，噬菌体P22感染流感嗜血杆菌后一段时间却无法回收到噬菌体DNA，他在听完史密斯讲解后提出实验失败的原因是否也可能是限制的缘故。史密斯最初并不相信，认为是实验操作不熟练所致，但威尔科克斯可以获得大量流感嗜血杆菌的DNA，从而动摇了理念（后来发现这一现象并非限制，而是噬菌体P22的DNA很难进入流感嗜血杆菌）。但当时，史密斯还是想检验下这一解释是否正确，并想到一个简易的黏度计检验法，因为DNA未降解时黏度较高而若降解则黏度大大降低。史密斯制备了不含DNA的流感嗜血杆菌裂解液，并参照梅瑟生实验配置缓冲液和补充Mg^{2+}，然后分为两份，一份加入到流感嗜血杆菌DNA，一份加入到P22的DNA，5分钟后检测黏度变化，结果细菌DNA毫无变化，但噬菌体DNA明显下降（意味着DNA降解），这一现象清晰表明限制确实发生了。

威尔科克斯随后从流感嗜血杆菌中纯化该酶，进一步研究发现不仅可以切割噬菌体 P22 的 DNA，而且对其他噬菌体如 T7 也有较高切割能力，将其命名为内切酶 R（EndoR，后更名为 Hind Ⅱ）。单纯 EndoR 纯化只是进一步证实了限制修饰系统的广泛性和普遍性，除大肠埃希菌外，流感嗜血杆菌等细菌中也存在，关键需证明与已发现的两种核酸内切酶相比是否有优势，或者说切割方面是否具有序列特异性，博士后凯利（Thomas Kelly）的加入完美解决了该问题。

凯利采用"放射性同位素标记 DNA 和薄层电泳相结合"的方法证明了 EndoR 可识别并切割一个由六碱基组成的序列，并且形成回文结构，这种酶属于Ⅱ型限制性内切酶。两篇论文于 1970 年发表，同时史密斯在学术会议上介绍了最新发现，相对于前一年的无人问津（尚未鉴定出识别序列），这次产生了深远影响，包括卢里亚和亚伯都表示了祝贺。许多研究人员都意识到Ⅱ型限制性内切酶的潜在应用价值，然而首先实现的是史密斯在约翰霍普金斯大学的同事那森斯（Daniel Nathans，1928—1999）。

四、Ⅱ型限制性内切酶的初步应用

那森斯出生于美国特拉华州一个俄罗斯犹太移民家庭，1950 年从特拉华大学获得化学学士学位，1954 年获得了圣路易斯华盛顿大学的医学博士学位，在随后的实习期间他对基础科学产生了浓厚兴趣，特别是蛋白质合成，因此于 1959 年成为洛克菲勒医学研究所李普曼的助理，鉴定出了细菌蛋白质合成过程中的延伸因子，证明了嘌呤霉素抑制蛋白质合成的机制，发现噬菌体蛋白质的合成步骤，这些成果的取得进一步强化了那森斯从事科研工作的兴趣。

1962 年，那森斯成为约翰霍普金斯大学医学院微生物系助理教授，继续研究噬菌体蛋白质体外翻译过程，后学校部门调整，那森斯被要求向医学院学生讲授动物病毒从而改变方向。那森斯选择相对简单的猿猴病毒 40（simian virus 40，SV40），由于他缺乏这方面基础，因此于 1969 年借学术休假之际到以色列魏茨曼科学研究所学习动物病毒的培养和处理等方法。

1969 年春，尚在以色列的那森斯接到史密斯来信，告知限制性内切酶的发现，特别提及该酶可在特定位置切割 DNA。那森斯获悉这一进展后兴奋异常，立刻联想到具有特异降解蛋白质的胰蛋白酶或胰凝乳蛋白酶（在桑格进行胰岛素测序过程发挥了重要作用）而敏锐意识到这些酶可通过对 DNA 特异性剪切而获得特定长度的 DNA 片段，对需要研究的 SV40 而言，这些得到的小片段 DNA 相对于完整 DNA 将大大简化操作。

1969 年秋，那森斯回到约翰霍普金斯大学，全面启动 SV40 的限制性内切酶实验。那森斯和博士生用史密斯提供的限制性内切酶 EndoR 对 SV40 的 DNA 进行切割，然后将带有放射性的 DNA 产物采用聚丙烯酰胺凝胶电泳分离，曝光结果显示获得了 11 个长度不同的片段（依据片段长短以 A 到 K 命名，其中 A 最长）。SV40 基因组大约含有 5000 个碱基对，根据计算每 1000 个碱基对拥有一个 EndoR 剪切位点，所得结果与理论值明显不符，后知道最初的 Hind II 并不纯，而是两种限制酶的混合物，另一种为 Hind III（SV40 基因组拥有该酶 6 处识别位点），从而实现了理论和实验的完美结合，基于这些数据及后续结果，那森斯最终于两年后完成了 SV40 基因组物理图谱的绘制。

随着限制性内切酶重要性的体现，许多科学家加入了该酶的研究之中，因此大量酶被先后发现，为了对这些酶进行分类和命名，1973 年，那森斯和史密斯提出四字母命名法：宿主菌三个字母缩写加亚型名称，例如流感嗜血杆菌 d 亚型命名为 Hind，如果该亚型中含有多种酶则后面补充罗马数字区分，如 Hind II，这一命名方式延续至今。

五、重大意义

1978 年，亚伯、史密斯和那森斯由于在"限制性核酸内切酶的发现及其在分子遗传学中的应用"分享诺贝尔生理学或医学奖（图 6-1）。

限制性内切酶的发现及应用为遗传学研究打开了新纪元。限制性内切酶为生命科学研究提供了重要工具，如 DNA 测序、基因工程等，不夸张地说，没有限制性酶的应用就没有基因工程的出现。限制性内切酶可将大片段 DNA 剪切为小片段，从而大大促进高等生物遗传学研究，人类基因组计划实施也得益于此（DNA 限制性图谱是其中的关键性环节）。限制性内切酶被称为 DNA 研究中的手术刀，通过特定限制性酶可实现基因染色体定位，可分析基因的化学结构和调节基因表达的特定区域等。限制性内切酶在临床上也具有巨大应用，为先天性畸形、遗传性疾病及肿瘤预防和治疗提供帮助。现在临床的许多分子生物学诊断中，限制性内切酶都是必备工具，因此成为现代医学中最基本的应

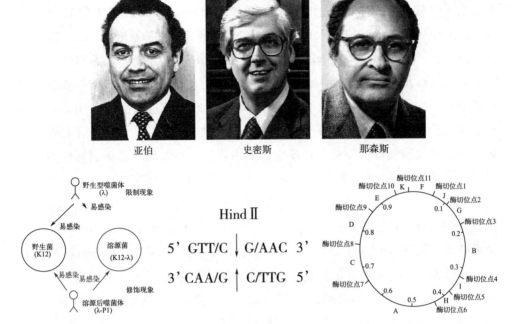

亚伯　　　　　　史密斯　　　　　　那森斯

图 6-1　限制性核酸内切酶的发现和应用

用试剂。限制性内切酶的发现引发了遗传学的一场革命，对推动分子生物学发展具有不可估量的作用，不久后基因工程诞生了。

第二节　酶与人工重组 DNA 技术

　　1970 年前后，一系列工具酶被先后被鉴定，从而为基因操作提供了强有力的工具，除限制性内切酶外，DNA 连接酶也至关重要。

一、DNA 连接酶的发现

　　20 世纪 60 年代，梅瑟生和同事发现细胞 DNA 重组（如突变修复）过程存在 DNA 分子断裂和再接现象，其他研究还发现噬菌体感染宿主后存在线性 DNA 共价闭合生成环状 DNA 的过程，因此推测细胞应存在 DNA 连接酶

（DNA ligase），随后多家实验室加入寻找行列。雷曼（Robert Lehman）是一位出生于立陶宛的美国生物化学家，他首先合成一段长的多聚脱氧腺苷酸（polydeoxy adenylic acid，PolydA），然后用多个短的多聚脱氧胸腺苷酸（polydeoxy thymic acid，polydT）与其退火形成一个携带缺口的双链 DNA，将其加入大肠埃希菌裂解液一段时间后发现产生出了一个完整 DNA 双链，初步说明存在 DNA 连接酶，进一步对大肠埃希菌裂解液进行酶的纯化，却惊奇地发现未能检测到强的 DNA 连接活性，即使加入 ATP 效果也非常有限。雷曼借鉴当初辅酶发现的经验，在反应体系中补充一种大肠埃希菌裂解液热稳定因子后，结果 DNA 连接酶活性恢复，后续证明该因子为 NAD。

1967 年，在雷曼实验室取得成功的同时，多家实验室也鉴定并纯化了 DNA 连接酶，包括美国国立卫生研究院盖勒特（Martin Frank Gellert）纯化的大肠埃希菌 DNA 连接酶、哈佛大学理查森（Charles Richardson）和韦斯（Bernard Weiss）以及阿尔伯特·爱因斯坦大学赫维茨等发现的噬菌体 T4 DNA 连接酶。这两种连接酶的主要区别是 T4 DNA 连接酶不需 NAD 辅助，T4 DNA 连接酶是目前应用最为广泛的连接酶。

DNA 连接酶的发现即具有重要的科学价值。DNA 连接酶一方面在诸多生物学过程的如 DNA 半不连续复制、修复和重组等过程发挥着必不可少的作用，另一方面也是分子生物学实验室和生物技术操作等的基本工具。

随着大量酶的鉴定和纯化，其应用潜力引起了研究人员广泛关注，不久美国生物化学家伯格（Paul Berg，1926—2023）在此基础上发明了体外 DNA 重组技术。

二、思想孕育

伯格出生于美国纽约布鲁克林，自小博览群书，初中时涉猎刘易斯（Sinclair Lewis）的《阿罗史密斯》和德克鲁夫（Paul de Kruif）的《微生物猎人》等书籍，从而对生命科学产生了浓厚兴趣。在宾夕法尼亚州立大学就读期间，伯格最初的想法是从事制药行业，后来他却对新兴的放射性同位素示踪技术用于代谢研究领域产生了浓厚兴趣，因此 1948 年毕业后进入俄亥俄州凯斯西储大学进行博士学习，开展蛋氨酸生物合成机制研究，进而阐明维生素 B_{12} 和叶酸在蛋氨酸合成中的作用。通过这项研究，伯格对酶的作用产生巨大兴趣，因此在 1952 年取得了博士学位后进一步开展博士后研究。伯格跟随卡尔卡（Hermann Kalckar）研究葡萄糖代谢，意外发现了一种催化 ATP 与其他类似化合物如肌苷三磷酸（ITP）或鸟苷三磷酸（GTP）进行磷酸交换的酶，从而说明生物体内除 ATP 外，尚存在其他携带能量的化合物。1953 年，伯格加入华盛顿大学医学院阿瑟·科恩伯格实验室开展研究，重点研究乙酰 CoA 代谢酶，从而为阐明脂肪酸代谢做出了重要贡献。伯格随后留在华盛顿大学工作，并于 1956 年成为助理教授。伯格主要研究蛋白质合成过程中氨基酸的活化问题，从而阐明了氨基酸需首先生成氨基酰-AMP 实现活化，随后被添加至 tRNA 并转运到核糖体进行蛋白质合成。1959 年，伯格跟随阿瑟·科恩伯格来到斯坦福大学医学院新成立的生物化学系，研究重点从经典生物化学转向分子生物学。

原核生物基因功能研究常用工具为细菌病毒——噬菌体，如大肠埃希菌实验的 P1 噬菌体和 λ 噬菌体，借助噬菌体感染细菌过程可携带宿主基因的特征而确定基因功能。采用类似策略，研究哺乳动物基因功能则可利用动物病毒，如多瘤病毒和 SV40。但这一方案在实际操作中存在诸多挑战，最主要的是病毒在携带宿主 DNA 能力方面差异巨大，噬菌体和细菌基因组差值小，因此通过多次侵染完成了全基因组 DNA 的携带；但哺乳动物基因组较大，若病毒随机携带，那就是猴年马月也难以完成。解决这一困境的策略是在体外把哺乳动物基因组片段和病毒进行整合，然后转入宿主细胞研究生物学功能。

伯格最初构想：SV40 的 DNA 可作为研究哺乳动物基因功能的载体，因为 SV40 可感染啮齿动物和灵长类动物细胞，并能在宿主细胞内完成复制或整合到宿主细胞基因组，为此首先需要把 SV40 的 DNA 和待研究 DNA 在体外进行连接。与此同时，斯坦福大学著名的生物化学家凯泽（Dale Kaiser）也在从事类似研究，他的博士生罗本（Peter Lobban）也构思出相似方案。罗本的初步设想是用外源 DNA 替换噬菌体 DNA 中"无用"部分，为完成这一目标首先需利用特定酶将噬菌体环状 DNA 切去"多余"的内部片段，从而形成左右两个黏性末端，二者在体外重新形成环化 DNA。进入 20 世纪 70 年代，一些研究人员也开始尝试 DNA 体外连接，科研竞争形成。1971 年初，伯格的申请获得美国癌症研究协会批准，体外 DNA 连接计划得以正式启动。

三、体外重组实现

科学突破或革命通常依赖两个方面，新方法发明或旧方法新应用，DNA重组也不例外。

伯格首先需要开发一种体外连接 DNA 的方法，思想源泉来自于 λ 噬菌体。λ 噬菌体 DNA 在病毒颗粒内部时为线性 DNA，感染大肠埃希菌后会成为环状 DNA，实现这一过程的原因在于线性 DNA 为碱基互补的黏性末端（部分单链结构）。伯格发现在体外，携带互补黏性末端的线性 DNA 也可以实现连接，当浓度低时，线性 DNA 自我连接形成环状 DNA，而浓度高时，多个线性 DNA 连接形成长的线性 DNA，然后在 DNA 连接酶催化下最终形成完整的 DNA 链。

伯格接下来需要解决产生黏性末端 DNA 的方法。伯格发现末端脱氧核苷酸转移酶（terminal deoxynucleotidyl transferase，TdT）可完美解决这一问题，因为 TdT 可以催化双链 3′ 末端添加多聚核苷酸。因此将一段 poly（dA）借助 TdT 催化添加到一个双链 DNA 3′ 末端，然后将相同长度的 poly（dT）添加到另一个双链 DNA 3′ 末端，携带上互补黏性末端的两个双链 DNA 得以连接形成一条 DNA 链。伯格还选定需要连接的供体 DNA，这是来自 λ 噬菌体的 DNA，携带 DNA 复制基因（用于在宿主细胞内复制）和乳糖操纵子基因（用于筛选）。

1972 年春，伯格在解决了一系列难题基础上最终实现了 DNA 体外连接，整个过程涉及六种酶。首先，利用核酸内切酶将 SV40 和 λdvgal 120 的两种 DNA 进行切割；第二步，利用 λ 核酸外切酶将 5′P 末端进行水解，从而露出 3′ 末端；第三步，利用 TdT 为两种 DNA 的 3′ 末端补充可以互补的多聚脱氧核苷酸；体外混合退火形成环状 DNA，进一步在 DNA 聚合酶、DNA 连接酶以及 DNA 核酸外切酶Ⅲ催化下形成完整环状 DNA。至此，第一个人工重组 DNA 诞生（图 6-2），这是人类首次在体外将两种不同物种来源的 DNA 实现了连接。

伯格随后对体外 DNA 重组操作进行了完善和改进，但在尝试将重组 DNA 转入宿主细胞时却放缓了研究进度，因为使用的 SV40 病毒具有潜在致癌性，所以担心实验结果具有一定的风险。但伯格的突破一方面为真核生物基

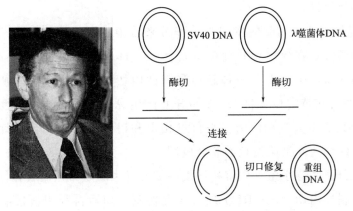

图 6-2 伯格和人工 DNA 重组

因研究提供了一种强有力工具，另一方面还孕育出基因工程这一重大技术成就，带来一场生命科学革命，不久他的大学同学科恩（Stanley Norman Cohen，1935—）与其他科学家合作完成了这一目标。

四、基因工程

科恩出生于美国新泽西州，1956 年在拉特格斯大学获得学士学位，1960年从宾夕法尼亚大学获得博士学位，先后在纽约西奈山医院、密歇根大学医院、国立关节炎和代谢疾病研究所和杜克大学医院等多家单位工作，并于1967 年在爱因斯坦医学院完成博士后研究。1968 年，科恩加入斯坦福大学，重点研究细菌内一种特殊 DNA——质粒性质，特别是对质粒与细菌抗生素耐性间的关系具有浓厚兴趣。1972 年 11 月，科学家在夏威夷举办了一次细菌质粒会议，这次会议上科恩结识了一位酶学专家伯耶（Herbert Wayne Boyer，1936—），从而促成了一段科学合作佳话。

伯耶出生于美国宾夕法尼亚州西部匹兹堡，初中时对物理学和化学产生了浓厚兴趣，在 1954 年进入宾夕法尼亚圣文森特学院，最初选择医学预科班学习，但在获悉沃森和克里克提出的 DNA 双螺旋结构后改变了方向，弃医从事研究。1958 年伯耶进入宾夕法尼亚大学从事细菌遗传学博士学习，毕业后来到耶鲁大学进行博士后研究，焦点在于酶学和蛋白质化学，并对当时预测的一种重要酶——限制酶产生浓厚兴趣。1966 年，伯耶成为加利福尼亚大学旧金山分校生物化学与生物物理系助理教授，开始独立进行研究，但在苦寻限制酶方面一直进展缓慢。

1970 年限制性内切酶的发现为伯耶带来希望，因此他决定进一步寻找新的限制性内切酶，在年轻生物化学家古德曼（Howard Goodman）的帮助下，他们从大肠埃希菌中获得了一种新型限制性内切酶，根据命名原则将其称为 EcoRI，该酶可在特定位置将 DNA 切开并产生黏性末端，这个特性使伯耶意识到 EcoRI 具有重大应用潜力。与科恩相识和讨论最终达成合作计划，共同探索限制性内切酶和细菌质粒的联合应用。

伯耶和科恩联合小组首先将科恩提纯的两种大肠埃希菌质粒在体外使用伯耶发现的限制性内切酶 EcoRI 实现特异性切割，随后再利用连接酶使二者形成一个重组质粒，然后将该质粒转回大肠埃希菌，发现重组质粒可在宿主内复制和进行基因表达。随后他们又将含有葡萄球菌质粒的重组质粒转到大肠埃希菌后，结果发现仍具有复制能力，这是人类第一次打破物种界限实现基因转移，宣告了基因工程的诞生。这个成就并没有使他们满足，因为大肠埃希菌和葡萄球菌都是细菌，亲缘关系较近，而是否可以在亲缘关系很远的物种之间实现基因转移是他们的下一步研究目标。

1974 年，伯耶和科恩研究小组继续合作，成功将包含非洲爪蟾核糖体 DNA 基因的重组质粒转入大肠埃希菌并实现基因复制和转录，这个成功对其应用具有十分重要的现实意义，因为它意味着将来动物甚至人类的基因都可以在大肠埃希菌中表达，因此具有超强繁殖能力的大肠埃希菌将可以作为高等生物目的蛋白质生产的"理想工厂"。

伯耶不久就敏锐意识到基因工程的商业价值，因为可以利用廉价的大肠埃希菌作为宿主进行重要蛋白质（如药物等）的生产，从而大大弥补了传统从动物中直接提取步骤烦琐和价格昂贵的缺点。1975 年，伯耶与年仅 28 岁的风险投资家斯旺森（Robert Swanson，1947—1999）相识，二人的深入交流进一步深化了对基因工程重要性的认识。1976 年 4 月 7 日，伯耶与斯旺森共建基因泰克公司（Genentech），伯耶担任副总裁，以加速基因工程产品的应用。1977 年，基因泰克公司得到了一项具有里程碑意义的成果，首次在大肠埃希菌中实现了人类蛋白质生长抑素的表达。基因泰克公司又先后利用大肠埃希菌制造出人胰岛素（1978 年）、生长素（1979 年）和干扰素（1980 年）等，特别是 1985 年将第一个基因工程产品人胰岛素推向市场，真正实现了基因工程造福人类的目的。

五、深远影响

重组 DNA 技术和基因工程充分利用酶的优势，打破了物种界限，理论上可将任何物种间的基因实现有效整合，对分子生物学发展具有革命性影响。重组 DNA 技术一方面为基因操纵提供了一种强有力工具，在基因结构与功能、基因表达调节和转基因研究等方面发挥了重要作用。另一方面还具有重要医学应用价值。重组 DNA 技术的出现彻底改变了生命科学的发展，引发了一系列革命。重组 DNA 技术及基因工程可利用细菌、酵母、植物和动物等来生产医学产品，从而为药物研发提供了新的机会。重组 DNA 技术通过开发疫苗和药物而提升和拓展了多种疾病的治疗，如采用基因工程生产的胰岛素、白介素和促进红细胞生成素等均在临床具有广泛应用。基因工程还在生物燃料制造、废物处理等方面具有重要应用。此外，重组 DNA 技术还成为生命科学技术的基础性方法，成为其他技术如基因敲除、基因编辑、噬菌体展示、酶的进化策略等的常规操作内容。因此，重组 DNA 技术成为生命科学最基本的重大变革之一。

1980 年，伯格由于"在核酸生物化学方面的基础性贡献，特别是体外重组 DNA 的实现"而收获诺贝尔化学奖 1/2。伯耶和科恩尽管没能再次分享诺贝尔奖，但是由于在基因工程发展过程中的奠基性贡献而获得除诺贝尔奖外的几乎所有奖项。

第三节　DNA 酶法测序

DNA 重要性主要体现在构成它们的四种碱基排列顺序上，因此解析这个问题自然而然就成为生命科学领域最关键的问题之一。尽管 20 世纪 50 年代就解析了蛋白质结构，但直到 70 年代末才真正实现 DNA 测序，其中之一是酶法策略，它是由两次诺贝尔奖获得者桑格（Frederick Sanger，1918—2013）完成的。

一、蛋白测序

桑格出生于英格兰格洛斯特郡（Gloucestershire）一个小村庄，父亲是一位全科医生，曾在中国进行医疗传教，因健康原因回国；母亲是一位富商的女儿，且拥有贵格会的背景。这种家庭背景使桑格从小就养成英国"贵族"风范，生活和科研完全为了兴趣，而不是刻意追求的"成功"。

桑格在剑桥大学完成化学学习，20 世纪 40 年代开始进行胰岛素化学结构研究。最终于 1955 年确定了胰岛素中氨基酸的排列顺序，因此荣获 1958 年诺贝尔化学奖。50 年代，桑格成为剑桥医学研究委员会分子生物学实验室成员。60 年代开始，桑格开始进行 RNA 测序研究，采用类似蛋白质测序的基本原理——部分降解法。首先用特定核酸酶对 RNA 在特定碱基处切割，然后纯化短片段 RNA，进一步利用化学降解确定小片段顺序，最终通过重叠法推导出全长 RNA 核苷酸序列。1967 年，桑格小组利用这种方法确定了大肠埃希菌 5SrRNA 序列（120 个核苷酸构成）。部分降解法涉及连续降解和分离过程，因此整个过程相当缓慢和烦琐，尽管有科学家用这种方法进行 DNA 测序，但是一般只能达到 50 个碱基，测定更长的 DNA 显得困难重重。然而作为遗传物质的 DNA 一般都有几千甚至上万碱基对，因此完成这项任务更是遥不可及。随着 DNA 的重要性越来越得到科学界认可，DNA 测序也就自然成为分子生物学领域迫切需要解决的关键问题之一，传统方法的弊端使科学界开始寻找新的思路，而桑格将注意力转向了复制程序。

二、 RNA 测序

1962 年，桑格加盟英国医学研究委员会新成立的分子生物学实验室，研究方向从蛋白质测序转向核酸测序。当时，核酸测序还是一项重大挑战，因为相对于蛋白质，核酸拥有自身独特的特性。首先是核酸构成，核酸包含 4 种碱基（相对于蛋白质由 20 种氨基酸构成），从而为采用重叠策略进行序列推导带来重大困难；其次是核酸的巨大分子量，DNA 一般由上千甚至上万核苷酸构成（蛋白质则通常由几百到上千个氨基酸构成）。桑格先选择长度较短的大肠埃希菌 5S rRNA（120 个核苷酸）进行研究。桑格利用类似蛋白质测序的方法，首先用同位素标记 RNA，再用 RNA 酶进行部分水解，用双向法（先电泳后离子交换色谱）分离，最后用放射自显影技术检测相应片段，最终于 1967 年完成了测序。这是自 1955 年以来的又一重大突破。

三、 DNA 测序

5S rRNA 测序完成后，桑格开始了 DNA 测序。相对于 RNA，DNA 测序更为困难。首先，DNA 远比 RNA 大，当时纯化的最短噬菌体 φX174 DNA 亦有 5386 个碱基；其次，缺乏位点特异性 DNA 水解酶或化学试剂，无法有效获取短片段 DNA。因此，桑格开始 DNA 测序项目之初相关研究几乎一片空白。1968 年，吴瑞（Ray Wu）首先确定了病毒 M13 的 DNA 黏性末端几个核苷酸，直到 1971 年才完成 12 个核苷酸测序。

1973 年开始，桑格和库尔森（Alan Coulson）积极寻找 DNA 测序新策略，两年后得到"加减法"（plus-minus method）的新思维。"加减法"的基本原理为：单链 DNA 复制获得保留模板 DNA 和随机长度的新生链（携带同位素）形成的杂交双链；随后加法反应只在反应体系中添加 1 种 dNTP 和 T4 噬菌体的 DNA 聚合酶，可获得和添加碱基一致的不同长度的新生链，而在减法反应中添加 3 种 dNTP（减一种 dNTP）和大肠埃希菌的 DNA 聚合酶，最终获得一系列以 3 种碱基为末端的不同长度 DNA；最后利用变性丙烯酰胺凝胶电泳，分离长短不一的新生链，通过放射自显影结合位置来判断相应碱基。一次加减法可确定 100 个核苷酸顺序。加减法是思维上的一次极大飞跃，放弃裂解法思维而改用复制法（又称酶法），这种改进使测序过程快速和便捷。经过两年努力，桑格最终完成了 ΦX174 基因组测序。

尽管加减法拥有一定优势，但仍存在过程烦琐、引物延伸阶段片段长短较难控制等不足，造成测序耗费时间长和所获结果误差多，促使桑格去进一步完善。桑格了解到，DNA 复制产生新生链过程中 dNTP 类似物也可掺入，尤其一种双脱氧核苷酸（dideoxynucleotide，ddNTP）效果最理想。相对于 dNTP，ddNTP3′缺乏两个羟基，因此正常 dNTP 加入新生链后链可继续延伸，而 ddNTP 掺入造成新生链终止。桑格敏锐意识到，利用 ddNTP 可获得一系列 3′端碱基相同且长度不一的新生链。随后的实验证实了桑格猜想的正确性，并且比预期效果还要理想。于是 1977 年正式提出了 DNA 双脱氧法测序，也称为桑格法或酶法。桑格法基本程序为：反应体系分为 4 份，他们共同存在单链模板、同位素标记的互补引物、四种 dNTP 和 DNA 聚合酶，然后四份中分别加入双脱氧的 A、T、G 和 C 四种核苷酸，最终获得了四种分别以 A、T、G 和 C 为末端的长短不一序列，利用丙烯酰胺电泳分离后借助放射自显影确定碱基位置，最终确定出模板的碱基顺序。双脱氧法是加减法的重大改进，测序速度更快，结果更精确（图 6-3）。

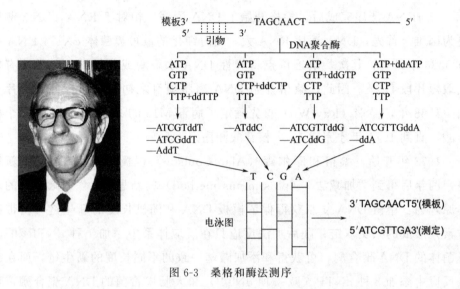

图 6-3　桑格和酶法测序

桑格双脱氧酶法测序是分子生物学研究史上的一个巨大突破，可实现快速、精确的长链 DNA 测序。应用该方法，桑格和同事先后完成了人类线粒体 DNA（16569 碱基对）和 λ 噬菌体 DNA（48，502 碱基对）的测序工作。

四、酶法自动化测序

桑格双脱氧酶法尽管取得了重大成功，但本身仍存在诸多不足之处，一是测序过程涉及放射性同位素（32P）的应用，从而增加了使用者的健康风险和测序费用，二是四种碱基要分别测定，从而增加了测序程序，较为耗时，也无法有效实现自动化。短片段 DNA 如噬菌体基因组仅几千 bp，采用这种方法测定，缺陷不太明显，但对于长片段 DNA 如哺乳动物和人类基因组则困难重重，几乎无法实现。1986 年，胡德（Leroy Hood）和同事对桑格法进行改进，解决了传统桑格测序法的诸多难题。

胡德改进桑格 DNA 测序法主要体现在两个方面。首先，采用荧光染料代替同位素标记碱基，这样既消除了放射性污染和危害，又通过四种不同颜色荧光染料标记四种不同碱基而实现了同一测序体系碱基区分效果，大大简化了实验操作。其次，这项改进还带来了另一大突破，通过引入毛细管电泳技术而有效实现碱基读取和信息处理自动化，胡德将激光和计算机技术应用于碱基检测，用激光束激发荧光标记物发光，发射光通过透镜和光放大器传递，最终转换为数字信息交由计算机处理获得最终结果，这项革新消除了令人乏味的手工数据收集，使测序进程大大加快。

胡德的研究引起多家生物技术公司的高度重视，1986 年美国应用生物系统公司宣布胡德等发明的第一个自动测序仪取得了成功并随后将其投放市场，开启了 DNA 测序工业化进程。此后自动测序仪还被科研人员进一步改进，到 1999 年一台全自动 DNA 测序仪的测定能力可达每年 150000000 碱基对。新型桑格测序法增加了 DNA 测序的快速性和便捷性，在多个基因测序、多个物种基因组测序和第一次人类基因组测序过程中均发挥了关键性作用。

五、重大意义

桑格酶法测序和胡德自动测序仪的发明可看作生命科学研究领域的又一场革命，它使大规模 DNA 测序成为可能，部分促进人类基因组计划的实施，人类基因组计划的提前完成部分原因是自动测序仪的高效性和准确性，而且现在看来所有生物基因组测序从理论和仪器上已没有任何障碍，仅仅是资金和时间的问题，这对基因组学迅速成为生命学科分支是一个推动。DNA 自动测序仪已成为分子生物学及相关学科研究中必不可少的仪器，目前一个中型分子生物学实验室通常都会拥有 DNA 测序仪，一般实验人员都很容易掌握操作方法，大大促进了普及和在科研中的应用，对于进入 21 世纪生命科学的蓬勃发展具有重大的推动作用。直至今天，桑格测序仍是短片段 DNA 序列确定的金标准。

1980 年，桑格由于"核酸碱基测序方面的贡献"而与吉尔伯特（Walter Gilbert）（化学法测序发明者）分享诺贝尔化学奖。今天，桑格酶法测序已成分子生物学研究中必不可少的方法，对推动生命科学发展发挥关键作用。另外，胡德获得 1987 年拉斯克基础医学奖。

六、后续发展

无论是传统桑格法还是胡德等改进的方案本质是一个反应只测定一个片段，它们统称为第一代测序技术。进入 20 世纪 90 年代，研究人员提出了诸多思路来进一步提升测序能力。2005 年，技术人员开发出第二代测序技术（next-generation sequencing，NGS），又称边合成边测序（sequencing-by-synthesis，SBS）法（基本原理来源于桑格酶法测序），主要应用于基因组测序。基本过程为：首先将特定物种基因组 DNA 片段化，然后为这些短片段 DNA 体外添加特定序列接头，将添加接头 DNA 与芯片表面相应引物基于互补原理而固定，利用 PCR 扩增后形成的一系列单克隆 DNA 簇，加入 DNA 聚合酶和 4 种带有荧光标记的特殊 dNTP（3′末端带有可切割部分），每个循环只允许添加一个碱基，利用激光扫描对新添加的碱基进行读取，然后去除 3′末端修饰，进行新一轮反应和序列读取，最终可读取大约 50 个碱基的大量短序列碱基信息（至少可同时读取 106 个片段）。

第二代测序技术具有高通量、快速和自动化等优势，从而大大缩减了测序时间和花费，为推动基因组测序和疾病研究发挥了关键作用。第二代测序技术出现之前，一个完整的人类基因组进行重测序需数月时间，花费数百万美元，现在这项工作得以在一天内完成，成本仅 600 美元。DNA 测序技术的发展带来了一场生物学革命，对细胞生物学、微生物学、生态学、法医学和个性化医疗等，都产生了深远影响。一个重要的例证是，新冠肺炎 2020 大流行期间，人类借助第二代测序技术在短时间内识别并鉴定出病毒，为后续核酸试剂盒及疫苗快速研发、新型病毒遗传变异实时监测提供了坚实基础。

第四节　聚合酶链式反应

生命遗传信息储存于 DNA，DNA 研究的重要性不言而喻，但前提是获得足够量 DNA 以开展后续实验，最初的策略是借助大肠埃希菌等低等生物通过体内扩增实现，过程较为烦琐。DNA体外扩增技术聚合酶链式反应（PCR）的出现真正解决了难题，该技术由美国工程师穆利斯（Kary Banks Mullis，1944—2019）首先发明。

一、思想源泉

穆利斯出生于美国北卡罗来纳州的一个小乡村，从小对科学充满兴趣且拥有许多天马行空的思想。高中时，穆利斯成功设计出一种简易火箭，利用它将一只青蛙携带到7000英尺（1英尺＝0.3048m）高空。进入佐治亚理工学院的穆利斯更是如鱼得水，选择了化学专业的他在学校建造了一个专门生产毒药和爆炸物的实验室，此外他还发明出由脑电波刺激的电子设施用以控制电开关。1966年，穆利斯获得化学学士学位，为实现学术理想进入加利福尼亚大学伯克利分校，最终他于1973年获得生物化学博士学位，毕业后留校工作。

由于对大学教育的失望和未来前途的迷茫，穆利斯于1979年离开加利福尼亚大学伯克利分校，加入了新成立的Cetus生物科技公司。Cetus公司主要开展短片段DNA（可用作引物）合成工作，以提供给其他科学家进行遗传克隆研究。在公司，穆利斯对公司的日常要求感到厌倦，宁愿花费大量时间在屋顶进行日光浴也不愿做这些烦琐的"无用功"，穆利斯认为真正好的科学并非来自艰苦工作，而是源于灵感；真正重大的进展通常由具有勤于思考的非主流人员完成。

二、思维背景

故事要追溯到20世纪60年代。美国籍印度裔生物化学家霍拉纳在实验室凭借在遗传密码解析方面的工作收获1968年诺贝尔生理学或医学奖，随后他启动了一项雄心勃勃的DNA合成计划，为此招揽了世界各地优秀学生加入团队。挪威生物化学家克莱普（Kjell Kleppe）得以进入麻省理工学院霍拉纳实验室从事博士后研究，主要负责DNA片段合成。1969年，克莱普在戈登会议上提出一个思想雏形，利用寡核苷酸引物和DNA聚合酶进行体外DNA扩增；两年后他进一步对该思想进行了完善，提出DNA修复复制（repair replication) 概念，奠定了 PCR 的理论基础。修复复制就是利用 DNA 聚合酶和引物在体外完成短片段 DNA 复制，该过程涉及多个过程，首先 DNA 双链变性为单链（作为模板）；体系补充了四种核苷酸底物以及过量引物（避免 DNA 单链再次形成二级结构）；进一步添加 DNA 聚合酶完成一次 DNA 复制；如想继续进行 DNA 体外复制，则可重复上述过程。这一理念已非常接近 PCR，但遗憾的是克莱普并未将其付诸于实施（尽管论文中已描述基于这些思路的实验正在进行中），而且其他科学家也未能意识到这一理念的重要性，从而将 PCR 的发现拱手让人。未获成功有多方面原因，除主观未重视外，客观上当时还存在诸多难题，如引物合成费时费力、DNA 聚合酶纯度以及活性均不高等，因此实现目标难度极大。

1977 年，桑格酶法测序的普及应用极大推动了引物合成和 DNA 聚合酶的纯化，从而使克莱普方案的众多瓶颈问题开始得以解决，一定程度上具备了体外 DNA 片段复制的可行性。但克莱普方案还存在一个重大缺陷，那就是只使用一条引物，无法对两条 DNA 链进行同时复制，直到新理念的出现。

三、突获灵感

1983 年，穆利斯正在思考一个问题，就是使用桑格 DNA 测序在寡核苷酸引物和 ddNTP 存在情况下找到点突变，该想法的难点在于人类基因组范围极大，单独对单基因测序是不可能实现的任务，因为引物会在太多地方结合（噬菌体和细菌基因组较小，不存在这一难题），因此需要一种提高目的基因浓度的方法。当穆利斯自驾车在公路上从旧金山到门多西诺高速飞驰时，思维也同时出现巨大跳跃，他突然意识到可采用两个相反的引物，分别与两条链进行结合，模拟 DNA 体内复制方式，在体外实现目的 DNA 片段的指数级扩增。穆利斯将这一想法告诉同事，遗憾的是大家当时并未意识到该方法的重要性，穆利斯决定单独尝试该思路的可行性。

四、初步实现

1985 年，穆利斯和同事使用与血红蛋白 β 亚基的 DNA 双链分别互补的两端 20 个碱基寡核苷酸为引物，通过变性、退火和延伸 20 个重复反应，最后获得 1μg 血红蛋白 β 亚基 DNA，首次实现了 PCR（图 6-4）。然而，最早 PCR 反应存在两大弊端，一是所用 DNA 聚合酶是从大肠埃希菌中得到的 Klenow 大片段，具有热不稳定性，高温易变性，每一周期反应（变性、退火和延伸）都需重新加入一次酶试剂，大大限制了该技术的应用；二是缺乏自动化，需要一开始设置三个不同温度的温箱，然后再根据需要在三个温箱中进行频繁地转换，非常烦琐。

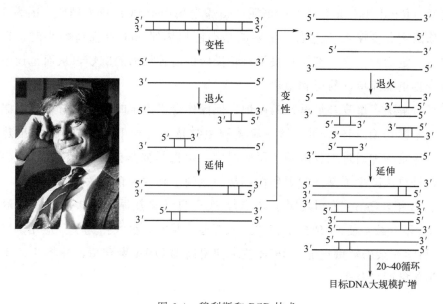

图 6-4　穆利斯和 PCR 技术

五、酶的完善

首先需解决的问题是找到一种耐高温酶，以避免每个循环都要加入酶的烦琐操作。

20 世纪 60 年代，科学家们普遍认为即使是嗜热细菌都无法在 70℃高温下生存，但部分科学家并不认可这一论断，特别是印第安纳大学微生物学家布洛克（Thomas Brock）于 1967 年在《科学》发文指出，自然界肯定存在能在 70℃以上生存的细菌。为验证自己的推断，布洛克和本科生弗里茨（Hudson Freeze）在美国黄石国家公园中搜索，结果发现温泉中许多生物不仅可在高温环境存活，而且还可在更极端温度下繁殖，1969 年分离到一种可在 70℃ 以上环境中生活的极端嗜热菌，被命名为水生栖热菌（*Thermus aquaticus*）。20 世纪 70 年代，中国台湾科学家钱嘉韵（Alice Chien）在辛辛那提大学生物系跟随导师特雷拉（John Trela）专注研究美国黄石国家公园热泉中分离到的细菌，最终于 1976 年从水生栖热菌中分离到一种温度偏好为 75～80℃ 的热稳定 DNA 聚合酶，根据来源被顺理成章地命名为 Taq 聚合酶（Taq 取自属名 *Thermus* 首字母 T 和种加词 *aquaticus* 前两个字母 aq）。1985 年秋，穆利斯同事赛奇（Randall Saiki）用实验证明 Taq 聚合酶用于 PCR 更为理想，因为 Taq 酶工作最适温度在 72℃ 左右，重要的是即便加热到 95℃ 并保持数小时，它仍能保持一定活性。这一替换解决了每轮反应都需补加酶的麻烦，从而也让整个反应变得更加简单、易行和稳定。

尽管解决了重复补加试剂的麻烦，但操作者仍需定时将反应管在不同温度水浴锅来回切换。1987 年，另一家美国生物技术公司 PerkinElmer 推出热循环仪，这是一种通过编程来调节反应温度、根据需要加热或冷却样品的仪器。这一改进再次减少了操作的烦琐性，从而达到了高效和精简效果。

1988 年，Cetus 公司发明了第一台 PCR 自动化热循环仪，同时辅以耐高温 DNA 聚合酶，使 PCR 技术正式进入普通实验室，极大拓宽了其应用。1989 年，《科学》杂志隆重报道了 PCR 技术和耐高温 DNA 聚合酶，并将 Taq 聚合酶评为年度明星分子。

六、重大价值

1993 年，穆利斯由于"PCR 技术"的发明收获诺贝尔化学奖。

PCR 的出现引发了分子生物学、遗传学、医学和考古学等多个领域的革命。PCR 已成现代分子生物学的基本研究工具，在 DNA 克隆、DNA 测序、基因功能分析等方面有广泛应用。没有 PCR 技术，人类基因组计划根本就无法完成；PCR 技术通过对古生物遗留的痕量 DNA 实现扩增和测序来了解它们的演化过程。PCR 技术在日常生活方面也有广泛应用，包括疾病诊断、体内细菌和病毒检测（如新冠病毒检测）、产前儿童基因突变检测和法医学等。随着自动化程度、结果精确性和可靠性增加，PCR 已成为今天基础研究、临床应用、基因工程药物生产等必不可少的技术。

第五节 酶与 RNA 干扰技术

RNA 干扰（RNA interference，RNAi）是研究基因功能的常用技术，其发现源于一次偶然。

一、RNA 干扰发现背景

20 世纪 70 年代，转基因和反义核酸技术的出现极大推动了生物技术领域的快速发展。转基因是将外源基因转入体内从而改变遗传背景，反义核酸是转入细胞内与靶基因互补的一段寡核苷酸，通过形成双链而抑制靶基因表达。1990 年，植物学家将可诱导红色素生成的基因转入矮牵牛以期望获得更美丽的花朵却意外发现矮牵牛不仅没有获得红色花朵，相反原有颜色也失去而变成了白色。1995 年，科学家发现了反义 RNA 可抑制线虫体内靶基因的表达，但正义 RNA 也可达到相同效果，这用传统理论无法解释。1998 年，两位美国分子生物学家法厄（Andrew Zachary Fire，1959—）和梅洛（Craig Cameron Mello，1960—）的发现完美解释了上述两种现象。

二、RNA 干扰的发现

法厄出生于美国加利福尼亚西部，1978 年仅用 3 年时间就从加利福尼亚大学伯克利分校完成了数学教育，随后他进入麻省理工学院夏普（Philip Sharp，1993 年诺贝尔生理学或医学奖获得者）实验室进行生物学博士学习，在这里熟练掌握分子生物学基础知识和实验操作。1983 年，法厄博士毕业后加入英国剑桥大学从事博士后研究，导师是生物学奠基人布伦纳（2002 年诺贝尔生理学或医学奖获得者），法厄以线虫为模式研究发育问题。1986 年，法厄加入卡内基科学研究所开启独立研究。

梅洛出生于美国康涅狄格州，少时通过跟随研究古生物的父亲从事恐龙骨化石挖掘工作而对自然科学充满了巨大热情。1982 年，梅洛从布朗大学获得理学学位，并于 1990 年从哈佛大学获得生物学博士学位，随后加入福瑞德·

哈金森癌症研究中心从事博士后工作。1994 年，梅洛加入马萨诸塞大学医学院，建立了实验室开始独立科研生涯，主要研究兴趣在于通过阻断线虫发育相关基因表达而确定其功能。梅洛发现将反义 RNA 注射到线虫体内的抑制效果远较预期的大，将这种现象称为 RNA 干涉，并邀请法厄合作研究这一现象背后的机制。

梅洛和法厄决定从一种肌肉相关蛋白开启合作研究。首先，将肌肉相关蛋白 mRNA 注射到线虫体内以期检测到蛋白质过表达，结果未发现任何形式的改变；其次，他将反义 RNA 注射到线虫体内以观察肌肉相关蛋白基因抑制情况，也未能达到效果；最后，他将两种 RNA 同时注射到线虫体内，却观察到一个奇怪现象——线虫出现抽搐，这与线虫肌肉相关蛋白缺陷后的表型一致，意味着肌肉相关蛋白基因表达被成功抑制，因此推测互补的 RNA 双链具有抑制基因表达的作用。梅洛和法厄又使用其他靶基因进行双链 RNA 测试，结果都可造成线虫体内相应基因的表达抑制，基于这些结果得出结论，双链 RNA 可实现基因沉默并具有特异性，此外还具有信号放大性（极少量双链 RNA 就可实现近百分之百的抑制效果），这样的双链 RNA 称为小干扰 RNA（small interfering RNA，siRNA）。1998 年 2 月 19 日，法厄和梅洛的结果在《自然》杂志发表，完美解释了以前诸多相互矛盾的实验结果。随后，许多科学家开始探索双链 RNA 发挥基因沉默的作用机制。

三、 RNA 干扰的酶学基础

汉农（Gregory James Hannon）是一位英国分子生物学家，决定采用果蝇为材料研究 RNA 干扰机制。他们首先将 lacZ 表达载体转入果蝇 S2 细胞，用检测 β-半乳糖苷酶活性来评价基因表达水平，随后转染针对 lacZ 的双链 RNA 可显著降低 β-半乳糖苷酶活性；随后用针对果蝇周期蛋白 E 的双链 RNA 转染 S2 细胞，结果细胞停滞于 G1 期（表明周期蛋白 E 表达受到抑制）。这些结果清晰表明了果蝇也存在 RNA 干扰现象，双链 RNA 对外源和内源基因均具有选择性抑制作用。

汉农进一步研究发现靶向周期蛋白 E 的双链 RNA 对 lacZ 的 mRNA 没有影响，同样靶向 lacZ 的双链 RNA 对周期蛋白 E 的 mRNA 也没有影响，因此 RNA 干扰通过序列特异性核酸酶活性降解靶 mRNA，将其称为 RNA 诱导的沉默复合物（RNA-induced silencing complex，RISC）。不久从果蝇当中鉴定出 RISC 的核酸内切酶成分——阿格蛋白（argonaute，AGO），AGO 最早于 1998 年首次源于拟南芥突变体命名，突变后拟南芥长有像章鱼触手一样卷曲的叶子，故得名。AGO 有多个成员，如果蝇 4 个，人类有 8 个，其中 AGO2 发挥主要作用。AGO2 拥有两个典型结构域，中央为 PAZ（Piwi Argonaute Zwille）结构域，负责识别双链 RNA 中的一条链与靶 mRNA 结合情况；C 末端为 Piwi 结构域，拥有核酸内切酶活性。

2001 年，研究人员发现线虫细胞内含有大量小分子 RNA，称微小 RNA（microRNA，miRNA），这些微小 RNA 可采用和 siRNA 类似的干扰机制实现特定基因的沉默，发挥基因表达调节作用。随后发现在果蝇、小鼠甚至人体内都存在 miRNA，它们在发育过程中发挥重要作用。与此同时，汉农鉴定出另一种核酸内切酶 Dicer，该酶可将外源双链 RNA 或 miRNA 前体剪切为 20~25 碱基对的成熟双链 RNA，成熟双链 RNA 中一条链与靶 mRNA 结合形成 RISC，通过 AGO2 酶切将靶 mRNA 剪切，从而抑制其表达（图 6-5）。

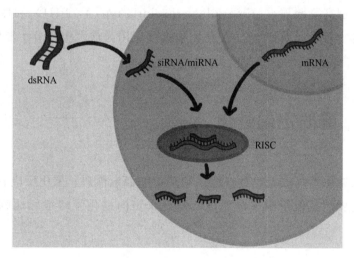

图 6-5　RNA 干扰技术

四、 RNA 干扰的广泛应用

RNA 干扰的发现具有重大科学意义，不仅为基因功能研究提供了强有力工具，而且在临床应用方面具有重大潜力，被《科学》杂志评为"2002 年重大突破"。2006 年，法厄和梅洛由于在"双链 RNA 诱导的基因沉默"方面的重大发现而分享诺贝尔生理学或医学奖。

科研方面，RNA 干扰展示出强大能力。细胞转入人工设计的双链 RNA 可特异、高效抑制目的基因的表达，根据表型确定基因功能，这一策略已成为基因研究的常规方法。RNA 干扰更大的价值在于应用于大规模基因筛选，通过依次干扰细胞中单一基因并观察表型而鉴定出细胞信号通路或细胞分裂等事件所依赖的成分，为阐明众多细胞代谢过程发挥了关键性作用。此外，RNA 干扰在生物技术等多个领域具有重要实用价值。

临床方面，RNA 干扰也具有广泛应用。2018 年 8 月 10 日，第一种 siRNA 药物帕蒂西兰（patisiran）被 FDA 批准，用于治疗成人遗传性淀粉样变性（hereditary transthyretin-mediated amyloidosis，hATTR）引起的多发性神经病。一年后，吉沃西兰（givosiran）成为第二个获得 FDA 批准的 siRNA 药物，用于治疗急性肝卟啉（acute hepatic porphyria，AHP）的成年患者。2020 年 11 月 23 日，第三种 siRNA 药物鲁马西兰（lumasiran）被 FDA 批准用于治疗原发性 1 型高草酸尿（primary hyperoxaluria type 1，PH1）和尿草酸水平降低的患者。后续一系列 siRNA 药物被批准应用为众多疾病治疗带来新希望。

第六节　酶的定向进化

酶的功能虽然强大但也存在诸多缺陷，如稳定性差、催化反应有限等，从而意味着需要用其他策略来改变这一状况，定向进化策略很好地解决了这一问题。

一、定向进化策略

进化需两个前体，一是变异（mutation），二是选择（selection）。变异是进化前提和基础，它为选择提供尽可能多的材料；选择是进化的动力和保证，借助选择才能实现"优胜劣汰"。自然界的进化往往是随机过程，依据自然环境变化选择或淘汰特定群体，定向进化则是人为设定标准进行选择。定向进化原理很早就被人类应用于生产和生活，如动植物驯化和育种等。物种驯化是从宏观层面实现定向进化，这一策略是否在分子水平同样适用尚未确定。

20 世纪 80 年代，德国化学家艾根（Manfred Eigen，1927—2019，1967年诺贝尔化学奖获得者）开始从分子层面研究生命起源和进化。艾根认为，生命产生（从非生命过渡到生命）是一个极为漫长的过程，尽管概率极低，但仍可实现，其原因和动力就在于进化。如将这一策略从自然界转移到实验室，进化速度（变异加选择）将大大加快，以前几万年才能实现的目标将有望在几天内达成（幸运的话）。在艾根看来，相对于从一个足够大样本一次筛选到理想目标，从一个小样本采用多轮筛选、逐步逼近定向目标的策略更可行，从而意味着多轮进化方案更优。艾根只从理论上阐述了分子定向进化原理，美国加州理工学院阿诺德（Frances Hamilton Arnold，1956—）首次在实验室完成了该过程。

二、 DNA 点突变

阿诺德出生于美国匹兹堡，父亲是著名核物理学家，并于 1974 年当选美国工程院院士，家庭熏陶对阿诺德成长具有重要影响。1979 年，阿诺德从普林斯顿大学获得机械工程学位，理想是通过开发新技术造福人类，最初想利用太阳能发电，因此他在当地一家太阳能研究所短暂工作一段时间，后又转向生物能源，进入加利福尼亚大学伯克利分校化学工程系攻读博士学位。意外的是，20 世纪 80 年代初世界石油价格大跌，导致生物能源研究降到冰点，阿诺德不得不转换方向，进入到生物技术领域，采用亲和色谱进行蛋白质分离纯化，于 1985 年获得博士学位。1986 年，阿诺德加入加州理工学院并建立实验室，开启独立科研生涯，他将研究重点聚焦于具有广泛工业或医学应用潜力的特殊蛋白质——酶。

酶是一类重要的生物催化剂，也是众多生命过程维持的基础。相对于工业常用小分子催化剂，酶具有催化效率高、特异性好等优点，因此得到了工业界的极大青睐；酶还存在稳定性差（易降解）和反应条件苛刻（工业环境下酶活性低）等诸多不足，从而大大限制了酶的应用，因此酶的改造就成为增加其应用普适性的一个重要发展方向。

20 世纪 80 年代末，科学界主要采用理性设计策略进行蛋白质改造。这一策略在新药发明方面取得了重要成功，通过对药物前导小分子官能团替换和修饰等操作而获得疗效更好药物。然而，这一策略应用于蛋白质改造时效果并不理想，原因在于蛋白质属于大分子化合物，通常含有几百甚至上千氨基酸，影响活性的通常是结构域（包含多个氨基酸），构成蛋白质的氨基酸种类又有20种之多，因此理性设计极难实现目标。在阿诺德看来，相较于自然界来说，人的智慧还十分渺小，毕竟天然酶都是进化的结果，而非人为设计的产物。因此阿诺德决定转换思路，采用定向进化策略进行酶的改造，那就是制造出尽可能多的酶变异体，然后从中筛选到理想的酶。为此需要做上百万次廉价、快速的实验，而其中只有一次成功机会，但在阿诺德看来，她只关注那次成功，而不在乎999999次的失败。这一策略有点类似"大海捞针"，许多科学家并不看好，但阿诺德坚信只要这个"针"理论上存在，总有可能被"捞"到。

　　阿诺德决定尝试些改变，她选择的一个目标是枯草杆菌蛋白酶，该酶在生理条件下催化水溶液中的蛋白质水解，而阿诺德希望它能在有机溶剂如二甲基甲酰胺（DMF）中发挥作用。为此，阿诺德将枯草杆菌蛋白酶基因进行随机突变，从而得到上千种不同酶变体并将其均转入大肠埃希菌，随后从中筛选到预期突变体，这个过程称为选择。

　　几年来，她一直在尝试改变一种叫做枯草杆菌蛋白酶的酶，使其可以在有机溶剂二甲基甲酰胺（DMF）中起作用，而不是在水基溶液中催化化学反应。现在，她在酶的遗传密码中产生了随机变化——突变，然后将这些突变的基因引入细菌中，从而产生了数千种枯草杆菌蛋白酶的不同变体。此后，科学界面临的挑战是找出所有这些变体中哪种在有机溶剂中效果最好。在定向进化中，这个阶段称为选择。

　　阿诺德首先需要解决"海"的问题，即酶突变体制备，为此采用了两种策略。第一种为定点突变（site-directed mutagenesis），这种策略是利用引物设计过程人为引入错配碱基，再借助PCR获得特定碱基位点突变的DNA；第二种为随机突变（random mutagenesis），该策略利用保真度较低的DNA聚合酶进行PCR，可产生碱基位点的随机突变（图6-6）。通过两种策略，阿诺德获得积累了多个点突变的酶变异体库，为下一步选择奠定了基础。阿诺德策略产生的主要是DNA点突变，与此同时荷兰分子生物学家斯特默（Willem Pim Stemmer，1957—2013）开发的DNA改组技术可产生大片段变异策略。

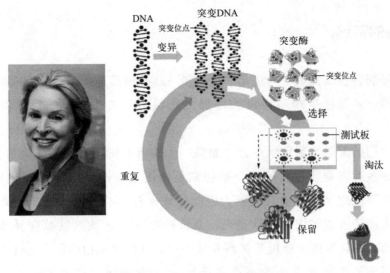

图 6-6　阿诺德和酶的定向进化

三、DNA 改组

　　1975 年，斯特默进入阿姆斯特丹大学，其间他对生物学产生浓厚兴趣，毕业后进入美国威斯康星大学开展分子生物学博士学习，主要研究病原体与宿主间的相互作用。斯特默不仅是一位科学家，而且也是一位实业家，毕业后他首先进入 Hybritech 抗体公司，90 年代加入位于加利福尼亚帕洛阿尔托的 Affymax 公司，在这里他发明了一种新的 DNA 突变方法。

　　斯特默首先收集不同物种来源的同种酶 DNA，然后借助 DNA 酶Ⅰ部分消化产生 10～50 个碱基对（base pair，bp）大小的 DNA 片段；复性过程（DNA 单链形成双链）中，这些具有同源性的单链 DNA 片段可随机形成重组双链，进一步借助 PCR 可最终实现大量体外重组 DNA，该方法被称为 DNA 改组（DNA shuffling），"shuffing"本意是"重新洗牌"。DNA 改组由于模拟高等生物有性生殖减数分裂过程中等位基因 DNA 片段间互换，因此有时又称有性 PCR（sexual PCR）。DNA 改组还有另一种实现方法，使用限制性内切酶在相同位置将同源基因进行剪切产生 DNA 片段，再用 DNA 连接酶将这些片段随机连接成重组 DNA 分子，最终利用 PCR 进行扩增。

四、酶的筛选

变异制备仅仅完成定向进化的第一步，理想的筛选系统对最终成功也至关重要。筛选步骤过于烦琐将极大增加工作精力和负担，造成目标失败概率大增。

最常用的策略为细胞生存力。如果一个酶具有催化有毒物质降解的能力，则可利用该有毒物质进行筛选。斯特默最初决定筛选到高活性 β-内酰胺酶，而该酶主要催化 β-内酰胺环裂解，因此导致含有 β-内酰胺环的抗生素如青霉素类和头孢菌素类等抗菌活性丧失。斯特默将不同 β-内酰胺酶变异体转入大肠埃希菌，在转基因大肠埃希菌培养基中加入高浓度头孢噻肟作为筛选剂，凡可生存下来的细菌则意味着表达高活性 β-内酰胺酶。经过多轮突变和筛选（逐渐增加头孢噻肟浓度），斯特默最终实现 β-内酰胺酶的定向进化目标[10]。

根据酶催化产物引起的颜色变化或表型差异而借助视觉进行筛选。阿诺德决定获得在高浓度 DMF 中仍保留高活性的枯草杆菌蛋白酶，她将多种枯草杆菌蛋白酶变异 DNA 转入大肠埃希菌；将大肠埃希菌放置在含有 DMF 和酪蛋白的培养基上，分泌出的蛋白酶可水解酪蛋白，因此产生肉眼可见的晕环结构，而晕环大小与酶活性正相关，据此鉴定出高活性酶；将筛选到的酶对应DNA 进一步突变，重新产生大量蛋白酶变异体，再根据晕环大小筛选更高活性酶；重复操作，直到找到符合预期活性的酶为止。经过三轮筛选，阿诺德最终得到一种包含 10 个点突变，比天然酶活性高 256 倍的蛋白酶。

此外，还可根据产物特征利用分光光度计、流式细胞仪等筛选。为适应工业需求，筛选过程还需人为增加其他选择条件，如阿诺德使用的有机溶剂，此外还包括高温、高盐等非天然环境。

五、酶进化的发展和应用

定向进化为酶的改造提供了一种全新方案，所得酶拥有活性高、稳定性好和适应性广等诸多优点，甚至还得到许多催化新型化学反应的酶并拓展了此项技术的应用范围，已在环境治理、生物能源、生物塑料等方面得到广泛应用。

（一）生物能源

石油等化石能源由于不可再生和环境污染等原因促使大家开始寻找替代能源，以异丁醇为代表的生物能源是一个重要方向。利用大肠埃希菌生产异丁醇存在一大障碍，天然异丁醇合成相关酶需 NADPH 为辅因子，大肠埃希菌只合成 NADH，采用定向进化策略对异丁醇合成相关酶进行改造而使其采用 NADH 作辅因子，从而有效解决了这一难题。

（二）药物生产

许多作为药物的有机化合物都存在手性特征，如沙利度胺（thalidomide，又名反应停），(R)-型有镇静作用，但手性异构体 (S)-型则有致畸作用，因此需选择性合成。传统有机合成存在一定缺陷，酶催化反应本身具有手性选择性，借助定向进化对酶进行改造，将为许多手性药物生产提供新选择。

（三）新化学反应

细胞色素 P450 是一个蛋白超家族，由于最大吸收波长为 450nm 而得名。采用定向进化策略改造后的细胞色素 P450 可高效催化烯烃环丙烷化反应，这种改造使酶的吸收波长从 450nm 向 411nm 偏移，从而将进化酶称为细胞色素 P411。

2018 年，阿诺德由于"酶定向进化"分享收获诺贝尔化学奖。

主要参考文献

[1] 郭晓强. 酶的研究与生命科学（三）：分子生物学酶的发现和应用 [J]. 自然杂志，2015，37（5）：369-380.

[2] 郭晓强. 定向进化和噬菌体展示：生物方法开启化学新时代——2018 年诺贝尔化学奖简介 [J]. 自然杂志，2018，40（6）：411-419.

[3] Arber W, Dussoix D. Host specificity of DNA produced by Escherichia coli. I. Host controlled modification of bacteriophage lambda [J]. J Mol Biol, 1962, 5: 18-36.

[4] Dussoix D, Arber W. Host specificity of DNA produced by Escherichia coli. Ⅱ. Control over acceptance of DNA from infecting phage lambda [J] . J Mol Biol, 1962, 5: 37-49.

[5] Linn S, Arber W. Host specificity of DNA produced by Escherichia coli, X. In vitro restriction of phage fd replicative form [J] . Proc Natl Acad Sci USA, 1968, 59 (4): 1300-1306.

[6] Meselson M, Yuan R. DNA restriction enzyme from E. coli [J] . Nature, 1968, 217 (5134): 1110-1114.

[7] Smith H O, Wilcox K W. A restriction enzyme from Hemophilus influenzae. I. Purification and general properties [J] . J Mol Biol, 1970, 51 (2): 379-391.

[8] Kelly T J Jr, Smith H O. A restriction enzyme from Hemophilus influenzae. Ⅱ. Base sequence of the recognition site [J] . J Mol Biol, 1970, 51 (2): 393-409.

[9] Loenen W A, Dryden D T, Raleigh E A, et al. Highlights of the DNA cutters: a short history of the restriction enzymes [J] . Nucleic Acids Res, 2014, 42 (1): 3-19.

[10] Brownlee C. Danna and Nathans: Restriction enzymes and the boon to modern molecular biology [J] . Proc Natl Acad Sci USA, 2005, 102 (17): 5909.

[11] Danna K, Nathans D. Specific cleavage of Simian virus 40 DNA by restriction endonuclease of Hemophilus influenzae [J] . Proc Natl Acad Sci USA, 1971, 68 (12): 2913-2917.

[12] Roberts R J. How restriction enzymes became the workhorses of molecular biology [J]. Proc Natl Acad Sci USA, 2005, 102 (17): 5905-5908.

[13] Lehman I R. Wanderings of a DNA enzymologist: from DNA polymerase to viral latency [J]. Annu Rev Biochem, 2006, 75: 1-17.

[14] Shuman S. DNA ligases: progress and prospects [J] . J Biol Chem, 2009, 284 (26): 17365-17369.

[15] Jackson D A, Symons R H, Berg P. Biochemical method for inserting new genetic information into DNA of Simian Virus 40: circular SV40 DNA molecules containing lambda phage genes and the galactose operon of Escherichia coli [J] . Proc Natl Acad Sci USA, 1972, 69 (10): 2904-2909.

[16] Berg P, Mertz J E. Personal reflections on the origins and emergence of recombinant DNA technology [J] . Genetics, 2010, 184 (1): 9-17.

[17] Berg P. Moments of discovery [J] . Annu Rev Biochem, 2008, 77: 15-44.

[18] Morrow J F, Cohen S N, Chang A C, et al. Replication and transcription of eukaryotic DNA in Escherichia coli [J] . Proc Natl Acad Sci USA, 1974, 71 (5): 1743-1747.

[19] Cohen S N. DNA cloning: a personal view after 40 years [J] . Proc Natl Acad Sci USA, 2013, 110 (39): 15521-15529.

[20] Sanger F, Coulson A R. A rapid method for determining sequences in DNA by primed synthesis with DNA polymerase [J] . J Mol Biol, 1975, 94 (3): 441-448.

[21] Sanger F, Nicklen S, Coulson A R. DNA sequencing with chain-terminating inhibitors [J]. Proc Natl Acad Sci USA, 1977, 74 (12): 5463-5467.

[22] Smith L M, Sanders J Z, Kaiser R J, et al. Fluorescence detection in automated DNA sequence analysis [J]. Nature. 1986, 321 (6071): 674-679.

[23] Heather J M, Chain B. The sequence of sequencers: The history of sequencing DNA [J]. Genomics, 2016, 107 (1): 1-8.

[24] Shendure J, Balasubramanian S, Church G M, et al. DNA sequencing at 40: past, present and future [J]. Nature, 2017, 550 (7676): 345-353.

[25] Kleppe K, Ohtsuka E, Kleppe R, et al. Studies on polynucleotides. XCVI. Repair replications of short synthetic DNA's as catalyzed by DNA polymerases [J]. J Mol Biol, 1971, 56 (2): 341-361.

[26] Saiki R K, Scharf S, Faloona F, et al. Enzymatic amplification of beta-globin genomic sequences and restriction site analysis for diagnosis of sickle cell anemia [J]. Science, 1985, 230 (4732): 1350-1354.

[27] Saiki R K, Gelfand D H, Stoffel S, et al. Primer-directed enzymatic amplification of DNA with a thermostable DNA polymerase [J]. Science, 1988, 239 (4839): 487-491.

[28] Bartlett J M, Stirling D. A short history of the polymerase chain reaction [J]. Methods Mol Biol, 2003, 226: 3-6.

[29] Fire A, Xu S, Montgomery M, et al. Potent and specific genetic interference by double-stranded RNA in Caenorhabditis elegans [J]. Nature, 1998, 391 (6669): 806-811.

[30] Hammond S M, Bernstein E, Beach D, et al. An RNA-directed nuclease mediates post-transcriptional gene silencing in Drosophila cells [J]. Nature, 2000, 404 (6775): 293-296.

[31] Hammond S M, Boettcher S, Caudy A A, et al. Argonaute2, a link between genetic and biochemical analyses of RNAi [J]. Science, 2001, 293 (5532): 1146-1150.

[32] Chen K, Arnold F H. Tuning the activity of an enzyme for unusual environments: sequential random mutagenesis of subtilisin E for catalysis in dimethylformamide [J]. Proc Natl Acad Sci USA, 1993, 90 (12): 5618-5622.

[33] Stemmer W P. DNA shuffling by random fragmentation and reassembly: in vitro recombination for molecular evolution [J]. Proc Natl Acad Sci USA, 1994, 91 (22): 10747-10751.

[34] Ranganathan R. Putting Evolution to Work [J]. Cell, 2018, 175 (6): 1449-1451.

[35] Arnold F H. Innovation by Evolution: Bringing new chemistry to life (Nobel Lecture) [J]. Angew Chem Int Ed Engl, 2019, 58 (41): 14420-14426.

[36] Gibney E, van Noorden R, Ledford H, et al. 'Test-tube' evolution wins Chemistry Nobel Prize [J]. Nature, 2018, 562 (7726): 176.

第七章

酶与基因编辑

基因编辑（gene editing）是通过对遗传物质 DNA 进行精准、高效的操作，包括单碱基突变、插入、缺失、大片段替换等最终实现精准改变个体性状的技术。基因编辑与基因工程尽管都对 DNA 操作，但二者却存在本质区别，基因工程偏重于 DNA 体外操作，而基因编辑更多在细胞甚或生物体内完成改变 DNA 的目标，因此难度更大。基因工程与基因编辑还有相似点，那就是都依赖酶的作用，因此基因编辑的发展历程也就是相关酶的发现和应用过程。

第一节　酶与同源重组

基因编辑最初的目的在于研究基因功能，实现该目标的基本策略在于对体内 DNA 片段完成精准破坏（引入突变），然后根据表型确定基因功能。科学家最初采用"仿生学"原理，从生物界寻找解决问题的线索，他们首先将目标锁定同源重组（homologous recombination，HR）。同源重组是指两段序列相似或相同的 DNA 之间发生交换的现象，正常情况下主要应用于 DNA 双链断裂后修复，此外还是真核生物减数分裂过程中新序列产生的基础。

一、原核同源重组

1946 年，美国微生物学家莱德伯格（Joshua Lederberg）认为细菌中也存在遗传重组。为此制备出大肠埃希菌营养单突变体——如亮氨酸合成障碍突变体，然后将两种不同营养突变体混合观察是否有野生型后代出现。这项实验尽管得到了野生型后代，但数量非常稀少，无法区分是杂交还是自发回复突变的结果。莱德伯格后来设计出多重突变体策略，毕竟多重突变细菌回到野生型发生概率极低到几乎不可能发生。

莱德伯格选择大肠埃希菌 K12 菌株作为研究对象，将两种双突变的 K12 菌株（一种丧失了合成生物素和蛋氨酸的能力，另一种丧失了合成苏氨酸和脯氨酸的能力）混合，使用基本培养基从后代中筛选野生型大肠埃希菌。结果发现获得的野生型细菌只能通过将两种突变菌混合，单独突变菌培养无法实现，从而说明野生菌是两个亲代细菌通过杂交得到的产物，而不是回复突变的后果。莱德伯格基于这些结果得出结论：细菌间可交换遗传物质，此过程称为同源重组。1958 年，莱德伯格由于细菌中遗传重组等现象的发现而收获诺贝尔生理学或医学奖。

同源重组成为 20 世纪 60 年代研究细菌等原核生物基因功能的重要策略，70 年代开始，研究人员开始思考相同模式是否也可应用于真核生物研究，人工重组 DNA 的构造是一个重要探索，随后这一策略开始应用于真核生物。

二、真核同源重组

20 世纪初，孟德尔遗传规律的重新发现开启了遗传学研究的新时代，后续研究证实了孟德尔规律的同时还发现了一些无法解释的现象，如某些性状并非独立遗传，而是存在共同遗传现象。1911 年，美国遗传学家摩尔根在严格实验基础上提出了连锁与互换定律，认为不同染色体上的基因之间存在一定频率的相互交换。1931 年，另一位美国遗传学家麦克林托克在生殖细胞减数分裂过程中发现了染色体存在遗传交换，不久发现了在体细胞有丝分裂过程也存在该现象。

20 世纪 70 年代，研究人员开始探索同源重组的分子机制。目前主要有两种模型，一种是双链断裂修复（double-strand break repair，DSBR）途径，另一种是合成依赖性链退火（synthesis-dependent strand annealing，SDSA）途径。借助同源重组，细胞可完成基因多样化和避免 DNA 损伤的发生。

三、双链断裂

DNA 双链断裂（double strand break，DSB）是最危险的 DNA 损伤，因为通常会导致大片段染色体丢失。DSB 具有极高毒性，如无法有效修复可导致细胞死亡；若修复不当则会导致病理性基因组改变，如不同染色体由于双链断裂后连接不当，出现的易位是致癌的主要驱动因素。

大多数 DNA 双链断裂主要依赖两条修复途径，一个是上面提到的同源重组，另一个则是非同源末端连接（non-homologous end joining，NHEJ）。NHEJ 是人类细胞完成 DNA 双链断裂修复的主要途径，可修复高达 80％的 DSB。同源重组的过程中，产生的单链 DNA 侵入姐妹染色单体作为修复模板，因此具有较高保真度；而非同源末端连接中，断裂的 DNA 末端在多蛋白复合物协助下直接连接，是导致突变的主要原因。NHEJ 或 HR 的破坏都造成细胞对 DSB 诱导剂敏感性显著增加，并导致染色体畸变，表明这两种途径互补，而非冗余。由于同源重组需要姐妹染色单体，因此这种修复途径仅限于细胞周期的 S 期和 G2 期，而非同源末端连接，在整个细胞周期都活跃存在。

NHEJ 通过一系列步骤完成了将断裂的 DNA 末端连接。形成 DSB 时，DNA 末端被 Ku70/80 异二聚体快速结合，召集 NHEJ 下游最关键因子之一的 DNA 依赖性蛋白激酶催化亚基（DNA-PKcs），属于磷酸肌醇 3-激酶（PI3K）相关激酶家族成员，DNA-PKcs 识别 DNA 结合的 Ku 并形成 DNA-PK 全酶，进一步招募相关分子参与。DNA 连接酶Ⅳ在这里主要发挥了连接作用，此外包括 DNA 聚合酶和核酸酶在内的大量末端加工因子也参与其中。

两种 DNA 双链断裂方式均在基因编辑过程中发挥关键作用。

第二节　酶与基因打靶

真核细胞存在同源重组的事实为许多科学家带来研究灵感，那就是人为提供外源 DNA，借助细胞内同源重组策略实现指定 DNA 片段互换，最终实现精准操纵靶基因的目的。这一技术称为基因打靶（gene targeting），由两位美国科学家史密西斯（Oliver Smithies，1925—2017）和卡佩奇（Mario Renato Capecchi，1937—）于 20 世纪 80 年代实现。

一、史密西斯的发明

史密西斯出生于英格兰约克郡的一个中产家庭，舒适的家庭环境为史密西斯的生长提供了良好氛围，他跟随父亲培养出逻辑思维能力，从母亲那里历练出语言表达能力。史密西斯童年时对科学并无太大兴趣，但通过阅读课外漫画书被书中发明家男主角的故事深深吸引，从而逐渐对科学产生兴趣。史密西斯还拥有一种与生俱来的天赋，即动手能力，这为他将来成为伟大的发明家奠定了基础，他儿时的爱好之一就是亲自动手拆解和组装，从简单的木制小火车和润滑轮到复杂收音机和望远镜等装置。

史密西斯高中毕业后获得了一份奖学金得以进入牛津大学贝利奥尔学院学习医学，一方面学习基础医学相关课程，另一方面还掌握化学、解剖学和生理学等知识。恰在此时，史密西斯结识了刚从二战服役归来的著名生物化学家奥格斯顿（Alexander George Ogston）。奥格斯顿主要从事生物系统热力学研究，后于 1955 年当选英国皇家学会会员。当奥格斯顿将"用化学方法研究生物学问题"的科学思想娓娓道来时，史密西斯被深深吸引，发现这就是自己梦寐以求的兴趣所在，在完成本科学业后他加入了奥格斯顿实验室从事研究生学习。

史密西斯选择通过测量溶液渗透压来确定蛋白纯度，通过前期完美实验设计和后期不断修改和完善，经过两年多时间反复测试后最终完成了预定目标，但却发现这种方法过于烦琐，实用性较差。史密西斯经过严格的科研思维培养后于 1952 年获得博士学位。

1954 年，史密西斯进入多伦多大学从事胰岛素前体蛋白的分离和鉴定研究。史密西斯使用纸电泳分离胰岛素前体蛋白时发现纸对蛋白具有极强吸附作用，通电也无法驱动蛋白移动。史密西斯对此进行改进，使用淀粉颗粒代替纸作支持物，有效实现了胰岛素前体蛋白分离；他进一步开发出淀粉凝胶电泳，为其他凝胶电泳（如聚丙烯酰胺凝胶和琼脂糖凝胶）研发提供了重要灵感。今天，凝胶电泳已成为生命科学实验室最常用的技术之一。

20 世纪 60 年代开始，史密西斯重点研究血清蛋白，其间他对地中海贫血产生了浓厚兴趣，这是一种源于 β-珠蛋白基因突变造成携氧功能下降的疾病，他认为可通过同源重组策略用正常 β-珠蛋白基因替换患者突变 β-珠蛋白基因而实现疾病治愈目的。

1982 年，史密西斯从一篇论文中获得灵感而构思出"基因替换"方案。史密西斯最初将携带 β-珠蛋白的 DNA 转入人膀胱癌细胞，然而却未能检测到基因替换效果；后意识到 β-珠蛋白表达是红细胞的专属功能，因此改用表达 β-珠蛋白的小鼠白血病红细胞，结果在转基因细胞中第一次检测到外源基因和内源基因间同源重组，突变 β-珠蛋白基因被完美纠正。1985 年 5 月 18 日，史密西斯和助手在经过三年多努力后最终实现了预期目标。与此同时，卡佩奇也利用同源重组将正常基因实现了精准突变。

二、卡佩奇的突破

卡佩奇出生于意大利维罗纳（Verona），二战后跟随母亲来到美国，后加入美国国籍。1961 年，卡佩奇在俄亥俄州安条克学院（Antioch College）获得化学和物理理学专业学位，随后进入麻省理工学院打算进行物理学和数学研究生学习，然而由于对新生的分子生物学产生浓厚兴趣而转到哈佛大学沃森实验室，并于 1967 年获得生物物理博士学位。卡佩奇发明显微注射技术来转入外源基因，大幅度提高了转基因效率，成为转基因小鼠研究的重要工具。

20 世纪 80 年代，包括卡佩奇在内的许多科学家尝试寻找一种研究体内基因功能的方法。1982 年，卡佩奇发现哺乳动物细胞含有催化 DNA 分子间同源重组的酶系，这些酶不仅催化细胞内 DNA 间的交换，而且还催化外源 DNA 和内源 DNA 之间的重组。卡佩奇据此提出构建正常基因突变体，然后让其和体内正常基因发生同源重组而获得携带突变基因的个体，通过观察异常表型确定基因生理功能。卡佩奇的想法受到众多科学家质疑，认为单一外源 DNA 在哺乳动物体内染色体上大量 DNA 中发现目的基因并完成基因重组是一件几乎不可能实现的事情，卡佩奇也因此未能获得基金支持。然而卡佩奇并未放弃，在缺乏资金支持情况下仍进行着伟大尝试。

卡佩奇获得一个携带新霉素抗药基因缺陷的细胞系，然后将外源正常新霉素抗药基因通过显微注射转到细胞内实现基因修复，并且证实该过程通过同源重组方式实现，且频率较高（每 1000 个注射细胞有一个细胞），意味着利用同源重组进行哺乳动物基因操作的可行性（图 7-1）。

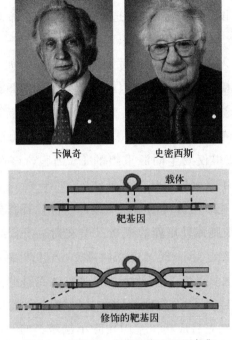

卡佩奇　　　　　　史密西斯

载体

靶基因

修饰的靶基因

图 7-1　卡佩奇、史密西斯和基因打靶

三、共同改进

史密西斯和卡佩奇都实现了靶基因准确交换，然而这些操作都使用的培养体细胞，筛选到的靶细胞数量很少，无法应用于大规模实验研究，此时两位科学家开始考虑是否可在生殖细胞内进行操作，将获得的靶细胞再通过生殖过程获得完整动物，则可大大增加细胞数量，同时还可在整体上研究问题。卡佩奇和史密西斯在获悉英国胚胎学家埃文斯（Martin John Evans，1941—）在胚胎干细胞（embryonic stem cell，ES）方面的研究工作后，决定使用这些细胞进行尝试，在埃文斯帮助下，两位科学家都建立了 ES 细胞的培养方法，并开始利用 ES 细胞进行基因同源重组的实验。

史密西斯小组首先取得了成功，他们利用同源重组方法纠正携带次黄嘌呤磷酸核糖转移酶（HPRT）缺陷 ES 细胞的 *HPRT* 基因，这个成功说明 ES 细胞也可用于同源重组操作。卡佩奇小组研究发现外源基因在整合到 ES 细胞基因组过程中同源重组和随机插入频率比是 1：1000，这个比例意味着即使能够成功实现同源重组，从庞大细胞群中发现这个目标细胞也是一项非常艰巨的任务，卡佩奇天才般地设计出"正-负"选择策略来减少筛选工作量。将外源设计的基因内部包含一个新霉素抗性基因，在尾端再设计一个胸苷激酶基因，该基因通过显微注射引入靶细胞，然后对细胞进行筛选。如果是随机插入则新霉素抗性基因和胸苷激酶基因均进入基因组，若发生同源重组则只有新霉素抗性基因进入，胸苷激酶基因被排除在外。这样首先选择有新霉素抗性的细胞（意味着实现基因插入，正选择），然后再去除存在胸苷激酶活性的细胞（随机插入，负选择），最终获得仅发生同源重组的 ES 细胞，该选择策略极大减少了实验操作时间，推动了该领域迅猛发展。

现在具备将外源基因代替内源基因（基因剔除）操作并可望获得模型小鼠的所有条件，如 ES 细胞体外培养的成功（埃文斯），ES 细胞基因操作的成功并将该遗传修饰传递给了下一代（史密西斯），发生同源重组的 ES 细胞筛选策略的提出（卡佩奇）等，多家实验室也迅速加入到该研究领域，基因剔除技术很快就成为现实。1989 年，几种不同的基因剔除小鼠几乎同时诞生，史密西斯和卡佩奇实验室也先后成功。基因剔除小鼠培养的一般程序为：对培养的 ES 细胞通过特定方式转入外源基因；利用正负选择获得发生同源重组的靶 ES 细胞；将这些靶 ES 细胞体外培养增加它们的数量；靶 ES 细胞被注射到胚细胞内并植入雌鼠，第一代获得嵌合体小鼠；这些嵌合体小鼠与正常小鼠交配获得的第二代中就包含基因剔除小鼠，通过特定方法筛选就可获得模型小鼠。

基因剔除技术一经出现就显示出巨大的应用潜力，该技术改变了传统科学的研究模式。在基因剔除技术出现以前，高等生物基因功能的研究往往通过观察发生自然突变导致疾病的病人或观察被诱导突变后的实验动物，但获得这些材料往往耗费大量的时间和金钱。有时还需要将基因产物（蛋白质）注射到动物体内观察其生理功能的改变，此外一定程度上还依赖体外培养细胞的实验，然而单独的细胞无法完全反映多细胞生物体内综合反应后的功能和对相关疾病的影响，对于一些复杂系统（如神经系统、心血管系统、免疫系统）和哺乳动物发育过程都无法全面解释。基因剔除技术的出现则从根本上改变了这种状况，自第一只基因剔除小鼠诞生以来，至今已有几千种模型小鼠被制备成功，目前一半以上的小鼠基因实现了剔除，许多人类疾病如囊性纤维化、癌症、动脉硬化、高血压等都有相应的小鼠模型。如在癌症研究方面，大量的原癌基因、抑癌基因和血管生成因子基因等都已实现剔除，抑癌基因 $p53$ 剔除小鼠的癌症发展速度明显加快，这对更深入理解癌症发生机理具有巨大的推动作用。小鼠基因剔除模型的制备还为研究疾病的发生机理及鉴定或测试减轻及治愈这些疾病的药物提供了强有力的工具，精确操纵小鼠基因技术的发现完全革新了传统的生物医学研究模式，为推动整个生命科学的发展发挥了无法估量的推动作用。在今天生命科学研究和药物开发领域，基因剔除小鼠成为必不可少的工具。

2007年，卡佩奇、埃文斯和史密西斯因为"他们发现利用胚胎干细胞在小鼠中引入特定基因修饰的原理"而分享诺贝尔生理学或医学奖。

四、特异性敲除

如果敲除发育过程中一个关键基因，则可能导致胚胎致死而无法获得成年动物模型。为研究这类基因功能进一步开发出特异性敲除，使用位点特异性重组酶（site specific recombinase，SSR）实现，两种最常用的类型是 Cre-LoxP 和 Flp-FRT 系统。Cre 重组酶通过 Lox-P 位点的结合序列之间同源重组来去除目的 DNA；Flp-FRT 系统以类似方式操作，其中 Flp 重组酶识别 FRT 序列。通过将目的基因侧翼重组酶位点的生物体与在组织特异性启动子控制下表达 SSR 的生物体杂交，可以仅在某些细胞中敲除或开启基因，也被用于从转基因动物中去除标记基因。对这些系统的进一步修改使研究人员只能在特定条件下诱导重组，从而使基因在所需的发育时间或阶段被敲除或表达。

Cre 重组酶是一种来源于 P1 噬菌体的酪氨酸重组酶，是位点特异性重组酶整合酶家族成员，利用拓扑异构酶 I 样机制进行位点特异性重组，并且已知催化两个 DNA 识别位点（LoxP 位点）之间发生特异性重组。这个 34 个 bp 的 loxP 识别位点由两个 13bp 的回文序列组成，它们位于 8bp 间隔区的侧翼。Cre 介导的 loxP 位点重组的产物取决于 loxP 位置和相对取向。两个单独的 DNA 物种都含有 loxP 位点，可作为 Cre 介导的重组的结果进行融合。在两个 loxP 位点之间发现的 DNA 序列被称为 "floxed"。在这种情况下，Cre 介导的重组的产物取决于 loxP 位点的取向。在两个以相同方向取向的 loxP 位点之间发现的 DNA 将作为 DNA 的环状环被切除，而在两个相反取向的 lox P 位点之间的插入 DNA 将被倒置。

Cre 重组酶是分子生物学领域中广泛使用的工具。这种酶独特而特异的重组系统在一系列研究中被用来操纵基因和染色体，例如基因敲除或敲入研究。该酶在多种细胞环境（包括哺乳动物、植物、细菌和酵母）中有效运作的能力使 Cre-Lox 重组系统能够在大量生物体中使用，使其成为科学研究中特别有用的工具。

第三节　嵌合酶策略

基因打靶技术虽取得一定成功，但却存在一个重大缺陷，那就是成功率较低。这是源于正常情况下哺乳动物细胞和模式动物体内同源重组发生率极低，通常在 10^{-7} 到 10^{-6} 之间，这一特征由自然属性所决定，毕竟过多突变势必造成个体适应性下降而影响物种延续。基因打靶技术低成功率限制了该技术的普遍应用，也造成基因敲除只能成为少数实验室的"专属"，因此需要进行重大改进。

一、巨型核酸内切酶

基因工程和转基因技术的成功促使科学家开始考虑能否将外源酶转入宿主细胞以增加基因打靶效率，首先想到的是限制性内切酶。然而，传统的限制性内切酶无法满足要求，它们大部分识别位点在 4～6 个碱基对，对体外短片段 DNA 操作问题不大，但在基因组层面操作则问题多多。以剪切 6bp 的内切酶为例，理论上平均 4096（4^6）个碱基对就存在一个酶切位点，如果将其应用于人基因组（30 亿对碱基）编辑，理论上一次可产生 7.3×10^5 个以上断裂点，极难保证唯一性；若要保证切割位点唯一性，理论上须识别 16 个碱基对（$4^{16} \approx 43$ 亿）以上（随后发展的多种基因编辑技术常规识别位点在 20 个上下）。幸运的是，自然界还存在一类特殊的核酸内切酶。

兆核酸酶（meganuclease），亦称归巢核酸内切酶，它们的特点是识别序列较长，一般在 12～40bp 之间，因此可切割产生大片段，可完美避开基因组中存在多个识别位点的弊端。1985 年，一种兆核酸酶 I-Sce I 被发现，它可特异性识别 18bp 的 DNA 片段，美国遗传学家杰辛（Maria Jasin）实验室于 1994 年应用该酶完成一系列开创性工作。

二、人工双链断裂

首先将一个携带 I-Sce I 识别位点的外源基因氯霉素乙酰转移酶（chloramphenicol acetyltransferase，*CAT*）转入非洲绿猴 SV40 转化的肾细胞 COS1，并证实该基因可正确表达；随后将 I-*Sce* I 基因也转入该细胞（小鼠正常染色体上不存在 I-Sce I 识别位点），随后通过检测 CAT 活性、含量和重组发生比例确定 I-Sce I 作用效果。结果可显著增加基因重组的发生。进一步将 I-Sce I 系统转入小鼠，发现可显著增加 DNA 双链断裂，使靶向该位点的同源重组靶向性提高 1000 倍（相比较于未利用 I-Sce I）。这一开创性工作奠定了所有后续基因编辑研究的基础，因为清晰表明在基因组中引入 DSB 是提升效率最关键的一步。

兆核酸酶在实际应用方面有重大缺陷。首先，天然兆核酸酶种类有限，人类大部分基因都不存在酶的识别位点，而新找一个给定识别序列的兆核酸酶机会渺茫。其次，酶的改进余地非常有限，兆核酸酶的识别与剪切两种功能利用同一结构域，改造识别结构域势必影响剪切活性，因此最终找到理想的酶是一件几乎无法完成的任务，研究人员必须去寻找新策略。

三、锌指核酸酶

1981 年，研究人员从海床黄杆菌（*Flavobacterium okeanokoites*）中分离得到一种传统的 II S 型限制性内切酶，命名为 FokI，相对于其他限制性内切酶，FokI 拥有自己独特的结构，含两个相对独立的结构域，一个是 N 端的 DNA 结合结构域（特异识别 5'-GGATG-3'），另一个为 C 端的 DNA 剪切结构域，此特征为工程化改造提供了良机。因识别序列太短（仅 5bp），天然 FokI 酶自然也无法应用于基因编辑，但相对独立的剪切结构域倒是可作为 DNA "剪刀"，跟具有识别功能的其他结构域联合使用。

转录因子是一类特异识别 DNA 序列并促进基因转录的蛋白质。转录因子识别 DNA 主要通过三类结构域完成,其中一类为依赖锌离子的锌指(zinc finger)结构域,典型特征是大约 30 个氨基酸识别 3 个核苷酸,最终可使 64 种可能的核苷酸三联体都有相应锌指结构域加以识别。研究人员根据需要将这些锌指结构域进一步联合,制造出一系列识别 3 的整数倍核苷酸的组合体,如识别 18 个核苷酸理论上需 6 个锌指结构域串联即可,这种特征使它们成为 DNA 特异识别之重要工具。

1996 年,美国约翰霍普金斯大学钱德拉塞加兰(Srinivasan Chandrasegaran)首次将三个串联的锌指结构域(识别 9 个核苷酸)与 FokI 的 C 端内切酶结构域通过一段连接蛋白融合而制造出第一个嵌合型核酸内切酶——锌指核酸酶(zinc finger nuclease,ZFN),并在体外证明该酶对靶点 DNA 具特异剪切能力。此外,ZFN 发挥活性时往往采用同源二聚体方式,特别是 FokI 核酸内切酶结构域必须在两端 DNA 均完成识别的前提下方可执行剪切作用,从而最大限度避免脱靶效应的发生。

随后研究人员开始探索这种嵌合核酸酶是否也可在细胞内对靶 DNA 发挥识别与剪切作用。2001 年,首次在果蝇体内尝试成功,这种嵌合核酸酶与传统基因打靶技术联用可显著增加基因编辑效率,这迅速成为基因编辑领域一个新热点。

ZFN 技术相对于大范围核酸酶而言,是一个巨大的进步(改造相对容易),但依然存在许多不足,其中针对 DNA 特异性序列的锌指蛋白结构域的组合与设计,是一个极大挑战,导致这种技术进展缓慢,也难于在大部分实验室普及。

四、 TALEN

许多革兰阴性菌感染宿主过程中,可将自身蛋白质注入细胞,通过影响宿主特定基因表达而增强自身适应性。2007 年,德国马丁路德·哈勒维滕贝格大学伯纳斯(Ulla Bonas)发现植物病原菌黄单胞菌属(*Xanthomonas*)可制造一种“毒力”蛋白,该蛋白由于具有激活宿主基因表达功能,被命名为转录激活样效应蛋白(transcription activator-like effector,TALE)。2009 年,伯纳斯以及美国爱荷华州立大学博格丹诺夫同时阐明了 TALE 激活基因表达的作用机制。TALE 结构由三部分组成，分别为核定位序列、DNA 识别结构域和靶基因转录激活结构域。TALE 的 DNA 识别结构域由多个单体串联重复构成，每个单体均含 34 个氨基酸，除 12 和 13 位氨基酸外其他序列完全相同，而正是这两个氨基酸的差异决定了核苷酸识别的特异性。每一个 TALE 识别单体对应于一种核苷酸，因此 DNA 四种碱基只需四种单体即可（远小于 ZFN 的 64 种结构域），从而使构建多核苷酸识别的设计大大简化（图 7-2）。

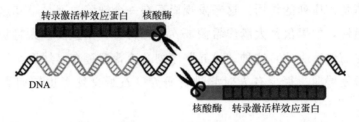

图 7-2　TALEN 技术

随后，研究人员将根据靶 DNA 序列设计的 TALE 单体串联后，也通过连接蛋白与 FokI 的 C 端内切酶结构域相连，构建出 TALE 核酸酶（TALE nuclease，TALEN）。体内外试验表明，它可实现对靶 DNA 的特异性剪切，迅速应用于基因编辑领域，并先后构建成功多种模型动物，成为一颗耀眼新星，被《自然方法学》杂志评为"2011 年度方法"。

TALEN 相对于 ZFN 的高效、简洁，获得了许多科研人员的青睐。尽管在 TALE 单体的串联设计方面仍存在诸多不确定性，但科研人员相信，问题可通过进一步完善技术得到解决。然而，就在大家对 TALEN 技术的前景充满巨大期许时，另一高效基因编辑技术横空出世，瞬间改变了该领域的发展方向。

第四节　CRISRP-Cas9 特异性酶剪切系统

一、 CRISPR 序列的发现

1987 年，日本微生物学家石野良纯（Yoshizumi Ishino）在实验室对大肠埃希菌的碱性磷酸酶同工酶（iap）进行测序，为更好理解基因表达调节机制，在对编码区进行检测的同时他顺便对基因上下游完成了测序。在常规报道 *iap* 基因编码序列同时，他意外发现终止密码子后的非编码区存在一些异常重复序列。异常源于两个原因，一方面原核生物如细菌 DNA 利用率较高，因此它的重复序列较少（真核生物存在大量重复序列）；另一方面传统重复序列常为串联重复，而这次发现却是"重复-居间序列（spacer）-重复"这一排列特征，但当时并不清楚该序列的作用。这一发现尚存在一个缺陷，就是不知这种现象是否具有普适性，如果仅是大肠埃希菌 *iap* 基因特有，则重要性大打折扣，因此科学界首先需要解决的是这种"诡异"序列是否普遍存在。然而，后续研究进入一个缓慢发展期，很少有人对此进行研究（石野良纯等也转向翻译机制的研究）。

20 世纪 80 年代末，西班牙阿利坎特大学博士生莫吉卡（Francisco Juan Martínez Mojica，1963—）在一种嗜盐古菌（*Haloferax mediterranei*）也发现一类"重复-居间序列-重复"特征序列。莫吉卡对此很感兴趣，进一步在其他微生物中寻找类似结构，基因组测序技术的突飞猛进为这项研究提供了极大便利。莫吉卡通过对多种已完成的基因组测序的原核生物进行序列比对分析发现这种现象非常普遍，到 2000 年，已在二十多种不同微生物中发现这种特异序列，为便于研究，将其命名为短规律性间隔重复（short regularly spaced repeat，SRSR）序列。

2002 年，荷兰乌得勒支大学的詹森（Ruud Jansen）进一步发现多个微生物存在这种特殊结构，并且不同物种重复序列碱基数存在巨大差异，从 21 到 37 不等，如鼠伤寒沙门菌（*Salmonella typhimurium*）21 个，而化脓性链球菌（*Streptococcus pyogenes*）37 个。詹森还发现这种序列只在原核生物存在，而病毒和真核生物均缺乏。为更好地规范相关研究，詹森在和莫吉卡沟通后将这种特殊结构重新定义为成簇规律性间隔短回文重复序列（clustered regularly interspaced short palindromic repeat，CRISPR）。詹森在 CRISPR 序列附近还发现多个编码序列，推测它们参与 CRISPR 的生理功能，因此将其命名为 CRISPR 相关基因（CRISPR-associated gene，Cas），这种推测主要基于原核生物基因组多以操纵子的形式存在，即功能相关基因串联分布在一起。至此，在原核生物（包括细菌和古菌）中发现一个由特殊 DNA 序列（CRISPR）和多个编码基因（Cas）构成的独特系统。

二、 CRISPR-Cas 系统与获得性免疫

2005 年，CRISPR 研究出现重大转折，西班牙和法国三个研究小组对 CRISPR 居间序列系统分析时意外发现它们并非原核生物自身序列，而是来自病毒或质粒。这一发现提出一个重要问题，那就是获取这些序列的目的何在。美国国家生物技术信息中心（National Center for Biotechnology Information，NCBI）进化生物学家库宁（Eugene Koonin）获悉 CRISPR 居间序列来自病毒 DNA 后，敏锐意识到细菌可利用 CRISPR 作为一种防御病毒侵染的重要武器。在自然界，细菌时刻面临噬菌体等的攻击，但它们绝非被动受害者，而是在进化过程中形成多种防御措施，著名的如修饰-限制系统。库宁提出解释 CRISPR-Cas 作为获得性免疫系统的作用机制：细菌通过特定方式获取噬菌体 DNA 片段并将其整合到自身 CRISPR 重复序列之间形成居间序列，从而对外源入侵病毒产生"记忆"；这些序列可被转录出非编码 RNA；当噬菌体再次感染时，这些 RNA 可依靠居间序列信息识别并破坏入侵者。

在库宁提出这一假说时，科学界对 CRISPR 和 Cas 蛋白的作用还知之甚少，但这一思想激发了法国微生物学家巴兰古（Rodolphe Barrangou）的研究动力，决定验证这一假说的真实性。巴兰古验证这一假说的动力来源不仅在于假说的迷人魅力，更在于工作需要。巴兰古在著名酸奶公司丹尼斯克（Danisco）工作，时常面临一大问题是产酸奶的嗜热链球菌会爆发噬菌体感染导致死亡最终影响酸奶生产。库宁假说意味着可利用 CRISPR-Cas 系统来实现增强细菌抵抗噬菌体的目的。

巴兰古在霍瓦特（Philippe Horvath）等协助下首先利用两株噬菌体（P1 和 P2）侵染链球菌，结果杀死大部分细菌，但仍有部分"幸运"细菌保留下来，当进一步培养这些"幸运"细菌时发现它们已获得噬菌体抗性；对这些抗性噬菌体基因组分析表明，其 CRISPR 居间序列中出现噬菌体序列，并且与 P1 噬菌体序列一致则对 P1 产生抗性，与 P2 噬菌体序列一致则对 P2 产生抗性，如果为两种噬菌体公用序列，则对两株噬菌体均产生抗性（图 7-3）；当将抗性细菌噬菌体序列去除，则导致抗性消失；相反直接将噬菌体序列整合到未感染过噬菌体的细菌 CRISPR 中，细菌会对首次噬菌体感染产生抗性。这是首次在实验上证实 CRISPR-Cas 是一种细菌获得性免疫系统。

巴兰古　　　　　霍瓦特

图 7-3　CRISPR 与细菌获得性免疫

三、 CRISPR-Cas 系统的作用机制

巴兰古等的发现既是 CRISPR-Cas 系统研究一个里程碑，也是一个转折点和分水岭，许多团队开始意识到这一系统的重要性并迅速加入这一领域，进而推动了该研究的快速进展。

2008 年，荷兰瓦赫宁恩大学的范德欧斯特（John van der Oost）等通过研究大肠埃希菌的 CRISPR-Cas 系统（Ⅰ型）发现 CRISPR 居间序列可转录并加工出非编码 RNA——crRNA（CRISPR RNA），crRNA 介导随后的干扰机制。同一年，西北大学松特海默尔（Erik Sontheimer）等在表皮葡萄球菌（*Staphylococcus epidermidis*）的 CRISPR-Cas 系统（Ⅲ型）中发现，crRNA 发挥干扰作用的靶点是 DNA，而非 RNA。这一发现不仅纠正了库宁假说，更重要的是为 DNA 编辑埋下了伏笔。

2010 年，人们对 CRISPR-Cas 系统基本生物学作用和分子机制已有较清晰的理解，并将其应用于减少细菌噬菌体感染和细菌进化分析等。然而，CRISPR-Cas 系统的应用范围极为有限，主要原因在于当时已研究的两种类型（Ⅰ型和Ⅲ型）都过于复杂，因此，寻找更为简单的体系成为一个重要方向。

沙尔庞捷（Emmanuelle Marie Charpentier，1968—）是一位出生于奥尔日河畔瑞维西的法国微生物学家，最初爱好为钢琴和舞蹈，但对医学的热爱使她最终选择了生命科学。在巴黎皮埃尔和玛丽居里大学完成本科学业后，沙尔庞捷来到附近的巴斯德研究所攻读博士学位，在这里她对基础科学产生浓厚兴趣，特别是对细菌耐药机制尤为热爱。博士毕业后，沙尔庞捷进入美国洛克菲勒大学开展博士后研究，重点关注肺炎链球菌的耐药性；后来又在纽约大学医学院开展哺乳动物基因调控研究，在此过程中一方面发现哺乳动物过于复杂，决定重回细菌研究，另一方面她也意识到当时过于烦琐的哺乳动物基因编辑技术亟待改进。

2002 年，沙尔庞捷回到欧洲，首先在奥地利维也纳大学获得了一份职业，并拥有独立的小实验室，尽管她主要依赖短期基金项目支持，但仍孜孜不倦开展科学实验。随着哺乳动物 RNA 干扰现象的发现，沙尔庞捷也开始关注细菌中非编码 RNA 的作用。在德国马普感染生物学研究所分子生物学家沃格尔（Jörg Vogel）的协助下，沙尔庞捷结合生物信息学方法在化脓链球菌（*Streptococcus pyogenes*）中发现了多种非编码 RNA，特别是一类在 CRISPR 序列附近的新型小 RNA，将其命名为反式激活 CRISPR 来源 RNA（trans-activating CRISPR-derived RNA，tracrRNA），并推测它们与 CRISPR 系统有密切关系。

由于当时已鉴定 crRNA 参与基因组 DNA 剪切，因此沙尔庞捷推测 tracrRNA 可能通过与 crRNA 相互作用来引导酶发挥功能。沙尔庞捷这一假说非常激进，与传统观念相差甚远。一般认为特定序列 DNA 的识别由蛋白质如限制性内切酶、转录因子（ZFN 和 TELEN 技术原理就是依据转录因子特异识别 DNA 序列实现剪切）等完成，尚未发现 RNA 介导。沙尔庞捷这一"离经叛道"的想法吓坏了很多人，大部分研究生都不愿接手这一项目，最终德尔切瓦（Elitza Deltcheva）主动要求通过实验来验证沙尔庞捷假说。

2009 年 6 月，沙尔庞捷离开奥地利，加入新建的瑞典于默奥大学微生物研究中心，但仍在维也纳大学保留实验室。德尔切瓦实验进展得比较顺利，不久就证实了沙尔庞捷当初的推测，为避免文章被拒或延迟发表，他们花费一年多时间重复和完善实验以保证每一个结果的可靠性。2011 年，沙尔庞捷的发现在《自然》杂志发表，首次阐明了 tracrRNA 在 crRNA 加工中的作用：tracrRNA 与转录出的 CRISPR 重复序列互补结合，这种结合在 Cas9 因子存在前提下被 RNA 酶Ⅲ识别和剪切，最终产生成熟 crRNA。这一发现具有十分重要的意义，相对于其他 CRISPR 系统往往需要一种 crRNA，但同时需多种 Cas9 蛋白参与，这一系统（Ⅱ型）却需两种 RNA（crRNA 和 tracrRNA），虽增加了 RNA 数量，但却只需一种 Cas9 蛋白完成。这个系统如此简单，沙尔庞捷意识到可将其改造为一种强有力的遗传操作工具用作基因编辑。

2011 年，在波多黎各首府圣胡安（San Juan）举办的美国微生物会议上，沙尔庞捷与美国加利福尼亚大学伯克利分校结构生物学家道德纳（Jennifer Anne Doudna，1964—）相遇，通过交流发现她们都对 tracrRNA 这一发现很感兴趣，决定合作开展进一步工作。

第五节　基于 CRISRP-Cas9 酶切的基因编辑

一、 CRISPR-Cas9 基因编辑技术

道德纳有着辉煌的学术背景，可称得上一位名副其实的"学术二代"。道德纳从小就对科学发现充满巨大兴趣，1985 年他从波莫纳学院获得化学学士后进入哈佛大学跟随绍斯塔克进行博士学习。20 世纪 80 年代，具有催化功能 RNA 的发现使科学界开始重新审视 RNA 的生物学功能，科学界越来越意识到 RNA 远比当初克里克中心法则中"遗传信息传递的中介"（三种 RNA 负责将 DNA 遗传信息传递给蛋白质）这一作用重要得多。因此，道德纳开始关注 RNA 广泛的生物学作用，他于博士期间制备成功具有催化自我复制能力的 RNA。

道德纳在 RNA 方面的重要工作引起了科罗拉多大学切赫的注意，因此切赫邀请道德纳加入实验室开展博士后研究，借助结构生物学工具研究核酶的作用机制。1991 年，道德纳成功制备出第一个核酶（四膜虫Ⅰ类核酶）晶体，并采用 X 射线衍射技术获得了这种 RNA 的三维结构，对理解核酶的机制具有重要帮助。1994 年，道德纳加入耶鲁大学，继续与切赫合作开展核酶研究，她

也逐渐成长为一位在 RNA 研究领域冉冉升起的科学新星。2002 年，道德纳从耶鲁大学转到加利福尼亚大学伯克利分校，更为先进的技术平台使研究得心应手，道德纳开始研究病毒 RNA 作用。1998 年，RNA 干扰现象的发现进一步使科学家意识到 RNA 还是一类重要的基因表达调节分子，而道德纳也将研究领域拓展到 RNA 干扰，研究参与这一过程的 RNA 酶如 Argonaute 和 Dicer 等的作用机制。道德纳的学术贡献获得了科学界高度认可，2004 年当选美国科学院院士。

2005 年，道德纳获悉原核生物 CRISPR-Cas 系统，并对此产生浓厚兴趣。由于当时推测采用 RNA 干扰方式杀死病毒，但详细机制可能不同于真核细胞。2007 年，巴兰古等发现 CRISPR-Cas 系统的细菌免疫作用进一步增加了道德纳的决心，她打算借助结构生物学方法探索这一新型"RNA 干扰"中酶的作用机制，为此她专门成立了一个细菌 CRISPR-Cas 系统青年研究小组，主要包括博士后韦登赫福特（Blake Wiedenheft）和伊内克（Martin Jinek）等，该小组的优势在于拥有坚实的分子生物学、结构生物学和生物化学等基础，可将多种 Cas 蛋白完成纯化、结晶和结构测定，同时可借助其他手段阐述酶的作用机制。他们先后确定了 Cas 蛋白拥有 DNA 酶活性、RNA 序列依赖的 DNA 核酸内切酶活性、crRNA 加工活性等。通过这些研究，道德纳小组确定 CRISPR-Cas 是一种可对特定 DNA 序列进行定向剪切的细菌防御系统，但鉴于已研究的系统过于复杂，因此限制了这种系统的进一步开发和应用。

二、 CRISPR-Cas9 系统改造

2011 年之所以非常愉快地达成合作，原因在于道德纳对这种简单的 II 型系统特别是 tracrRNA 很着迷，而沙尔庞捷则对 Cas9 作用机制更感兴趣。一位 RNA 专家（沙尔庞捷）与一位酶学专家（道德纳）的鼎力合作会实现最大程度的优势互补，而 CRISPR-Cas9 技术简单而言就是 RNA 和酶融合的结果。为尽快解决科学难题，合作沟通由道德纳博士后伊内克和沙尔庞捷博士后黑林斯基（Krzysztof Chylinski）具体负责，巧合的是他们都来自波兰，因此交流非常顺畅。他们合作纯化了 Cas9 蛋白，并证明 Cas9 具有依赖两种 RNA 的 DNA 核酸内切酶活性，Cas9 拥有两个内切酶结构域，可分别对两条链进行切割。这个发现一方面拓展了沙尔庞捷最初的发现，使 tracrRNA 拥有双重作用

（crRNA 加工和靶 DNA 切割），另一方面还发现 tracrRNA 可与 crRNA 形成了特殊二级结构指导 DNA 剪切。这一现象立刻激发了他们的研究激情，他们在保留二级结构基础上，将 tracrRNA 与 crRNA 两种 RNA 连接成一种 RNA，称为单链引导 RNA（single guide RNA，sgRNA），体外试验表明 sgRNA 也可指导 Cas9 蛋白完成对靶 DNA 的双链剪切（图 7-4）。这一发现最终于 2012 年 6 月发表，在摘要中提及"研究揭示了一个使用双 RNA 进行位点特异性 DNA 切割的核酸内切酶家族，并强调利用该系统进行 RNA 可编程基因组编辑的潜力"。这篇论文预示着可利用 CRISPR-Cas9 系统实现对目标 DNA 剪切，从而达到基因编辑目的。

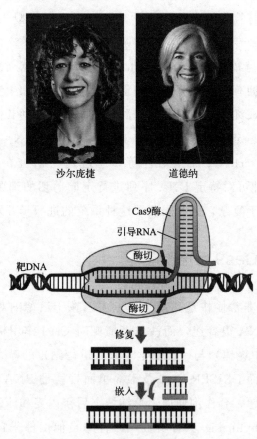

图 7-4　沙尔庞捷、道德纳和 CRISPR-Cas9 技术

　　沙尔庞捷和道德纳的发现既是细菌获得性免疫系统领域研究的里程碑，又是基因编辑领域的里程碑，CRISPR-Cas9 DNA 精确剪切系统迅速成为多个实

验室追逐的研究对象。

三、 CRISPR-Cas9技术发展

早在2011年，立陶宛维尔纽斯大学希克什尼斯（Virginijus Siksnys）小组首次将嗜热链球菌的CRISPR-Cas9系统导入大肠埃希菌，结果可使大肠埃希菌获得噬菌体抵抗能力，这一发现意味着CRISPR-Cas9系统可在不同物种内发挥相同功能，这为将来应用于哺乳动物基因组编辑奠定了坚实基础。此外，希克什尼斯小组也于2012年下半年实现了体外DNA编辑。2013年初，哈佛大学张锋和丘齐（George Church）进一步在哺乳动物细胞内完成了特定基因的编辑，特别是可利用多个sgRNA实现多基因同时敲除，极大提升了编辑效率和适用范围。2013年，先后有多家实验室成功利用CRISPR-Cas9完成了基因编辑，引起了一场持续至今的研究热潮。

如今，人已对Cas9 gRNA复合物识别其靶标并介导切割结构有了详细了解。Cas9结构中存在两个不同的部位，一个发挥识别功能（REC），一个发挥核酸酶作用（NUC），后者包含HNH和RuvC两个核酸酶结构域。一旦sgRNA中特异序列与靶DNA形成稳定的RNA-DNA双链体，Cas9就会被激活进行DNA切割。两个核酸酶结构域中的每一个都在$5'$-NGG-$3'$PAM序列特定位点3bp处切割靶双链DNA的一条链，大多数情况下形成钝形末端。如果失活两个核酸酶结构域中的一个就可形成一种切口酶，即只切割DNA双链中的一条链。

四、 CRISPR-Cas9技术的应用

CRISPR-Cas9技术已在全世界上千家实验室得到广泛应用。最主要的应用领域是基因组编辑，已在人细胞系和多种模式生物如酵母、果蝇、线虫、斑马鱼、小鼠、大鼠、猪和猴等完成感兴趣基因的编辑，并在此基础上建立了多种疾病模型，为阐明疾病发生分子机制和药物筛选提供了重要平台。天然Cas9酶还被进行人工改造，一方面可减少基因编辑过程的脱靶效应，另一方面还被应用于转录调控（激活或抑制）等研究。随着CRISPR-Cas9技术的完善和安全性的改进，也可能在将来疾病治疗方面发挥重要作用。

五、重大意义

CRISPR-Cas9 技术的广泛应用证明了这项发明的重要意义，这一技术也于 2013 和 2015 年两次当选美国《科学》评选的十大科学突破。2020 年，沙尔庞捷和道德纳由于"一种基因组编辑方法的开发"分享诺贝尔化学奖。

主要参考文献

［1］ 郭晓强．CRISPR-Cas9 技术发展史：25 年的科学历程［J］．自然杂志，2016，38（4）：278-286．

［2］ 郭晓强．基因编辑的发展历程［J］．科学，2016，68（5）：45-49．

［3］ Smithies O，Gregg R G，Boggs S S，et al. Insertion of DNA sequences into the human chromosomal beta-globin locus by homologous recombination［J］．Nature，1985，317（6034）：230-234．

［4］ Thomas K R，Folger K R，Capecchi M R. High frequency targeting of genes to specific sites in the mammalian genome［J］．Cell，1986，44（3）：419-428．

［5］ Doetschman T，Gregg R G，Maeda N，et al. Targetted correction of a mutant HPRT gene in mouse embryonic stem cells［J］．Nature，1987，330（6148）：576-578．

［6］ Kuehn M R，Bradley A，Robertson E J et al. A potential animal model for Lesch-Nyhan syndrome through introduction of HPRT mutations into mice［J］．Nature，1987，326（6110）：295-298．

［7］ Rouet P，Smih F，Jasin M. Expression of a site-specific endonuclease stimulates homologous recombination in mammalian cells［J］．Proc Natl Acad Sci USA，1994，91（13）：6064-6068．

［8］ Rouet P，Smih F，Jasin M. Introduction of double-strand breaks into the genome of mouse cells by expression of a rare-cutting endonuclease［J］．Mol Cell Biol，1994，14（12）：8096-8106．

［9］ Kim Y. G，Cha J，Chandrasegaran S. Hybrid restriction enzymes：zinc finger fusions of Fok I cleavage domain［J］．Proc Nat Acad Sci USA，1996，93（3）：1156-1160．

［10］ Kay S，Hahn S，Marois E，et al. A bacterial effector acts as a plant transcription factor and induces a cell size regulator［J］．Science，2007，318（5850）：648-651．

［11］ Boch J，Scholze H，Schornack S，et al. Breaking the code of DNA binding specificity of TAL-type Ⅲ effectors［J］．Science，2009，326（5959）：1509-1512．

［12］ Shino Y，Shinagawa H，Makino K，et al. Nucleotide sequence of the iap gene, responsible for alkaline phosphatase isozyme conversion in Escherichia coli，and identification of the gene product［J］．J Bacteriol，1987，169（12）：5429-5433．

［13］ Mojica F J，Díez-Villaseñor C，Soria E，et al. Biological significance of a family of regular ly spaced repeats in the genomes of Archaea，Bacteria and mitochondria ［J］. Mol Microbiol，2000，36（1）：244-246.

［14］ Mojica F J，Díez-Villaseñor C，García-Martínez J，et al. Intervening sequences of regularly spaced prokaryotic repeats derive from foreign genetic elements ［J］. J Mol Evol，2005，60（2）：174-182.

［15］ Barrangou R，Fremaux C，Deveau H，et al. CRISPR provides acquired resistance against viruses in prokaryotes ［J］. Science，2007，315（5819）：1709-1712.

［16］ Haurwitz R E，Jinek M，Wiedenheft B，et al. Sequence-and structure-specific RNA processing by a CRISPR endonuclease ［J］. Science，2010，329（5997）：1355-1358.

［17］ Deltcheva E，Chylinski K，Sharma C M，et al. CRISPR RNA maturation by trans-encoded small RNA and host factor RNase Ⅲ ［J］. Nature，2011，471（7340）：602-607.

［18］ Jinek M，Chylinski K，Fonfara I，et al. A programmable dual-RNA-guided DNA endonuclease in adaptive bacterial immunity ［J］. Science，2012，337（6096）：816-821.

［19］ Cong L，Ran F A，Cox D，et al. Multiplex genome engineering using CRISPR/Cas systems ［J］. Science，2013，339（6121）：819-823.

［20］ Mali P，Yang L，Esvelt K M，et al. RNA-guided human genome engineering via Cas9 ［J］. Science，2013，339（6121）：823-826.

［21］ Doudna J A，Charpentier E. Genome editing. The new frontier of genome engineering with CRISPR-Cas9 ［J］. Science，2014，346（6213）：1258096.

第八章

酶与合成生物学

当今世界，人类面对的疾病、环境、能源等挑战日渐严峻，合成生物学被认为是能应对诸多挑战的技术领域之一。合成生物学是生命科学在 21 世纪刚刚出现的一个分支学科，与传统生物学通过解剖生命体以研究其内在构造的办法不同，合成生物学的研究方向完全相反，它从最基本的要素元件开始一步步建立零部件。合成生物学采用工程化设计理念，对生物体进行有目标的设计、改造，甚至从头合成超自然功能的"人造生命"。合成生物学基于生命科学、工程学和信息科学的学科交叉，突破生命自然法则，对揭示生命本质和探索生命活动基本规律具有重要意义，在生物技术颠覆式创新、生物制造方面也展现出无限潜力，被称为改变未来人类社会的颠覆性技术。合成生物学的工程化设计理念与数学理论工具相结合，促使生命科学从观测性、描述性、经验性的科学，跃升为可定量、可预测、可工程化的科学。合成生物学将推动全球科技从"认识生命"到"设计生命"的巨大跨越，被誉为继 DNA 双螺旋、人类基因组计划之后生命科学的第三次革命。

在对自然生物体系理解的基础上，合成生物学进一步将系统生物学理论与工程学技术相结合，理性设计人工生物体系，打破自然进化的限制。合成生物技术可广泛运用于生化威胁因子的预警和诊疗，农作物抗逆、固氮或光合属性设计，植物源化学品、石化产品、特种材料、新燃料的工业化生物制造，乃至设计超自然功能，创造全新物种和全新生物技术能力等，而这一切均离不开对酶分子进化理论和相关工具的应用。通过对天然酶关键催化元件的人工设计，将有利于实现合成生物学期望的"定制"具有全新功能的人工生命体系这一基本目标。

第一节　操纵子学说

合成生物学作为一门新兴学科，其理论起源可追溯到 20 世纪 60 年代。1961 年，法国生物化学家雅各布（Francois Jacob）和莫诺（Jacques Monod）发表了一篇具有里程碑意义的论文，提出的操纵子学说成为合成生物学基因线路设计和构建的基础。雅各布和莫诺对大肠埃希菌内的乳糖操纵子进行研究，认为在细胞内存在对环境改变做出反应的调控通路。人们由此想到是否可以将分子组分进行组装形成新的调控系统。之后，随着 DNA 重组等相关技术的发展，人类基因组计划的启动和模式生物基因组计划的快速实施，合成生物学进入快速发展的时期。操纵子学说凝聚着许多杰出科学家的智慧，是科学家们努力工作及合作的结晶。鉴于其突出贡献，雅各布和莫诺分享 1965 年诺贝尔生理学或医学奖。

一、原核基因表达调控

原核生物是指一类细胞核无核膜包裹，只存在于称作核区的裸露 DNA 的原始单细胞生物。我们日常生活中所熟悉的细菌就属于原核生物的一种。原核生物结构简单，无核膜，极易受外界环境的影响，需要不断地调控基因表达，以适应外界环境，完成生长发育及繁殖的过程。原核生物基因表达调控多以操纵子单位进行，将功能相关的基因组织在一起，同时开启或关闭基因表达。调控主要发生在转录水平，有正、负调控两种机制。如果是正调控，则在没有调节蛋白或者调节蛋白失活的情况下，基因不表达或者表达量不足。一旦有调节蛋白或者调节蛋白被激活，基因才能表达或者大量表达。因此，正调控中的调节蛋白被称为激活蛋白。如果是负调控，则在没有调节蛋白或者调节蛋白失活的情况下，基因正常表达。一旦存在调节蛋白或者调节蛋白被激活，基因则不能表达。因此负调控中的调节蛋白被称为阻遏蛋白。在转录水平上对基因的调控决定于 DNA 的结构、RNA 聚合酶的功能、蛋白质因子以及其他小分子配基的相互作用。细菌的转录和翻译过程几乎是在同一时间相偶联。

二、基因表达调控相关概念

（一）顺式作用元件和反式作用因子

基因活性的调节主要通过顺式作用元件与反式作用因子的相互作用而实现。基因所编码的产物主要是蛋白质和各种 RNA 分子。顺式作用元件是指对基因表达有调节活性的 DNA 序列，多位于基因旁侧或内含子中，不编码蛋白质，其活性只影响与其同处在一个 DNA 分子上的基因。顺式作用元件包括启动子、增强子、调控序列和可诱导元件等。反式作用因子的编码基因与其识别或结合的靶核苷酸序列不在同一个 DNA 分子上。RNA 聚合酶是典型的反式作用因子。

（二）结构基因和调节基因

结构基因（structural gene）是编码蛋白质或 RNA 的基因。细菌的结构基因一般成簇排列，多个结构基因受单一启动子共同控制，使整套基因都表达或者都不表达。结构基因编码大量功能各异的蛋白质。其中有组成细胞和组织器官基本成分的结构蛋白、有催化活性的酶和各种调节蛋白等。调节基因（regulator gene）编码合成那些参与基因表达调控的 RNA 和蛋白质的特异 DNA 序列。调节基因编码的调节物通过与 DNA 上的特定位点结合控制转录是调控的关键。调节物与 DNA 特定位点的相互作用能以正调控的方式（启动或增强基因表达活性）调节靶基因，也能以负调控的方式（关闭或降低基因表达活性）调节靶基因。

（三）操纵基因与阻遏蛋白

操纵基因（operator）是操纵子中的控制基因，在操纵子上一般与启动子相邻，通常处于开放状态，使 RNA 聚合酶能够通过并作用于启动子启动转录。但当它与调节基因所编码的阻遏蛋白结合时，就从开放状态逐渐转变为关闭状态，使转录过程不能发生。阻遏物（repressor）是负调控系统中由调节基因编码的调节蛋白，它本身或与辅阻遏物（corepressor）一起结合于操纵基因，阻遏操纵子结构基因的转录。阻遏蛋白可被诱导物结合而失去活性，从而丧失阻遏功能。

1. 组成蛋白和调节蛋白

细胞内有许多种蛋白质的数量几乎不受外界环境的影响，这些蛋白质称为组成蛋白。例如，大肠埃希菌中的这类蛋白质的合成速度主要是遗传上规定的，启动子的效率、核糖体阅读信使的速度以及 mRNA 的稳定性这几个方面的因素都影响其表达。调节蛋白是一类特殊蛋白，它们可以控制和影响一种或多种基因的表达。有两种类型的调节蛋白，即正调节蛋白和负调节蛋白，前者是激活蛋白，而后者属于阻遏蛋白。

2. 操纵子

操纵子是原核生物在分子水平上基因表达调控的单位，由调节基因、启动子、操纵基因和结构基因等序列组成。通过影响基因编码的调节蛋白或与诱导物、辅阻遏物协同作用，开启或关闭操纵基因，对操纵子结构基因的表达进行正、负控制。在细菌基因组中，编码功能相关的结构蛋白基因通常成簇排列在一起。例如，同一个代谢途径的酶的基因一般成簇排列。除了参与代谢途径的酶以外，其他与该途径有关的蛋白质的基因也可能包括在此控制单元内。这样的控制单元就是操纵子。细菌的操纵子是 DNA 分子上的一段区域，它包括共同转录到一条 mRNA 分子上的多个结构基因和这些基因转录所需的顺式作用序列，包括启动子、操纵基因和转录调控有关的序列等，其中结构基因的转录受到操纵基因控制。操纵基因一般位于操纵子上游，其功能是与阻遏蛋白结合控制结构基因的转录。因此操纵基因是顺式控制组件，阻遏蛋白是调节基因表达的蛋白质，是参与操纵子调节的反式作用因子。操纵子中的全部结构基因由同一个启动子起始转录成为一条多顺反子 mRNA，由于它们受相同调控元件的调节，所以从结构上可将它们看作同一整体。

三、原核生物操纵子调控方式

无论是在正调控系统中，还是在负调控系统中，操纵子的开启与关闭均受到环境因子的诱导，这种环境因子通过与调控蛋白结合，改变调控蛋白的空间构象，从而改变其对基因转录的影响，这种环境因子被称为效应物（effector），凡能诱导操纵子开启的效应物称为诱导物（inducer）；凡能导致操纵子关闭，阻遏转录过程发生的效应物称为辅阻遏物。因此，原核生物操纵子的调控方式可分为负调控的诱导模型、正调控的诱导模型、负调控的阻遏模型和正调控的阻遏模型（图8-1）。

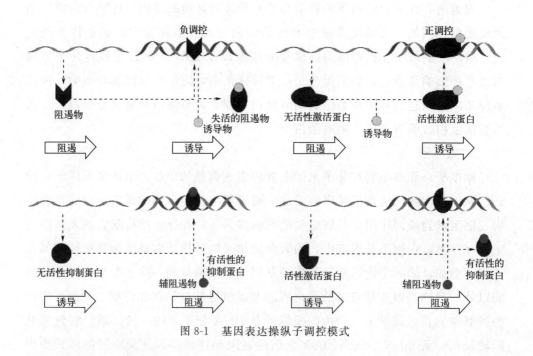

图 8-1　基因表达操纵子调控模式

（一）负调控的诱导模型

有活性的阻遏蛋白对结构基因能够实行负调控，阻遏转录起始的正常进行。小分子诱导物可使有活性的阻遏蛋白失活，从基因调控区域脱离，从而使结构基因具有活性，可以正常转录，属于可诱导的负调控。

（二）正调控的诱导模型

无活性的激活蛋白不能激活靶基因，基因不转录和表达。当存在特定的诱导物，作用于无活性的激活蛋白使之活化后，才能结合于靶基因的调控区，靶基因显示出可诱导的正调控。

(三) 负调控的阻遏模型

无活性的阻遏蛋白不能结合到靶基因上，使后者处于表达状态（一般是组成型表达）。当加入一种小分子物质辅阻遏物与无活性的阻遏蛋白结合后，就成为有活性的阻遏蛋白复合物，该复合物与基因的调控区结合，导致了靶基因的表达被阻遏（或抑制），属于可阻遏的负调控。可阻遏的基因只有在缺乏辅阻遏物的情况下才有功能。

(四) 正调控的阻遏模型

有活性的激活蛋白可以使靶基因处于激活状态，属于组成型的正调控表达。当存在小分子辅阻遏物时，它与激活蛋白结合成为失去活性的激活蛋白复合物，后者使靶基因由于缺乏激活蛋白而不能表达。属于可阻遏的正调控。这种类型的抑制作用往往不可再诱导。

四、乳糖操纵子负调控诱导模型

大肠埃希菌的乳糖操纵子长约 5000 个碱基对，是目前对操纵子研究最详尽的例子，也是研究转录水平调控规律的基本模式（图 8-2）。在大肠埃希菌繁殖过程中，如果培养基中同时存在葡萄糖和乳糖，大肠埃希菌将优先利用葡萄糖。当葡萄糖代谢完后，细胞会短暂停止生长。大约 1h 后，大肠埃希菌开始利用乳糖，恢复生长，这种现象也称为"二度生长"现象。这是因为大肠埃希菌合成了能够利用乳糖的一系列酶，具备了利用乳糖作为碳源的能力。大肠埃希菌获得这一能力是在乳糖的诱导作用下开启了乳糖操纵子，表达了一系列酶所致。大肠埃希菌利用乳糖实现二度生长时，首先需要半乳糖苷通透酶作用使乳糖进入细胞，同时还需要 β-半乳糖苷酶将乳糖分解成两个单糖，并需要半乳糖苷转乙酰酶催化半乳糖的乙酰化。因此，大肠埃希菌利用乳糖必须开放乳糖代谢所需要的以上 3 种酶基因的表达，合成所需要的各种酶，那么，乳糖操纵子是如何从关闭状态转为开启状态的呢？

乳糖操纵子是典型的负调控诱导模型。乳糖操纵子的调节基因中 I 基因编码一种分子量为 3.8×10^4 的多肽单体分子，4 个单体分子聚合形成一个四聚体蛋白质，这种四聚体蛋白质可作为阻遏物与 DNA 链上的操纵基因（O）序

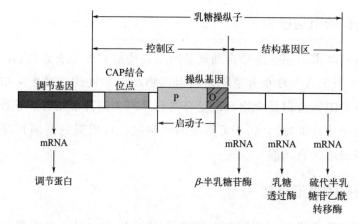

图 8-2　大肠埃希菌乳糖操纵子模型各功能区示意图

列结合，阻断了依赖 DNA 的 RNA 聚合酶对启动子序列的识别和结合，导致乳糖操纵子不能被转录。在乳糖操纵子中，阻遏蛋白是一种别构蛋白（allosteric protein），当效应物与之结合后就会改变蛋白质的构象，使之与 O 基因结合的亲和力下降。而与阻遏蛋白结合的物质为异乳糖（allolactose），也称为乳糖操纵子开启诱导物。

一旦它与阻遏蛋白结合，就导致构象发生改变的阻遏蛋白从 O 基因上解离，或使游离的阻遏蛋白的构象发生改变而不能与 O 基因结合。在不存在乳糖，或者乳糖与葡萄糖并存时，乳糖操纵子就一直处于关闭状态，当葡萄糖被用完，而乳糖又存在时，细菌就可开启乳糖操纵子，合成分解乳糖的相关酶，实现对环境适应的表达调控。

异乳糖和乳糖都是由半乳糖和葡萄糖组成的，乳糖是由 β-1,4-糖苷键连接两种单糖，而异乳糖是由 β-1,6-糖苷键连接的两种单糖。β-半乳糖苷酶能使乳糖转化为异乳糖。在加入乳糖初期或葡萄糖耗竭初期，β-半乳糖苷酶还没有合成，细菌如何获得异乳糖呢？一般认为，乳糖操纵子不是完全彻底地关闭，即存在调控的渗漏现象。乳糖操纵子基因在极低水平上表达，合成相应的酶，将痕量的乳糖转变成异乳糖。只要极少的诱导物开启了第一次转录，细胞就能像"滚雪球"一样迅速积累诱导物，完全开启乳糖操纵子表达。也就是说，当葡萄糖耗竭且细胞中存在乳糖的情况下，细胞利用乳糖操纵子关闭渗漏所产生的极少量的 β-半乳糖苷酶，将乳糖转化为异乳糖，后者则反过来与结合在 O 基因位点上的阻遏蛋白结合，改变阻遏蛋白的构象，使阻遏蛋白从 O 基因位点上解离下来，这时乳糖操纵子就处于开放状态，Z、Y 和 A 基因得以转录，新的 β-半乳糖苷酶的合成，会进一步开放乳糖操纵子。

五、大肠埃希菌操纵子 otsBA 定向进化

酶是合成生物学最通用的元件，途径酶或酶系统支撑着合成生物学的装置和系统，不同种酶可以整合成装置或系统，整合各种工程酶可以构成新的装置或系统。酶功能的多样性、高效性、专一性吸引科学家和工程师通过分子酶学工程制造生物催化剂。如果说自然界是一位造物主，那么自然进化是造物主创造物种的重要手段之一。而科学家并不是造物主，也不具备漫长岁月这样的条件去运用自然选择。于是，科学家创造了强有力的工具——定向分子进化。应用定向分子进化研究和解决生物学及化学问题已成为最活跃的研究领域之一。定向分子进化属于非理性设计，不需事先了解酶的空间结构和催化机制，人为创造特殊的进化条件，模拟自然进化机制（随机突变、基因重组和自然选择），在体外改造基因，定向选择（或筛选）出所需功能和性质的突变酶。简言之，定向分子进化＝随机突变＋正向重组＋选择/筛选。我们可以把定向分子进化看作突变加选择/筛选的重复循环，直至获得目标分子。定向进化已广泛用于各种酶的功能和性质的改进，获得了许多有一定实用价值的工程酶，比如大肠埃希菌操纵子 otsBA 定向进化。

在微生物体内，海藻糖的体内合成主要通过三种途径，其中大多数微生物广泛采用的是通过一个双酶体系——海藻糖-6-磷酸合成酶/海藻糖-6-磷酸水解酶系完成。海藻糖-6-磷酸合成酶将高能糖化合物 UDP-葡萄糖的葡萄糖基转移到葡萄糖-6-磷酸上合成海藻糖-6-磷酸，再由海藻糖-6-磷酸水解酶水解掉磷酸生成海藻糖。在大肠埃希菌中，该酶系由位于基因组 42min 的操纵子 otsBA 编码。该操纵子全长 2.1kb，基因 otsB 位于上游，编码海藻-6-磷酸水解酶，而基因 otsA 位于 otsB 下游，编码海藻糖-6-磷酸合成酶，二者之间有 23nt 的重叠。鉴于该酶系在工程学领域的意义及其基因一级结构的特殊性，人们对该操纵子进行了定向进化。将两个基因作为一个整体进行进化和筛选，最终找到两个酶的高产海藻糖最佳匹配条件，而将这种定向进化称之为定向共进化。这样就可以将两个基因放在一起考虑，而不必考虑当一个酶达到最佳状态时是否会对另一个酶产生不利的影响。首先，克隆大肠埃希菌操纵子 otsBA，并用易

错 PCR 对该操纵子随机突变；然后，PCR 产物混合物直接通过新的 DNA 改组方法进行重组。通过紫外诱变构建了一株海藻糖缺陷型菌，并将其作为重组质粒的宿主菌，以消除菌体对海藻糖利用所造成的影响。对大约 4000 个菌落进行了筛选，共有 15 株表现出高的海藻糖含量。其中，大肠埃希菌 TS7 是海藻糖产量超过野生型操纵子 otsBA 3.7 倍的突变体，该突变体的海藻糖产量较大肠埃希菌 DH5a 高 12.3 倍。蛋白质电泳分析表明，突变体与野生型操纵子在大肠埃希菌中表达量接近，证明海藻糖含量的提高主要是酶活性提高的结果。大肠埃希菌操纵子 otsBA 的进化不仅为工业化生产海藻糖提供了合适的基因工程菌，同时也表明所设计的定向共进化方法的成功。

第二节　基因表达振荡

世界是物质的，物质是运动的，物质的周期性运动就是钟，生命物质的周期性运动就是生物钟。从原理上讲，地球上所有的生物都生活在一个周期为 24 小时的昼夜变化环境中，并且每种生物都是从单细胞演化而来，因此每个生物体的每个细胞都包含有一个生物钟。作为生物适应环境的古老的机制，生物钟是内源的、自主的、不依赖于环境变化的生物节律。这些生物钟的准确性经受漫长生物进化的考验，可以被认为是英国科学家达尔文形容的"盲眼钟表匠"的杰作。生物钟基因普遍存在于生物界，其作用在于产生和控制昼夜节律的运转。动物、植物、真菌和细菌的生物钟基因似乎各不相同，但其基本机制却一样，其核心调控机制依赖于基因的周期性表达振荡，都是由一个和若干基因有关的自动调节的负反馈循环构成。

然而，进化不是形成生物钟唯一方法。不仅自然界存在生物钟，我们也可以为不同物种的细胞人为设置一个生物钟。设想细胞活动的节奏可以像钟表那样任你随意调拨，那我们就可以调整它们的行为以控制细胞分裂速度或调节某种关键蛋白质的产量。这个想法的产生得益于人们发现了基因是以调控回路的形式时序性控制其表达水平的，而在这个相互影响、相互作用的复杂回路中，一些基因控制和调节着另一些基因的活动，一个基因的功能通常取决于它编码的是何种蛋白以及该蛋白在整个调控网络中的位置。从事此类相关研究的领域属于"合成生物学"的范畴，与基因工程把一个物种的基因延续、改变并转移至另一物种的做法不同，合成生物学的目的在于建立人工基因回路，让它们像电路一样运行。在合成生物学领域中，研究人员希望能够以人工合成的基因回路控制细胞从增殖、分化到迁移、存活等所有活动，这些过程包括某些蛋白质的周期性合成——本质上也就是对编码该蛋白的基因表达活动的周期性"振荡"调节过程。基因表达振荡器就是合成生物学家精心设计并人工合成的可使目标基因表达水平出现周期性变化的基因调控回路，是可以在活细胞内正常工作的"合成生物钟"，可用于控制基因工程细胞的周期性节律改变和定时活动。其核心元件往往就是本章第一节操纵子模型中提到的相互间抑制的不同阻遏蛋白，它们组成负反馈循环以实现周期性基因表达。

在生命体中，基因表达在"开"与"关"两个状态之间波动的"双稳态"是一种广泛存在且具有深远生物学意义的有趣现象。噬菌体的溶源与裂解调控、大肠埃希菌菌毛的有无、乳糖代谢过程中的"全或无"现象，以及真核细胞在间叶或上皮两种不同分化状态中切换，所有这些双稳态现象背后的分子生物学机制和相应的生物学理论模型非常值得深入研究。双稳态在理解细胞的基本功能中起到关键作用，例如在细胞周期中的决策过程，包括细胞分化以及凋亡等。它也与早期癌症的发病过程、朊病毒病及新物种产生时的细胞动态平衡失调有关。

2000 年，波士顿大学的合成生物学家科林斯（James Collins）领导的课题组设计出了第一个由相互抑制的两个阻遏物组成的合成生物学功能模块——在转录水平调控基因表达的双稳态开关（图 8-3）。该开关由两个阻遏物及驱动其各自表达的两个启动子组成。每个启动子都被另一个启动子转录的阻遏物所抑制。在没有诱导物的情况下，该开关可能有两种稳定状态：一种是启动子 1 转录阻遏物 2 的状态，一种是启动子 2 转录阻遏物 1 的状态。通过瞬时引入抑制阻遏物活性的相应诱导物来完成这两种不同状态之间的转换。具体使用的启动子包括：PLtetO-1（被 TetR 阻遏蛋白抑制其转录）和 Ptrc-2（被 LacⅠ阻遏蛋白抑制其转录）。该模块成功地在大肠埃希菌中实现了数学模型预测的双稳态效应，可以作为扳动基因表达"开"或"关"状态的分子遗传装置使用。除此之外，这篇文章还指出：即使是相对简单的合成时钟回路，准确度也非常高，其精度能够与自然演进的生物时钟相匹敌。

同年，普林斯顿大学的埃洛维茨（Michael Elowitz）和莱布勒（Stanislas Leibler）实现了更复杂的功能模块——基因表达振荡器。该器件利用 3 个阻遏

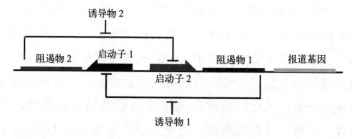

图 8-3　双稳态开关装置示意图

阻遏物 1 抑制启动子 1 转录并被诱导物 1 诱导；阻遏物 2 抑制启动子 2 转录并被诱导物 2 诱导

物模块彼此间抑制和解抑制作用实现了输出信号的规律振荡。一个压缩振荡子搭配三个阻遏物：TetR、Lac I 和 λC I。第一个阻遏物表达增加时，会抑制第二个阻遏物表达，这会导致第三种阻遏物的表达增加，而第三个蛋白表达增加又会抑制第一个蛋白表达，以此形成循环，产生表达振荡。三个阻遏物中有一个会抑制荧光报道基因表达。这种设计形成负反馈，其中一个阻遏物的浓度增加导致第二个减少，导致第三个增加，从而减少了第一个浓度。在数学上，这种回路会产生极限环——一种不衰减、能抗干扰的振荡。

以上两项工作在理论和实验层面证明了理性设计生物元器件的可能性，对合成生物学发展具有重大指导意义，被称为"合成生物学的里程碑"。现在生物学家可在噪声存在情况下合成高精度的细胞时钟，表明合成生物学家也成为相当不错的"钟表匠"。

第三节　核酶调控

核酶的发现在生命科学中具有重要意义，在进化上使我们有理由推测早期遗传信息和遗传信息功能体现者是一体的，只是在进化的某一进程中蛋白质和核酸分别执行不同的功能。一个关于生命起源于 RNA 的学说被明确提出，因为 RNA 能够同时具有携带遗传信息与生物催化功能。一个生命要具有生命特征，这两个功能是必需的，现代的生物绝大部分是由 DNA 和蛋白质分别来承担这两个功能。但在原始海洋环境下，有机物质非常稀少，原始生命诞生时不可能同时利用两种不同物质来执行两种不同功能，所以，能同时承担两种功能的 RNA 就是构成原始生命的首选。在以 DNA 和蛋白为基础的现代生命体出现之前，RNA 被认为既可以充当遗传物质，又具有催化酶的活性。目前认为天然存在的核酶主要参与 RNA 的加工与成熟。天然核酶可分为四类：①第一组内含子自我剪接型，如四膜虫大核 26SrRNA；②第二组内含子自我剪接型；③自体催化的剪切型，如植物类病毒、拟病毒和卫星 RNA；④异体催化剪切型，如 RNaseP。

核酶不但可以调节催化天然生化反应过程，在合成生物学中，还可以作为人工基因调控开关。与传统的基因转录调控因子比较，核酶开关结构简单、调控方式简洁、响应迅速；更重要的是免疫原性低，因此具有良好的临床应用前景。随着对核酶的深入研究，已经认识到核酶在遗传病、肿瘤和病毒性疾病上的潜力。比如，对于艾滋病毒 HIV 的转录信息来源于 RNA 而非 DNA，核酶能够在特定位点切断 RNA，使它失去活性。如果一个能专一识别 HIV 的 RNA 的核酶存在于被病毒感染的细胞内，那么它就能建立抵抗入侵的第一防线。甚至，HIV 确实进入到了细胞并进行了复制，核酶也可以在病毒生活史的不同阶段切断 HIV 的 RNA 而不影响其自身。又如，白血病是造血系统的恶性肿瘤，目前尚缺少有效的治疗方法。核酶的发现，尤其是锤头状核酶，为白血病的基因治疗带来了新的希望，并在小白鼠体内得到较好的治疗效果。

由于核酶已展现出强大的基因表达调控潜力，目前已有相关研究将其用于实体恶性肿瘤的基因治疗。p53 一直是肿瘤治疗的重要靶点，尽管人们开发出大量的靶向 p53 的小分子化合物或多肽，但进入临床试验的药物很少；而且，到目前为止还没有一个有效药物获得临床批文。世界上第一个上市的重组人 p53 腺病毒注射液"今又生"，曾风靡一时，但因疗效不定，尚需进行大规模临床试验。深圳大学第一附属医院刘宇辰课题组将适配体核酶与 CRISPR-Cas9 技术结合，实现野生型 p53 蛋白调控基因编辑和转录激活（图 8-4）。通过将野生型 p53 蛋白适配体连接到一段引导 RNA（sgRNA）的 3′端，构建一个核酶开关-p53 传感器：该特殊设计的 sgRNA 序列可通过核酶开关感应细胞内 p53 蛋白水平变化，并通过募集转录阻遏因子 dCas9 或激活因子（activator）dCas9-VP64 调控靶基因表达，实现对 p53 突变肿瘤细胞的精准识别和杀伤。该项目的实施，对于恶性肿瘤的精准治疗具有重要的学术价值和广泛的应用前景。

自发现核酶和自剪切内含子以来，RNA 的这种生物学特性与其他重组

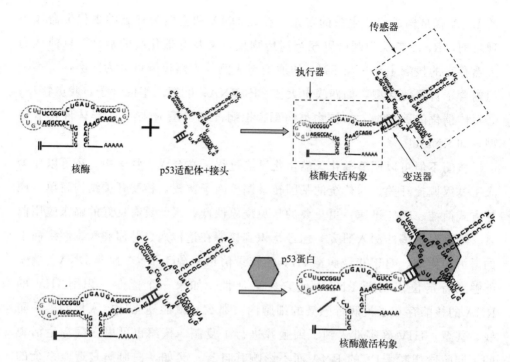

图 8-4   p53 适配体核酶开关装置构建

装置由核酶、p53 适配体与接头构成，野生型 p53 蛋白与适配体结合

导致核酶构象改变而被激活，发生自体剪切（图中箭头处）

DNA 技术相结合将成为对抗病毒性疾病和控制癌基因的工具。这些目标现在看来已越来越接近应用于临床。然而，影响核酶在细胞内的定位、代谢和功能执行的因素非常多且复杂，未来还有很多研究工作需要做。在复杂的细胞内环境中充分挖掘核酶功能的最有效方法是尽可能多地了解核酶 RNA 在细胞内的命运变化。随着细胞生物学新技术的出现，这种了解将不再是问题。核酶结构和催化机理的基础研究在学术和工业领域都在蓬勃发展，可以预见，在不久的将来这些领域将有更多新的发展。

第四节   蛋白激酶调控

我们每一个人无论在工作还是休息时，机体内都发生着各种生理活动。从微观层面看，机体就像一个时时刻刻处于交通高峰期的繁华大都市，在这纷繁复杂的微观世界中，数以万亿计的细胞在一丝不苟地进行着物质监管、修复、合成和运输。要保证一切有条不紊运行，就需要对机体内林林总总的蛋白质分子们进行组织和指导。而蛋白激酶就是这样的信号灯，它们发布着开始和停止的信息，对于细胞通信的许多方面非常关键。

蛋白激酶（protein kinase）是指能将 γ 磷酸基团从磷酸载体分子上转移至底物蛋白的氨基酸受体上的一大类酶，在信号转导中主要作用有两个方面：一是通过磷酸化调节蛋白质的活性；其二是通过蛋白质的逐级磷酸化，使信号逐级放大，引起细胞反应。20 世纪 50 年代首先发现了催化酪蛋白、卵黄高磷蛋白或其他蛋白质磷酸化的酶。70 年代在哺乳动物的十多种组织器官中又发现了一类很重要的蛋白激酶——环腺苷酸（cAMP）蛋白激酶，之后在昆虫和大肠埃希菌中也陆续有报道。

cAMP 以微量形式存在于动植物细胞和微生物中。体内多种激素作用于细胞时，可促使细胞生成此物，转而调节细胞的生理活动与物质代谢，故而被称为细胞内的第二信使，而激素是"第一信使"。人在受到外界的刺激后，体内会迅速做出反应。每个人的身体就是一个数十亿细胞相互作用的精确校准系统，每个细胞都含有微小的受体，可让细胞感知周围环境以适应新状态。当我们感到惊慌失措的时候，神经信号和激素会使人的整个身体进入警戒状态，肾上腺素向血管中释放激素，很快全身的细胞都感觉到有事情要发生。这些聪明的细胞究竟由何感知到这一切并能让身体做出反应？直到 20 世纪 80 年代初一直都是未知数。

直到 20 世纪 80 年代中期才发现 G 蛋白偶联受体（G-protein coupled receptor，GPCR）就是让这些细胞感受激素的最重要角色。GPCR 是人类生理学中最大和最重要的化学受体家族之一，它可以感知各种各样的配体，包括内源激素、生长因子和天然或合成的小分子等。这种受体是位于细胞表面或细胞内的特殊蛋白质，能够和特定的激素结合，并引发细胞响应。这类受体的共同特征是由一条穿插细胞膜多达 7 次的多肽链组成。细胞外部分是各种信息分子的结合位点，细胞膜内部分与 G 蛋白（鸟苷酸结合蛋白）相结合。G 蛋白位于细胞膜上，作为一种转导体可以将细胞外的信号转化为细胞内的信号。GPCR 就像细胞触角一样，不断寻找生物化学信号，使细胞能够相互沟通，并作为组织一起发挥作用。当触角分子识别特定的信号（例如像 CD19 这样的分子）时，他们就会启动一系列的细胞与细胞核的通讯，从而引发一系列的遗传结果，从免疫反应到化学生成再到细胞繁殖。

GPCR 主要通过与两种效应蛋白结合后才能发挥作用：一种是 G 蛋白调控的离子通道，另一种是 G 蛋白活化的酶类活性物质。第一条信号转导通路不通过任何中间物质进行信号的传递，所以 G 蛋白可以直接调控离子通道。这种"直捷通路"是 G 蛋白信号转导路径中最快捷的一种，可以在 $30\sim100ns$ 之间产生作用。而乙酰胆碱通过这样的信号转导路径发挥作用。另一条作用范围更为广泛的信号转导通路被称作第二信使通路。所谓"第二信使"在这里是约数，因为可能有两种、三种甚至三种以上物质都扮演着第二信使的角色。G 蛋白可以通过激活某些酶类物质来发挥作用，这些酶类物质又可以通过激活一系列生化反应来影响细胞功能，从最初到最后的酶类活性物质可以统称为第二信使。

细胞膜上受体与激素结合后激活 G 蛋白，进而激活腺苷酸环化酶，催化 ATP 生成 cAMP。具体而言，胞外信号分子首先与受体结合形成复合体，然后激活细胞膜上 Gs-蛋白，被激活的 Gs-蛋白再激活细胞膜上的腺苷酸环化酶（AC），催化 ATP 脱去一个焦磷酸而生成 cAMP。生成的 cAMP 作为第二信使通过激活 APK（cAMP 依赖性蛋白激酶），使靶细胞蛋白磷酸化，从而调节细胞反应，cAMP 最终又被磷酸二酯酶（PDE）水解成 AMP 而失活。

GPCR 还是最著名的药物靶向分子，调控着机体细胞对光线、图像、气味、药物和激素等信息物质的大部分应答。目前世界药物市场上至少有 30％ 的小分子药物可以激活或是阻断 G 蛋白偶联受体的作用。目前上市的药物中，前 50 种最畅销药物有 20％ 就属于 G 蛋白偶联受体相关药物，比如充血性心力衰竭药物卡维地洛（carvedilol）、抗高血压药物科素亚（cozaar，通用名氯沙坦钾）和乳腺癌药物诺雷得（zoladex）等。

在合成生物学，GPCR 受体还可用于构建工程化细胞，以灵敏检测细胞周围环境信息变化。细胞工程化的最大困难在于细胞的复杂性和细胞会抵抗来自人工的改造。通常，细胞使用其表面的天然分子传感器——细胞膜蛋白受体来检测环境信息变化并指导细胞响应。毫不奇怪，细胞天然的感知和响应过程是非常复杂的：它通常需要特定的分子受体（例如，不同的分子可以感测机械信号、化学信号、生物信号，以及电信号等）感知到信号输入，然后通过一个复杂的信号转导过程，将这些信息传输到基因组来调控多种基因的激活和关闭。

这最终成为了细胞响应外界并产生功能输出的方式，也称为传感器-执行器通路。尽管这些自然生物过程非常有趣，也是细胞生物学研究重点，但这种复杂的细胞自然感应响应过程也是细胞工程的一个主要障碍。这也成为了制约我们使用工程化细胞来治疗癌症等疾病的关键瓶颈。工程化细胞拥有着在根本上改变现有的诊断、预防和治疗疾病的潜力。近年来的研究进展表明：通过将基因表达调控工具与具有强大信息感应能力的 GPCR 组装成合成装置，有利于实现对高等哺乳动物细胞的精准调控和系统化改造。该新型策略可以允许人细胞自主感应肿瘤微环境中的分子信号并且调控自身功能。

对于 GPCR 工程的研究主要是用蛋白水解可切割的人工转录因子（例如 GAL4、rtTA）取代胞内结构域，并创建一个受体活性的遗传报告分子，称 Tango 系统。Tango 是一种基于正交的、依赖于蛋白酶的细胞转导模块的回路设计策略。Tango 由天然的或经人工进化的受体、跨膜且含有蛋白酶切位点的接头（linker）和胞内的转录因子组成。配体与受体结合后，招募与蛋白酶融合的信号分子，蛋白酶剪切连接子并释放转录因子，激活特定基因的表达。采用 Tango 策略，不同的 GPCR、受体酪氨酸激酶和类固醇激素受体都可以与下游不同功能的基因相结合。深圳市第二人民医院刘宇辰教授实验室最近开发了一种全新的可以将环境信号直接转化为基因功能的合成分子。为此，他们将多种人类 GPCR 与强大的 CRISPR-dCpf1 基因编辑分子组合成为一个分子装置。通过将 dCpf1 人工转录因子融合到 GPCR 的羧基端，将衔接子蛋白 ARRB2 与 TEVp 蛋白酶融合，当配体与 GPCR 结合将刺激 ARRB2-TEVp 融合构件体募集并在 TCS 处裂解，触发 dCpf1 释放入核，从而调节内源基因转录。该装置可以允许工程后的细胞来精准感测多种癌症信号并产生预设好的响应。

来自美国斯坦福大学的亓磊教授团队认为 Tango 系统"一个配体激活一个转录因子"的模式使得基因效率非常低。亓磊团队使用另一种称之为 ChaCha 的设计方案，可实现"一个配体激活多个转录因子"。类似刘团队，他们通过 CRISPR-dCas9 技术利用 GPCR 将细胞外信号感知转换为程序化的转录反应。实验设计两个系统 Tango 和 ChaCha，对这两个系统对比发现 ChaCha 优于 Tango，ChaCha 不仅能有效激活内源性基因，还能激活多个基因。随后测试 ChaCha 设计通用性发现它能感应多个不同激素，包括血管加压素、促甲状腺激素释放激素等配体。早期临床试验显示出不错前景，并且引导新的白血病疗法。然而，最具革命性的是使用活细胞作为治疗方法，有望开启一个超越传统化疗的新方案。

另一方面，蛋白激酶信号途径在酵母交配过程中发挥着独特的信号调节作用。酵母单倍体细胞生长过程中不断向外界介质释放交配因子，借助丝裂原活化蛋白激酶（mitogen-activated protein kinase，MAPK）信号通路调控交配过程，其中涉及 Ste3、Ste2（交配因子受体）、G 蛋白、Ste20、Ste11（MAP-KKK）、Ste7（MAPKK）及 Fus3（MAPK）等。交配因子可与相反交配型细胞膜表面受体结合并介导 G 蛋白解偶联，使 Gβγ 亚基与 Gα 亚基在解偶联后经一系列级联信号逐级激活以上交配相关蛋白，经磷酸化激活后组成 MAPK 信号途径模块进一步磷酸化激活下游 Ste12p 和 Far1p 等转录因子，由此介导细胞发育停止于 G1 期，使酵母单倍体细胞完成交配。

交配过程中，别构调节对信号蛋白精确时空控制有着重要作用。真核信号蛋白表现出高度多样化别构调节方式。尽管任何一个基因组可能包含许多与进化相关的信号分子，如蛋白激酶，但单个家族成员通常表现出不同的底物特异性和不同伴侣蛋白特定的别构调节方式。通过控制信号蛋白激活的时间和空间位置，这些别构调节相互作用在布局控制细胞行为的分子调控网络方面发挥核心作用。尽管它们很重要，但对于信号网络中这些复杂的别构调节关系如何演变知之甚少。这些调控系统的分子复杂性是进化过程中的巨大挑战：别构激活剂及作用的靶蛋白必须同时获得互补的调控特性，才能使这些系统发挥功能并提供选择性优势。这些别构激活剂也必须有足够的特异性，以确保它们不会无意中与细胞的同源信号成分相互作用。因此，这种多因子调控系统是如何发展出来才能如此高效进行工作，目前仍是未解之谜。在别构调节系统，新的蛋白质伙伴关系必须进一步发展演变，与任何现有的调节形式无关，并必须产生复杂的结构重组。计算和蛋白质工程研究表明，蛋白质结构和动力学的某些特征可能赋予蛋白质一些别构调节的潜在能力。然而，进化过程中自然系统是否利用这些潜在特征来产生新的别构调控，目前尚不清楚。

别构交互作用提供了对信号蛋白的精确时空控制调节，但别构激活物及靶点如何共同进化却知之甚少。Ste5 作为 MAPK 途径中的支架蛋白与 Ste11、Ste7 及 Fus3 均存在相互作用，将以上三种蛋白集合于同一位点，可使酵母只用一套蛋白组分就能完成胞外不同信号分子的传递过程。林（Wendell Lim）等研究发现酵母支架蛋白 Ste5 含有两个别构激活模件，这两个模件可特异性结合（图8-5）。Ste5的一个激活模件VWA负责抑制通路间活化，另一个激活模件FBD负责调节酵母交配行为。令人惊讶的是，这两个Ste5激活模件都可以控制Ste5出现之前从Fus3分化出来的MAP激酶，表明Ste5激活是通过利用MAPK祖先中已经存在的潜在调控特性产生。这种潜在别构作用在pre-ste5 MAP激酶中广泛存在并具有较大波动，提供了一个隐藏的多样化表型调控方式，当新的激活因子被揭示时，可能导致功能差异和演变出不同信号调控行为。

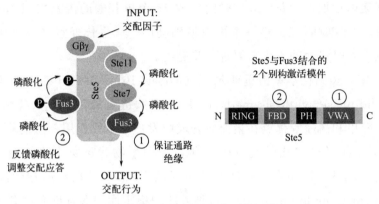

图 8-5　Fus3 在酵母中的别构调节

　　总之，在酵母细胞内将MAPK激酶信号转导通路的支架蛋白改造为工程化的合成支架蛋白，作为空间上区域化的信号节点，将原本基于支架蛋白的反应整合在一起，得到完全依赖于蛋白质相互作用的、可重新编程配置的人工信号通路，可实现逻辑门、超敏开关等具有时序和动力学行为的生物器件，不仅可推动合成生物学理论和应用的发展，也可为人造生物系统工程化和实用化发挥关键支撑作用。

第五节　DNA 体外酶法合成

　　合成生物学最大任务之一就是完成DNA的体外合成，主要可分为三个阶段。第一阶段是体外完成的DNA模板依赖性保真性生物合成，以阿瑟·科恩伯格于1967年在体外完成φX174基因组合成为代表；第二阶段是引入突变的DNA模板依赖性，以定点突变PCR为代表；第三阶段则是完全意义的从头合成，不需要模板，完全按照给定序列进行的 DNA 合成，真正体现合成生物学真谛，也是本节谈论的重点。

一、DNA 固相化学合成

DNA 化学合成的历史可追随到 1961 年，印度裔美国分子生物学家霍拉纳和同事首次采用液相法完成二脱氧核糖核苷酸合成。后续的改进使合成的寡核苷酸长度逐渐增加，如花费 5 年时间完成 77 个核苷酸的丙氨酸 tRNA 的基因合成；花费 7 年时间完成第一个蛋白编码基因——生长抑素（14 个氨基酸残基）合成，费时费力的方法需要进一步完善。

1963 年，美国化学家梅里菲尔德（Robert Bruce Merrifield）发明固相合成法（solid phase synthesis method）用于多肽链合成，该方法凭借高效率、高通量、简单和高速等优点在蛋白质合成中发挥了重要作用，梅里菲尔德也因此荣获 1984 年诺贝尔化学奖。1981 年，美国生物化学家卡洛特斯（Marvin Caruthers）团队在固相合成基础上成功开发 DNA 的亚磷酰胺化学法（solid-phase phosphoramidite method），这种方法的稳定性和保真度允许开发出自动化方法以实现寡核苷酸的商业合成，是目前最常用的方法。然而该方法因其步骤复杂、费用昂贵和污染性大等诸多缺陷而需要探索新的方法，酶法成为一个重要方向。

二、酶法 DNA 合成

1960 年，美国生物化学家博卢姆（Frederick James Bollum）从小牛胸腺提取物中鉴定出一种新型 DNA 聚合酶，后续研究发现该酶与大多数 DNA 聚合酶不同，它的催化活性不需模板，因此被命名为末端脱氧核苷酸转移酶。在人体中，TdT 主要存在于胸腺和骨髓中的未成熟细胞，通过在免疫球蛋白和 T 细胞受体重链的 V-D 和 D-J 连接处添加随机核苷酸来增加免疫系统多样性。此外，TdT 还参与了 DNA 双链断裂的非同源末端连接修复过程。

TdT 催化的无模板 DNA 合成需一段引物来起始反应，此外还需二价阳离子如 Mg^{2+}、Mn^{2+}、Zn^{2+} 和 Co^{2+} 等参与，而酶活性取决于选用的二价阳离子和所添加的核苷酸种类。采用 TdT 催化合成 DNA 的方法称为酶促 DNA 合成

(enzymatic DNA synthesis，EDS）或模板不依赖寡聚核苷酸合成（template-independentenzymatic oligonucleotide synthesis，TiEOS）。酶促 DNA 合成有三个核心组件，首先是高度工程化的 TdT，可实现高保真度和高连接效率的 DNA 3′-末端核苷酸添加；其次是可逆终止核苷酸添加的反应体系，可保证添加单个碱基后及时终止反应而待下个反应开始前有效恢复；最后是固体支持物和引导 DNA，可最大限度减少反应步骤和增加合成产率。酶促 DNA 合成在操作性和便利性方面均得到显著提升，改变了添加和合成的速度和控制，减少了对环境的影响。

DNA 固相化学合成通常合成 200bp 以下的寡核苷酸，酶法的出现可以使片段延长到 3kb，但若进一步延长则会造成产率和保真度下降，为解决这一难题，通常采用先合成多条短片段 DNA，然后再采用拼接的方法将其连接最终达到要求。

三、 DNA 片段拼接

目前常用的 DNA 长片段组装的方法有吉布森组装（Gibson assembly）和聚合酶循环组装（polymerase cycling assembly，PCA）。

吉布森组装是一种酶促方法，最初制备两条具有互补的末端重叠区域的 DNA 双链；它们随后都被 5′末端核酸外切酶酶切而产生拥有互补单链的 3 末端；两条双链黏性末端进行退火并通过聚合酶进行修复；最后使用 DNA 连接酶将每条链的切口缝合形成一条完整 DNA 双链。经过多轮吉布森组装最终可获得长片段 DNA。然而，这一过程较为费时，并且需要大量高纯度寡核苷酸。寡核苷酸纯度是确保正确组装的关键，错误组装可导致基因变异。

在 PCA 中，正义链的寡核苷酸与相对应反义链的寡核苷酸存在互补序列，因此多条正义链和反义链在退火情况下会产生交替的"间隙"；使用 DNA 聚合酶填充间隙以产生用于 PCR 扩增的双链 DNA 模板；最后引入与双链 DNA 模板的 5 末端互补的外部引物以进行 PCR 反应，该反应扩增目标序列最终获得目标产物，采用该方法可获得大于 2.5kb 的 DNA。与吉布森组装一样，PCA 性能也受到寡核苷酸纯度的影响，此外还与 DNA 扩增过程中所使用的高保真度校对 PCR 酶有关。尽管如此，吉布森组装和 PCA 仍是大片段 DNA 合成的主要选用方法。

四、广泛应用

人工 DNA 合成是合成生物学一个基本工具，使研究人员能够在无模板前提下合成几乎任何序列的 DNA 分子。与定点诱变等经典分子生物学技术相比，基因合成技术产生的新序列具有无与伦比的速度、精度和灵活性。

目前，人工 DNA 合成已拥有着广阔的应用，包括引物、探针、连接子、适配器、基因、调控元件、代谢途径甚至整个生物基因组。尤其在基因组合成方面更是进展迅速，2002 年完成 7558bp 的脊髓灰质炎病毒基因组合成，随后又完成 5386bp 的 φX174 噬菌体基因组、582970bp 的生殖支原体基因组、1.08Mb 的蕈状支原体基因组等，最近还完成了真核生物酵母基因组的人工合成。

随着基因组测序时代的到来，"读"的问题已基本解决，"写"就成为下一个重要方向，通过人工合成特定 DNA 序列而探索生命奥秘，同时也有望为特定疾病治疗带来新突破。

主要参考文献

[1] Monod J, Jacob F. Teleonomic mechanisms in cellular metabolism, growth, and differentiation [J]. Cold Spring Harb Symp Quant Biol, 1961, 26: 389-401.

[2] Davis B D. The teleonomic significance of biosynthetic control mechanisms [J]. Cold Spring Harb Symp Quant Biol, 1961, 26: 1-10.

[3] 张今. 进化生物技术——酶定向分子进化 [M]. 北京: 科学出版社, 2004.

[4] 郑用琏, 罗杰, 胡南, 等. 基础分子生物学 [M]. 北京: 高等教育出版社, 2018.

[5] 张今, 施维, 姜大志, 等. 合成生物学与合成酶学 [M]. 北京: 科学出版社, 2011.

[6] 赵亚华. 基础分子生物学教程 [M]. 北京: 科学出版社, 2006.

[7] Gardner T S, Cantor C R, Collins J J. Construction of a genetic toggle switch in Escherichia coli [J]. Nature, 2000, 403 (6767): 339-342.

[8] Elowitz M B, Leibler S. A synthetic oscillatory network of transcriptional regulators [J]. Nature, 2000, 403 (6767): 335-338.

[9] Stricker J, Cookson S, Bennett M R, et al. A fast, robust and tunable synthetic gene oscillator [J]. Nature, 2008, 456 (7221): 516-519.

[10] Greber D, Fussenegger M. Mammalian synthetic biology: engineering of sophisticated gene networks [J]. J Biotechnol, 2007, 130 (4): 329-345.

[11] Tigges M, Marquez-Lago T T, Stelling J, et al. A tunable synthetic mammalian oscillator

［J］. Nature, 2009, 457 (7227): 309-312.

［12］ de la Peña M, García-Robles I, Cervera A. The hammerhead ribozyme: A long history for a short RNA ［J］. Molecules, 2017, 22 (1): 78.

［13］ Hieronymus R, Müller S. Engineering of hairpin ribozyme variants for RNA recombination and splicing ［J］. Ann N Y Acad Sci, 2019, 1447 (1): 135-143.

［14］ Ausländer S, Fuchs D, Hürlemann S, et al. Engineering a ribozyme cleavage-induced split fluorescent aptamer complementation assay ［J］. Nucleic Acids Res, 2016, 44 (10): e94.

［15］ Cech T R, Steitz J A. The noncoding RNA revolution-trashing old rules to forge new ones ［J］. Cell, 2014, 157 (1): 77-94.

［16］ Liu Y, Zhan Y, Chen Z, et al. Directing cellular information flow via CRISPR signal conductors ［J］. Nat Methods, 2016, 13 (11): 938-944.

［17］ P Teixeira A, Fussenegger M. Engineering mammalian cells for disease diagnosis and treatment ［J］. Curr Opin Biotechnol, 2019, 55: 87-94.

［18］ Kipniss N H, Dingal P C D P, Abbott T R, et al. Engineering cell sensing and responses using a GPCR-coupled CRISPR-Cas system ［J］. Nat Commun, 2017, 8 (1): 2212.

［19］ Roybal K T, Rupp L J, Morsut L, et al. Precision tumor recognition by T cells with combinatorial antigen-sensing circuits ［J］. Cell, 2016, 164 (4): 770-779.

［20］ Liu Y, Han J, Chen Z, et al. Engineering cell signaling using tunable CRISPR-Cpf1-based transcription factors ［J］. Nat Commun, 2017, 8 (1): 2095.

［21］ Coyle S M, Flores J, Lim W A. Exploitation of latent allostery enables the evolution of new modes of MAP kinase regulation ［J］. Cell, 2013, 154 (4): 875-887.

［22］ Lee J, Natarajan M, Nashine V C, et al. Surface sites for engineering allosteric control in proteins ［J］. Science, 2008, 322 (5900): 438-442.

［23］ Reynolds K A, McLaughlin R N, Ranganathan R. Hot spots for allosteric regulation on protein surfaces ［J］. Cell, 2011, 147 (7): 1564-1575.

［24］ Caruthers M. Gene synthesis machines: DNA chemistry and its uses ［J］. Science, 1985, 230 (4723): 281-285.

［25］ Hoose A, Vellacott R, Storch M, et al. DNA synthesis technologies to close the gene writing gap ［J］. Nat Rev Chem, 2023, 7 (3): 144-161.

［26］ Moteaa E A, Berdis A J. Terminal deoxynucleotidyl transferase: The story of a misguided DNA polymerase ［J］. Biochim Biophys Acta, 2010, 1804 (5): 1151-1166.

［27］ Hughes R A, Ellington A D. Synthetic DNA synthesis and assembly: Putting the synthetic in synthetic biology ［J］. Cold Spring Harb Perspect Biol, 2017, 9 (1): a023812.

第九章

酶与药物研发

酶拥有丰富多样的生物学功能，对生命产生和维持具有至关重要的作用，自然而然酶的活性异常会引起机体功能障碍甚或疾病发生，因此酶就当仁不让成为药物研发和疾病治疗的重要靶点。目前，市场销售近一半的药物都是酶的抑制剂或失活剂，这些药物在解除病痛和挽救生命方面发挥至关重要的作用，并且已经并将继续推动现代医药发展。

在药物史上诞生了众多具有里程碑意义的酶抑制剂型药物，这里将分两章展开介绍，本章介绍常用药物的研发过程，包括环氧化酶抑制剂和消炎药、血管紧张素转化酶抑制剂和降压药、HMG 辅酶 A 抑制剂和降胆固醇药、磷酸二酯酶抑制剂和男性药、逆转录酶抑制剂和艾滋病治疗药、RNA 聚合酶抑制剂和抗丙肝药、乙酰化酶抑制剂和长寿药等，第十章将聚焦于酶的抑制剂在肿瘤治疗中的应用。

第一节　阿司匹林与环氧化酶

炎症（inflammation）是最早被人类认识和定义的疾病之一，表现为机体受到病原体和受损细胞等有害刺激后产生的一种病理应答，典型特征是痛、红、热和肿等。炎症本身是一种机体保护反应，目的在于清除异物和受损细胞并完成组织修复，然而由于炎症会带来巨大身体不适感，严重的还会影响健康甚至威胁生命，因此需要一定的药物进行缓解。目前应用最广泛的一类缓解炎症症状的药物是非甾体抗炎药（nonsteroidal anti-inflammatory drug，NSAID），而这类药物的研发要从阿司匹林（aspirin）的应用和药理机制的阐明说起。

一、阿司匹林

阿司匹林可称得上是世界上应用最广泛的药物之一，它具有的解热、镇痛及抗炎等多重功效使其在临床上得到青睐，此外还对血栓等疾病预防具有重要价值。阿司匹林还是历史最悠久的药物之一，最早可追溯到希波克拉底时代的柳树皮止痛，此后在柳树皮中分离得到有效成分水杨酸，然而水杨酸在应用过程中由于存在诸多副作用而遭到诟病，需进一步改造。

1897年，德国拜耳公司科学家霍夫曼（Felix Hoffmann）合成乙酰水杨酸，并将其命名为阿司匹林进行销售，使其应用范围得到迅速推广。阿司匹林巨大的成功也促使了相关药物的开发，20世纪还研发出苯基丁氮酮（phenyl-butazone，又名保泰松）、吲哚美辛（indomethacin，又名消炎痛）、布洛芬（ibuprofen）等消炎药，但这些药物如何发挥药物作用却一直未被阐明。

20世纪50年代，主流观点认为，阿司匹林可能通过影响中枢神经系统发挥药理作用。英国生物学家科利尔（Harry Collier）则决定通过实验来确定阿司匹林作用机制，初步结果显示阿司匹林的药理作用为局部效应，而非全身。限于实验手段，科利尔在经过近十年研究后仍无法确定阿司匹林发挥局部作用的机制，科利尔获悉药理学家文恩（John Robert Vane，1927—2004）的实验室拥有完善的实验设施后安排研究生派普（Priscilla Piper）加入文恩实验室来共同解决这个难题。

二、文恩和前列腺素

文恩出生于英国伍斯特郡，先天就对科学产生巨大的兴趣，儿时他就在家中厨房建立实验室并开展化学实验，险酿成重大事故，后在花园搭建简易实验室开展各种简单研究。高中时，文恩又对化学情有独钟，于1944年进入伯明翰大学化学专业学习，但后来却因厌倦化学反应结果的不确定性，毕业后进入牛津大学著名药理学家伯恩（Joshua Harold Burn）实验室深造。在伯恩指导下，文恩一方面增进了对生物学实验和药理学的挚爱，另一方面熟练掌握了药理学的各种实验操作，最重要的是提升了对许多实验结果的敏锐洞察力。

1955年，文恩成为伦敦大学皇家外科学院（Royal College of Surgeons, RCS）基础医学研究院的高级讲师，开启了自己独立的科研生涯。为更好地进行研究，文恩发展并改进了传统的药理学方法——级联灌注生物测定（cascade superfusion bioassay），将特定器官在体外进行灌注后检测相关生物指标变化。文恩还创造性将多个器官在体外进行依次灌注，既减少了整体动物的复杂性，又可模拟动物生理环境整体性。这一方法革新为阿司匹林药理机制的阐明提供了技术保障。

派普和文恩采用级联灌注生物测定技术检测分离经过血液灌注后的过敏豚鼠的肺组织成分时发现一类未知且高度不稳定的物质，这些物质可引起兔动脉条收缩，故将其命名为兔主动脉收缩物质（rabbit-aorta contracting substance, RCS）。对RCS进一步分析发现，它们与当时已知的一类物质——前列腺素（prostaglandin, PG）相似。前列腺素是一类花生四烯酸等转化生成的重要炎症介质，通过引起炎症反应而造成疼痛、发热等一系列症状。最初文恩推测，许多机械或化学刺激（如豚鼠过敏）可通过增加前列腺素合成而造成疼痛，而级联灌注生物测定技术证实了自己的推论，敏锐的洞察力使文恩进一步推测阿司匹林的药理作用可能与前列腺素生成有关。

为证实该假说，派普和文恩决定执行体外生化试验。首先制备豚鼠肺组织匀浆上清，并平均分为两份，一份加入前列腺素前体物花生四烯酸，另一份除加入等量花生四烯酸外还补充阿司匹林或吲哚美辛等物质。结果发现，前一份生成了大量前列腺素，而后一份前列腺素数量显著减少。为避免非特异性作用，文恩等进一步使用其他镇痛药物如吗啡和氢化可的松等进行实验，结果它们均不影响花生四烯酸生成前列腺素的过程。结合这些结果可初步得出结论，阿司匹林通过抑制前列腺素生成发挥消炎作用。1982年，文恩由于前列腺素和相关生物活性物质发现方面的贡献分享诺贝尔生理学或医学奖。

三、环氧化酶

1976 年，在前列腺素生成细胞中检测到环氧化酶（cyclooxygenase，CO✓）活性，该酶又称前列腺素-内过氧化物合酶（prostaglandin-endoperoxide synthase，PTGS），主要负责各种前列腺素生成。后来发现机体存在两种亚型，根据基因克隆先后被命名为 COX-1（1988 年）和 COX-2（1991 年）。两种 COX 在组织定位和表达等方面存在诸多差异，COX-1 主要在血管、间质细胞、平滑肌细胞、血小板和间皮细胞等表达；COX-2 则主要存在于许多组织的实质细胞。COX-1 为组成型表达，基本不受外界因素影响，主要防止损伤（如胃肠道具有细胞保护作用）和避免凝血；COX-2 为诱导型表达，可在炎症介质和细胞因子等诱导下表达增加，通过增加前列腺素生成而介导炎症反应。

两种亚型 COX 的发现完美解释了阿司匹林的临床副作用。阿司匹林是一种非特异性 COX 抑制剂，抗炎作用通过抑制 COX-2 实现，而副作用源于抑制 COX-1 所致。基于这一特征，开发 COX-2 特异性抑制剂作为消炎药更有临床价值。

四、 COX-2 特异性抑制剂

早在 COX-2 发现前，杜邦公司就开发出一种新型化合物 DuP-697，它拥有阿司匹林等传统化合物的抗炎效果，但没有它们的胃肠道损害等毒性。一旦 COX-2 鉴定后，DuP-697 就成为开发特异性抑制剂的先导化合物，此外 COX-2 三维结构的阐明进一步加快了药物研发步伐。

美国药理学家尼德曼（Philip Needleman）于 1989 年担任孟山都副总裁，后于 1993 年担任塞尔公司总裁，全面负责 COX-2 抑制剂研究，最终成功开发塞来昔布（celecoxib），于 1998 年 12 月被 FDA 批准用作消炎药，商品名西乐葆（celebrex），后成为辉瑞公司产品。塞来昔布成为第一种临床 COX-2 抑制剂药物，主要用于骨关节炎、类风湿性关节炎、急性疼痛、月经疼痛和强直性脊柱炎等的治疗。塞来昔布也成为辉瑞公司最畅销药之一，2021 年全年，美国有近二百万患者服用塞来昔布。随后多种 COX-2 特异性抑制剂被批准应用，包括依托昔布（etoricoxib）、帕瑞昔布（parecoxib）和罗美昔布（lumiracoxib）等（图 9-1）。阿司匹林、布洛芬、萘普生、双氯芬酸和各种昔布等构成一类全新药物，称非甾体抗炎药，以区别于甾体类抗炎症药物如泼尼松、氢化可的松等。

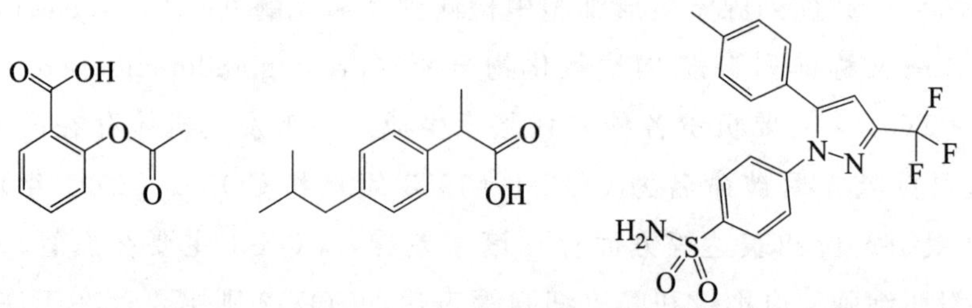

图 9-1　阿司匹林、布洛芬和塞来昔布

遗憾的是非甾体抗炎药普遍具有肾损伤、心脏毒性等临床副作用，还会增加心肌梗死风险，2015 年 7 月，FDA 发出非甾体抗炎药可引发心脏病或中风的警告。对于这一副作用可能的原因在于心脏也表达 COX-2，因此抑制其活性可能破坏心血管系统前列腺素平衡，而前列腺素也并非毫无价值的坏分子。

第二节　卡托普利与血管紧张素转化酶

血压（blood pressure，BP）是机体循环的血液对血管壁施加的压力，通常指体循环中的动脉压，单位用毫米汞柱表示。血压有两个数值，分别为收缩压（数值大者）和舒张压（数值小者），成人正常血压约为 120/80 毫米汞柱。高血压（hypertension）是一种慢性病，是指血压保持在 140/90 毫米汞柱或以上，若超过 180/110 毫米汞柱，则为严重高血压。

高血压通常没有明显症状，但长期高血压则是造成高血压心脏病、冠状动脉疾病、中风和慢性肾脏病等的重要诱因。据估计，全球有十亿以上的人均存在不同程度的高血压，在平衡膳食及其他预防措施基础上，药物控制也是必不可少的手段。目前有几类降压药可用，包括噻嗪类利尿剂（如氢氯噻嗪）、钙通道阻滞剂（如硝苯地平）、血管紧张素受体拮抗剂（如氯沙坦）、β-受体阻滞剂（如美托洛尔）和血管紧张素转换酶抑制剂（如卡托普利）等，这里重点介绍血管紧张素转换酶抑制剂卡托普利等的研发和应用过程。

一、肾素-血管紧张素系统的发现

卡托普利的故事可追溯到 19 世纪，当时临床发现众多肾病患者同时会伴随血压异常症状，但具体原因不详。1898 年，芬兰生理学家蒂格斯泰特（Robert Tigerstedt）和学生在卡罗琳斯卡研究所完成一个著名实验，将兔子肾脏提取物重新注射到兔子体内，结果发现即使极少量提取物也会显著增加血压，他们对此的解释是肾脏产生一种可升高血压的物质，被命名为肾素（renin）。肾素的发现深化了对肾性高血压认识，同时也激发了许多科学家研究肾素调节血压的机制。1934 年，美国病理学家戈德布拉特（Harry Goldblatt）完成了另一著名实验，用一个可调节钳夹收缩狗的肾动脉，结果诱发狗高血压发生，进一步证明了肾脏在高血压发生中的作用。

为理解肾脏影响血压的机制，阿根廷生理学家门德斯（Eduardo Braun-Menéndez）和美国生理学家佩奇（Irvine Heinly Page）各自领导研究小组开展肾素纯化研究。但随后却惊奇地发现，随着肾素浓度的升高，血压并未出现和肾素一致的升高趋势，二者并不呈现线性关系，这一谜团最终于 1940 年揭开，原来肾素本身不直接影响血压，而是作为蛋白酶通过水解一种蛋白前体物来实现。这种升高血压的物质被认为是通过收缩血管来实现的，因此将其命名为血管紧张素（angiotensin），而将前体物质称为血管紧张素原（angiotensinogen）。

20 世纪 50 年代，小斯凯格斯（Leonard Skeggs Jr）发现血管紧张素并非单一成分，至少存在两种类型——血管紧张素Ⅰ和Ⅱ，血管紧张素Ⅰ无血压升高活性，血管紧张素Ⅱ才是引起血管收缩、升高血压的真正物质。进一步分析表明，血管紧张素Ⅰ可转化为血管紧张素Ⅱ，该过程由血管紧张素转化酶（angiotensin-converting enzyme，ACE）催化完成。1956 年，小斯凯格斯在血液鉴定出 ACE，至此血压调节的肾素-血管紧张素系统（RAS）被基本阐明。

二、 ACE 抑制剂

英国科学家文恩研究发现血液中 ACE 酶活性较低，其作用不足以解释

RAS 系统调控血压的作用，预示着应该有其他机制存在。1967 年，文恩小组借助灌注生物测定法发现肺泡中也存在 ACE，并证明主要是肺泡 ACE 催化的血管紧张素 II 生成对机体血压进行调控，这一发现意味着开发 ACE 抑制剂有望在高血压治疗方面发挥重要作用。巧合的是，一位巴西生物化学家费雷拉（Sergio Ferreira，1934—2016）来到文恩实验室开展博士后研究，从而加快了项目进程。

1961 年，医学院毕业的费雷拉最初对神经生理学情有独钟，但鉴于整个巴西都没有神经生理学家，因此不得不跟随巴西著名药理学家席尔瓦（Mauri-cio Oscar Rocha e Silva）开展研究。席尔瓦最大的贡献在于 20 世纪 40 年代从一种巴西毒蛇的毒液中鉴定出缓激肽（bradykinin），这是一种包含九个氨基酸残基的多肽，具有降低血压的作用。席尔瓦随后人工合成了缓激肽，进一步检测其活性却发现其降血压作用显著低于从毒液中纯化的缓激肽，为此让费雷拉研究这一现象背后的机制。费雷拉深入研究发现从毒液中纯化的缓激肽纯度不够，含有一种增强缓激肽降血压活性的"杂质"，被称为缓激肽增效因子（bradykinin potentiating factor，BPF），二合一效果可使被毒蛇咬伤的个体出现严重低血压而快速死亡，在费雷拉看来毒蛇简直太聪明了。

1965 年，费雷拉加入文恩实验室，准备研究 BPF 降血压机制。文恩对 BFP 很感兴趣，鉴于当时实验室正在研究 ACE，因此安排费雷拉探索 BPF 与 ACE 的关系。费雷拉使用肾素高血压大鼠模型检测 BPF 活性，结果发现其可使血压降低至正常水平，由于肾素高血压模型升高的是血管紧张素I，而血管紧张素I本身没有活性只有转化为血管紧张素II才具有升高血压的能力，因此这个结果说明 BPF 最可能的机制是抑制 ACE 活性，体外试验亦证明 BPF 确实可抑制 ACE 酶活性。1973 年，文恩为伦敦志愿者单独注射血管紧张素可引起血压升高，而同时注射血管紧张素I和人工合成的 BPF 则血压不再升高；另一项在美国的研究显示为高血压患者注射 BPF 可起到降血压的目的。至此，BPF 作为一种新型降血压药物的证据全部具备，遗憾的是 BPF 是一种多肽，无法口服吸收，而当时降压药均需长期服用，因此这一不便显然妨碍了 BPF 的应用。

三、卡托普利开发

文恩当时是美施宝公司的科学顾问，他在 1968 年的报告中阐述了 ACE 抑制剂将是高血压药物研发的新方向。然而当时主流观点认为 ACE 活性与高血压的相关性只有 5% 左右，因此 ACE 抑制剂的商业前景并不乐观。但在文恩的一再坚持下，美施宝公司最终决定成立一个由生物化学家库什曼（David Cushman，1939—2000）和肽类化学家翁代蒂（Miguel Ondetti，1930—2004）等组成的攻关小组，重点开发 ACE 抑制剂。费雷拉小组和库什曼小组几乎同时确定了 BPF 的降血压作用以及 BPF 的五肽结构，在进一步研发时也遇到了同样阻力。

文恩每年都造访美施宝公司三次，每次都发现他们对该项目的热情在日趋减弱，主要原因在于公司营销人员的反对意见，他们一再坚持蛇毒提取物 BPF 不可能成为一种新药，降压药必须口服，肽类降压药没有市场，这样预示着公司必须转换思路来解决这一棘手问题。1970 年至 1973 年间，美施宝公司研究人员随机测试了 2000 种化学结构的 ACE 抑制剂活性，但均以失败告终。幸运的是，1974 年一个偶然事件挽救了这一项目。

1974 年 3 月 13 日，库什曼和翁代蒂阅读到一篇有关羧肽酶 A 抑制剂的文章，从而产生了巨大灵感。当时，蛋白质三维结构主要采用 X 射线晶体衍射技术进行解析，并且仅有少数蛋白质结构被阐明，幸运的是其中包含羧肽酶 A，这也是一种水解多肽的酶，在功能上与 ACE 具有一定的相似性。蛋白质结构的一个基本定律是结构决定功能，而库什曼和翁代蒂则反其道而行之，认为功能类似的不同酶在结构上也具有一定的相似性，至少功能域如此。基于这一假设，他们对 ACE 的结构和性质进行了合理推测，首先 ACE 和羧肽酶 A 类似，也是一种含锌的金属蛋白酶；ACE 与羧肽酶具有类似的活性中心；ACE 抑制剂与羧肽酶 A 抑制剂的作用机制类似。这样就意味着，他们可以将已开发成功的羧肽酶 A 抑制剂作为 ACE 抑制剂设计的参考物，并结合 BPF 结构进行修饰和改进。

首先，ACE 将 10 个氨基酸残基的血管紧张素 I 水解成 8 个氨基酸残基的血管紧张素 II，在羧基端一次去掉两个氨基酸残基，而羧肽酶 A 仅水解掉羧基端一个氨基酸，基于这一差异，他们为羧肽酶 A 抑制剂添加了一个氨基酸残基。此外还引入巯基结构可实现在不影响特异性基础上增加抑制效果。基于结构-功能关系理论，采用"纸上谈兵"策略，他们先后测试了 60 种化合物，最终于 1975 年成功开发出甲巯丙脯氨酸，标志着卡托普利（captopril）的诞生（图 9-2）。从药物构思到设计完成仅花费了 18 个月，这在药物研发史上堪称奇迹。

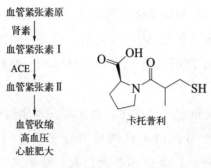

图 9-2　ACE 与卡托普利

卡托普利是第一种口服 ACE 抑制剂，随后的临床试验在降低高血压方面显出奇效，因此于 1981 年 4 月被 FDA 批准应用于高血压治疗。鉴于卡托普利在药物发展史上的重要性及其理想高效而使库什曼和翁代蒂分享 1999 年拉斯克临床医学奖。

四、卡托普利发展

后续临床试验为卡托普利的功效提供了更多证据。1987 年一项研究表明，接受依那普利治疗的严重心力衰竭患者一年死亡率降低 31%；后续另一项实验发现，卡托普利治疗的左室功能不全心脏病患者死亡率降低了 20%。卡托普利虽取得巨大成功，但它本身也具有诸多局限性，如不良反应多（后发现这与携带的巯基相关）；药物动力学不理想，半衰期短，每天需服用 2 到 3 次，影响使用便利性。

20 世纪 80 年代，默克公司等聚焦 ACE 新型抑制剂研发以解决卡托普利缺陷。先后开发成功依那普利（enalapril）、培哚普利（perindopril）、赖诺普利（lisinopril）和雷米普利（ramipril）等十余种 ACE 抑制剂，并得到广泛临床应用。

今天，多种 ACE 抑制剂已成为高血压和充血性心力衰竭治疗的常用药，从而挽救了上千万患者的生命，而这一成就的取得源于早期 ACE 酶的鉴定、功能研究以及卡托普利的成功开发。

第三节　他汀药物与 HMG 辅酶 A 还原酶

胆固醇（cholesterol）是一种重要的脂类物质，一方面可构成细胞膜等膜性结构，对于保证细胞功能完整性具有重要意义，另一方面还可转化出多种生物活性物质如胆汁酸、维生素 D_3、性激素和肾上腺皮质激素等，在维持机体内稳态方面具有重要功能。然而，胆固醇也存在两面性，血液中胆固醇过多，容易沉积于血管表面形成斑块，最终引起冠状动脉粥样硬化性心脏病（简称冠心病）或中风。

一、胆固醇与冠心病

冠心病是一种常见病和多发病，常造成心肌缺血、心肌梗死等危及生命的情况发生。冠心病是发达国家最重要的死亡原因，随着我国居民生活水平的提高，冠心病的危害性也逐渐显现，因此寻求治病良药当然意义重大。早在 19 世纪，德国病理学家魏尔啸（Rudolf Ludwig Karl Virchow）就发现，死于心肌梗死患者的动脉壁上存在斑块，其中含有胆固醇。后又发现，胆固醇可造成动脉壁增厚而发生动脉狭窄，增加高血压和血管闭塞性疾病的风险。20 世纪 50 年代，美国一项大规模流行病学调查显示，冠心病的发生与血液高胆固醇呈正相关。1961 年，美国对 5000 多名 30 岁至 62 岁人群进行的一项调查显示，高胆固醇是造成心脏损伤的重要因素，血液中的胆固醇含量与心血管疾病的发生概率呈正相关。1965—1967 年，世界卫生组织对 15745 名临床健康的成年男性进行了一次前瞻性试验，结果表明：降低血清胆固醇可有效预防缺血性心脏病。这些数据不约而同地将胆固醇推到风口浪尖。学术界也逐渐达成了一定共识，归纳为一句话就是：高胆固醇有害，降胆固醇有益。

如何降低体内胆固醇呢？首先看胆固醇的来源：它或者从食物直接摄取，或者利用其他营养物质如糖等转化合成。对胆固醇轻度升高而言，调整饮食结构即可；但对中度和重度胆固醇升高而言，则需要抑制体内胆固醇的合成。

20 世纪 50 年代，单纯通过饮食手段降低冠心病患者血浆胆固醇的希望落空，从而导致 60 年代氯贝特、胆甾胺和尼克酸等一系列药物的开发与应用。

这些药物显著提升了胆固醇降低效果，但因其巨大副作用先后被临床淘汰，亟需新药来填补空缺。

二、胆固醇生物合成

20 世纪 40 年代，德国裔美国生物化学家布洛赫开始系统研究胆固醇合成。布洛赫使用放射性同位素^{14}C 和 ^{3}H 标记的方法证实胆固醇合成来源为二碳单位（最初认定是乙酸，后证实为乙酰辅酶 A）。经过十余年的艰苦探索，最终阐明了胆固醇生物合成的复杂酶促过程（从乙酰辅酶开始需经过三十多步化学反应才可完成）。布洛赫也因此分享 1964 年诺贝尔生理学或医学奖。由此看来，胆固醇堪称名副其实的"明星分子"。

胆固醇的生物合成中，3-羟基-3-甲基戊二酸单酰辅酶 A 还原酶（HMGR）是限速酶，它催化 HMG-CoA 生成甲羟戊酸（MVA），MVA 进一步生成胆固醇，因此寻找降胆固醇药物就转化为筛选到安全、高效、特异的 HMG-CoA 还原酶抑制剂。这一问题由日本科学家远藤章（Akira Endo，1933—）于 20 世纪 70 年代率先予以解决。

三、胆固醇合成阻断

远藤章出生于日本北部农民家庭，从小对真菌表现出异常的偏爱，最崇拜的人是青霉素的发现者弗莱明（Alexander Fleming，1945 年诺贝尔生理学或医学奖获得者），远藤章孩提时代就阅读过多本有关弗莱明的传记和青霉素发现的故事，从而立志将来像弗莱明发现青霉素那样做出有益于人类健康的重大贡献。

1957 年，远藤章在日本东北大学农学院获学士学位，随后加入日本三共制药公司任研究助理。他被安排到应用微生物小组，负责从真菌中寻找新型果胶酶，以除去葡萄酒和苹果酒中的黏果胶，结果顺利完成任务，并由此加强了对真菌重要性的认识。

60 年代，远藤章开始喜欢上胆固醇，不久被 1964 年布洛赫获奖的消息打动，立刻向布洛赫写出求职信，希望获得一个研究职位，遗憾的是未能如愿，远藤章只能于 1966 年进入纽约阿尔伯特·爱因斯坦医学院著名的生物化学家霍雷克（Bernard Horecker，磷酸戊糖途径发现者）的实验室，跟随罗斯菲尔德（Lawrence Rothfield）研究细菌代谢，他发现像胆固醇这样的脂类物质对细菌也有重要作用。远藤章发现心脏病是美国第一死亡原因，而中风是日本头号杀手，两种疾病不约而同指向同一物质，那就是高胆固醇，从而坚定了寻找降胆固醇药物的信心。

1968 年，学成归国的远藤章回到三共公司，并获得一个良机，可根据个人爱好开展研究。此时，长期兴趣（挚爱真菌）和重大需求（降胆固醇药物）合二为一。远藤章提出一个非常大胆的想法：从真菌中寻找降胆固醇药物。当时从真菌中寻找抗生素已是常规做法，而抗生素大多通过抑制细菌代谢发挥生物学活性，而远藤章推测有些抗生素可能会通过影响胆固醇代谢来达到抑菌目的。

四、美伐他汀的发现

尽管三共公司主营业务与胆固醇代谢无明显关联，但公司仍义无反顾支持远藤章的主张。鉴于药物筛选是一项耗时、烧钱的工程，为尽量降低花费，远藤章首先对筛选程序进行改进。评价 HMG-CoA 还原酶抑制剂强弱就是看 HMG-CoA 生成 MVA 的比例，传统方法需要用同位素标记的 HMG-CoA，而这种试剂过于昂贵，开展大规模筛选必然花费巨大而得不偿失。远藤章改用同位素标记的乙酸（费用远低于同位素标记的 HMG-CoA）为材料，可生成乙酰辅酶 A。首先筛选抑制乙酸合成胆固醇的化合物（正筛选），随后从中排除抑制 MVA 合成胆固醇的化合物（负筛选），剩余化合物则抑制乙酸合成 MVA，而 HMG-CoA 还原酶是该阶段最关键的酶。

受弗莱明发现青霉素启发，远藤章认为真菌产生的抑制胆固醇合成的化合物会分泌到细胞外，因此不需碾碎真菌，只需收集培养基即可。由于胆固醇生物合成主要在肝脏完成，因此他选择大鼠肝脏匀浆作为化合物测试体系。万事俱备只欠东风，他接下来需要按部就班地进行筛选，以找到自己心仪的化合物，但随后遇到的困难远超当初预期。

远藤章花费了两年多时间对 6000 多种不同真菌分泌物进行筛选，却没有找到一种符合预期的新型化合物。不过功夫不负有心人，就在项目终止时间即将到来，这个计划即将以失败告终之际，重大转机意外出现。

1973 年 3 月 5 日，远藤章从日本京都附近稻田一株橘青霉（*Penicillium citrinum*）中发现端倪，这种真菌培养基中存在强有力的胆固醇生物合成抑制物。远藤章随后利用溶剂提取、硅胶柱色谱和结晶的方法，最终将该化合物纯化，编号为 ML-236B，命名康百汀（compactin），就是后来的美伐他汀（mevastatin）。远藤章对美伐他汀结构分析发现其与 MVA 结构相似，进一步印证了其作为 HMG-CoA 还原酶竞争性抑制剂发挥生物活性。

1974 年，三共公司启动动物实验，为大鼠连续饲喂美伐他汀 7 天，结果却令人失望：大鼠血浆胆固醇未出现下降，这一结果为美伐他汀的将来应用蒙上一丝阴影。尽管远藤章的深入研究对这一结果作出了合理的解释，即美伐他汀诱导了大鼠肝脏 HMG-CoA 还原酶的表达，但学术界对美伐他汀仍持半信半疑的态度。不久，远藤章的研究再次出现转机。1976 年，病理学家北野北藤（Noritoshi Kitano）与三共公司合作，采用母鸡测试美伐他汀效果，经过两周的饲喂发现：母鸡血浆胆固醇显著降低（达 30％以上）。这一重大利好为远藤章和三共公司带来了巨大信心，因此将测试拓展到狗和猴子等动物，最终得到更加令人信服的结果，那就是美伐他汀具有广谱降胆固醇能力，更大的利好来自随后的临床试验。1977 年，大阪大学医院山本秋郎（Akira Yamamoto）与远藤章一起，给多名遗传性高胆固醇血症患者使用美伐他汀，结果显示：美伐他汀可明显降低血浆胆固醇含量。这一喜人的结果推动三共公司开启正式临床试验，多家医院的结果表明其降胆固醇效果好、安全性高。1981 年，一项更大临床试验也证实了美伐他汀降低血浆胆固醇的高效性和安全性。进一步的机制研究使大家更加确信美伐他汀的疗效。20 世纪 70 年代，美国生物化学家布朗（Michael Stuart Brown）和戈尔茨坦（Joseph Leonard Goldstein）合作，证实高血脂伴发低密度脂蛋白（low density lipoprotein，LDL）升高，而肝细胞表面 LDL 受体通过内吞减少 LDL，而降低冠心病风险。两位科学家由于这一系列发现而分享 1985 年诺贝尔生理学或医学奖。布朗和戈尔茨坦在获悉远藤章的发现后，决定测试美伐他汀对 LDL 的影响，结果发现美伐他汀具有升高肝脏中 LDL 受体含量和减少 LDL 水平的活性，为美伐他汀的临床应用提供了进一步证据。

就在大家满怀信心，对美伐他汀未来寄予厚望时，意想不到的事情发生了。狗的长期、大剂量毒理学实验显示，美伐他汀可增加淋巴瘤的患病风险。这一结果导致三共公司忍痛割爱，最终放弃了美伐他汀的进一步开发。尽管如此，美伐他汀作为第一种他汀类药物，仍开启了一个全新的药物领域，后续研究都在此基础上展开。

五、洛伐他汀的成功

远藤章在寻找降胆固醇药物的同时，其他制药公司也在开展类似研究，但最终却大相径庭。与远藤章发现几乎同步，英国比查姆制药公司（后并入葛兰素史克）费尔斯（Robin Fears）从短密青霉菌（*Penicillium brevicompactum*）中也筛选到康百汀，但进一步利用大鼠开展降胆固醇实验，遇到了和远藤章同样的问题（无法降低胆固醇），因此取消这一项目。

1975 年，默克公司新上任的研究实验室主任瓦杰洛（Roy Vagelos）启动了采用生物化学方法筛选天然化合物作为候选药物的计划，并建议生物化学家艾伯茨（Alfred Alberts）负责寻找 HMG-CoA 还原酶抑制剂。他们得知多家药物公司都在从事这方面研究，尤其是日本三共公司的远藤章已发现美伐他汀显示出良好的降胆固醇效果，意识到有点落伍的阿尔伯茨决定加快步伐，急起直追。1978 年，阿尔伯茨从土曲霉发酵液中发现了一种新型天然产物，其对 HMG-CoA 还原酶抑制活性远超美伐他汀，将其命名为美唯诺林（mevinolin），就是后来的洛伐他汀（Lovastatin）。几乎同时，远藤章也鉴定了洛伐他汀。

1980 年 4 月，默克公司开启洛伐他汀临床试验，尽管相对于三共公司略显滞后，但相对大多数制药公司已是遥遥领先。遗憾的是这一项目也命途多舛，不久也被迫中断，原因源于三共公司披露的美伐他汀严重的副作用。考虑到两种化合物结构高度相似（洛伐他汀仅比美伐他汀多一个甲基），推测洛伐他汀也存在一定的安全风险。

与三共公司不同的是，默克公司并未取消他汀类药物研发。为慎重起见，默克公司进一步开展更加全面的动物毒理实验，两年时间内最终确定洛伐他汀的安全性。即使如此，1983 年重启洛伐他汀临床试验在选择受试人群时，仍仅限于患有冠心病且总胆固醇和 LDL 含量高的高危患者，以符合伦理学要求，将洛伐他汀临床风险降到最低。

1987 年 9 月 1 日，洛伐他汀安全性和有效性被 FDA 认可，并被正式批准应用于临床存在高胆固醇血症的患者。洛伐他汀也成为第一种真正意义上的他汀类药物。严谨起见，默克公司当时仅承认洛伐他汀降胆固醇含量的作用，但不确定患者是否获益。进入 20 世纪 90 年代，针对洛伐他汀开展了更为全面的临床测试，进一步证明它具有显著降低冠心病风险和降低患者总死亡率的效力，且副作用极少。1994 年，一项大规模实验最终表明，洛伐他汀可以作为动脉粥样硬化症的二级预防策略。

洛伐他汀的巨大成功（年销售额曾达到 10 亿美元峰值）引起其他公司纷纷效仿，把大量人力物力投入他汀药物研发，先后产生多款药物，如瑞舒伐他汀（crestor）、阿托伐他汀（lipitor）、普伐他汀（pravastatin）、氟伐他汀（fluvastatin）、匹伐他汀（livalo）和辛伐他汀（simvastatin）等，从而构成了新一类药物（图 9-3）。今天，应用最为广泛的是阿托伐他汀，商品名立普妥（lipitor）。

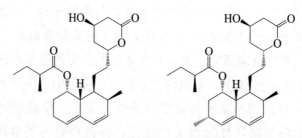

图 9-3　美伐他汀和洛伐他汀

六、深远影响

今天，他汀类药物已成为世界上使用最广泛药物之一，使无数高胆固醇和高 LDL 患者远离心梗和中风的风险，挽救了众多生命。他汀类药物已成为预防冠状动脉粥样硬化发生的二级甚至一级预防措施。他汀类药物的发现，推动了高胆固醇血症治疗领域的一场革命，并创造了药物研发史上又一个传奇。

需注意的是，他汀类药物也并非完美无缺，也存在一定的副作用，长期服用会带来健康风险。2012 年，FDA 宣告，他汀类药物可小概率升高血糖并最终诱发 2 型糖尿病的发生；还具有损伤认知能力（出现记忆混乱甚至丧失）的潜在风险。

在整个他汀类药物开发进程中，远藤章的基础性发现和默克公司的大力推广发挥了至关重要的作用，最终远藤章获得了名，而默克公司获得了利。远藤章并未为他汀申请专利，他认为人类健康远比金钱更重要。远藤章本人也从他汀间接获益。2000年，远藤章被诊断出高胆固醇血症，医生为他推荐他汀类药物，最终维护了身体健康，可谓"失之东隅，收之桑榆"。

从学术上讲，远藤章传承了弗莱明衣钵，再一次把这种"不起眼"的生物（真菌）发扬光大。如果说1928年弗莱明的发现开创了感染性疾病的治疗史，而在近半个世纪后，远藤章的发现开创了冠心病的治疗史。远藤章本人也获得了众多的学术荣誉。2008年远藤章荣获美国著名的拉斯克临床医学奖，2017年又荣获加拿大盖尔德纳奖，2012年还入选美国发明家名人堂。

在新药研发难度越来越大的今天，他汀药物的成就无疑具有里程碑意义，创新性和重要性都毋庸置疑，从这个角度看，不远的将来远藤章获得诺贝尔奖的概率也非常之大。

第四节　西地那非与磷酸二酯酶

勃起功能障碍（erectile dysfunction，ED）是一种常见男性疾病，困扰着众多男性的身心健康。ED通常指男性持续或反复不能达到保持阴茎勃起足以满足性需求的表现，大约25％以上成年男性存在不同程度ED表现，而且这种情况会随着年龄增加而愈加严重。此外，ED还是多种慢性病如糖尿病、高血压、冠心病、良性前列腺增生、肥胖等继发症状之一。目前通常认为ED是由参与阴茎勃起的血管内皮细胞舒张异常所致。千百年来，国内外治疗ED的药物层出不穷，但真正有疗效的却寥寥无几，直到20世纪90年代一项偶然的发现从而促使一种新型药物——西地那非（sildenafil）的出现，在很大程度上解决了ED这一难题，为众多男性带来福音。

一、一氧化氮与心绞痛

硝酸甘油应用于心绞痛治疗已有一个世纪的历史，直到20世纪80年代才揭示其分子机制。硝酸甘油在体内可生成NO，后者进一步激活了鸟苷酸环化酶而增加环核苷酸（如cGMP）发挥生物学活性，因此硝酸甘油的药理效应与最终生成的 cGMP 含量成正比。自然 cGMP 就成为衡量心绞痛治疗药物的一个重要分子指标，遗憾的是硝酸甘油等含氮药物在进一步增加 cGMP 方面存在众多难度，因此研究人员决定另辟蹊径解决这个问题，那就是通过减少 cGMP 水解来实现增加其含量的目的。

细胞内的环核苷酸水解由磷酸二酯酶（phosphodiesterase，PDE）催化完成。到 20 世纪 80 年代，共发现 5 种 PDE 亚型（PDE1～PDE5），它们在执行生理功能方面存在些许差异，其中 PDE1 和 PDE2 催化 cAMP 和 cGMP 两种化合物水解，PDE3 和 PDE4 特异性催化 cAMP 水解，而 PDE5 特异性水解 cGMP，因此若开发特异性增加细胞内 cGMP 含量的药物，PDE5 就成为理想靶点。已知 PDE5 主要存在于血小板和血管平滑肌，而降低 PDE5 活性又可减少内皮细胞凋亡，减少冠状动脉阻力和血小板凝集，预示着抑制 PDE5 在缓解心绞痛方面具有重要潜力。

二、西地那非的开发

1986 年，辉瑞公司在英国的一个研发中心成立了新项目小组，重点筛选 PDE5 特异性抑制剂，以期从中发现治疗心绞痛的新药。1989 年，两位科学家杜恩（Peter Dunn）和伍德（Albert Wood）鉴定出一种全新的吡唑并嘧啶化合物，将其编号为 UK-92480。UK-92480 对 PDE5 酶活性的半抑制浓度为纳摩尔级别，且具有较好的特异性（对其他 PDE 亚型抑制力较弱）。进一步临床前试验显示，UK-92480 一方面可对狗、兔和大鼠冠状动脉具有扩张作用；另一方面还对颈动脉狭窄兔发挥抑制血栓形成的活性。这些结果初步表明，UK-92480 具有成为一种治疗心绞痛新药的潜力，辉瑞公司因此为其申请专利，将其命名为西地那非（图 9-4）。

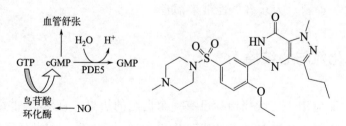

图 9-4 PDE5 和西地那非

三、治疗心绞痛临床试验失败

1991 年，辉瑞公司正式启动治疗心绞痛的西地那非多中心、不同剂量临床试验，并于一年后完成，结果却出乎意料。西地那非在缓解心绞痛方面作用非常有限，并且在体内只能存留较短时间，若提升药物剂量，则药物副作用又会明显增多，包括头痛、脸红、消化不良和肌肉疼痛等。更为严重的是，西地那非若联合硝酸甘油使用，在缓解心绞痛方面增效不明显，相反却会放大硝酸甘油的副作用。这些特性都为西地那非治疗心绞痛的前景蒙上一层阴影，而一个意外副作用的发现却挽救了它的命运。

部分男性志愿者反映，服用西地那非几天后会出现 ED 症状改善的现象，辉瑞公司临床测试人员最初对此并不在意，认为其没有临床价值，原因在于起效太慢，没人愿意周三服药后周六才出疗效，因此仍执着于心绞痛研究。

四、治疗 ED 临床试验大获成功

然而，越来越多志愿者报告西地那非可引起阴茎勃起，从而开始引起辉瑞公司人员的注意。与此同时，一项研究表明 NO 参与阴茎勃起过程，进一步说明西地那非在治疗 ED 方面的可行性。最主要原因是 UK-92480 治疗心绞痛成功的可能性越来越小，因此为了能起死回生，只有对其新应用进行尝试。

1993 年底，辉瑞公司又一次开启西地那非全新临床试验，最初的想法是检测西地那非对健康志愿者阴茎勃起功能的影响。这次的成功为公司带来巨大信心，随后启动了真正意义的临床试验。结果出奇的理想，不仅对原发性 ED 有理想效果，而且还对糖尿病、心血管疾病、脊柱脊髓损伤、甚或接受过根治性前列腺切除术患者等引起的继发性 ED 也有奇效。更为重要的是使用者肌肉酸痛发生比例不高，并且无明显其他副作用发生。

1997 年底，多中心临床试验表明，在 4500 多个不同年龄群体的男性中进行西地那非的临床试验，均收到理想效果，从而向美国和欧洲均提交使用申请。1998 年 3 月，FDA 批准西地那非应用于 ED 治疗，商品名万艾可（viagra），亦有更形象称谓"伟哥"；9 月欧洲批准，同年 10 月诺贝尔生理学或医学奖授予"NO"是一种信号分子的科学发现。

五、重大影响

伟哥的应用对 ED 治疗而言堪称一场革命。在西地那非批准应用的几周内，仅美国就有超过 100 百万患者应用了伟哥，而到今天这种药物已无处不在，被形容为"蓝色小药丸风靡全球"，辉瑞公司的 2018 年统计数字显示全球有 6200 万人购买并使用了西地那非。鉴于多种因素可造成 ED 发生，如糖尿病、肥胖、高血压、高血脂、酗酒和抽烟、心理疾患（如抑郁、焦虑等）和药物引起等，因此对 ED 的一线治疗也逐渐从专科医生（如泌尿科和精神科医生）转向全科医生。鉴于西地那非治疗 ED 发现过程的偶然性而被赋予传奇色彩，成为药物研发史上具有里程碑意义的大事件。

随着西地那非的批准和应用，其他公司也加入到研发行列，因此一系列药物被推广到市场应用。2003 年 8 月 19 日，FDA 批准拜耳公司和葛兰素史克联合开发的伐地那非（vardenafil），商品名艾力达（levitra）；2003 年 11 月 21 日，FDA 又进一步批准美国礼来公司的他达拉非（tadalafil），商品名希爱力（cialis）；2012 年 4 月 27 日，FDA 又批准 Vivus Inc 的阿伐那非（avanafil），商品名 stendra，与前几种药物相比，阿伐那非起效时间更快，副作用更低。

第五节　抗病毒药物与艾滋病治疗

获得性免疫缺陷综合征（acquired immune deficiency syndrome，AIDS），俗称艾滋病，是一种常见传染性疾病，最早于 1981 年在美国临床首次发现，患者为吸毒的同性恋男子，身体出现机会感染显著增加。随着患者数量逐渐增加，美国疾病控制与预防中心（CDC）开始重视这种疾病，在历经多次名称更改后，FDA 最终于 1982 年 9 月将这种疾病命名为艾滋病。艾滋病主要借助性传播、血液传播和母婴传播，患者免疫系统通常遭到严重破坏，因此对机会感染和其他损伤的免疫力降低，最终威胁生命。世界卫生组织统计，截至 2022 年，全球约有 8560 万人感染艾滋病毒，并有 4040 万人死于该病毒，全球尚有近 4000 万艾滋病患者，且每年新增 100 多万。因此艾滋病也被称为世纪瘟疫。

目前，艾滋病缺乏有效疫苗，无法从根本上消除，也缺乏有效药物，因此无法治愈，但是多种药物的开发和应用大大减缓了疾病进展，成功挽救了众多患者的生命，也使这种严重传染病演变为慢性病。

一、 HIV 的鉴定

1983 年，美国加洛（Robert Gallo）小组和法国蒙塔尼耶（Luc Montagnier）小组几乎同时宣布在艾滋病感染者中发现了一种新型逆转录病毒。加洛前期已发现两种与人类白血病相关的新病毒，分别被命名为人类 T 淋巴病毒 I 和 II（human T-lymphotropic virus I / II，HTLV-I / II），并观察发现这种新病毒与此类似，因此将其命名为 HTLV-III；蒙塔尼耶则认为这是一种全新病毒，根据其致病性将其命名为淋巴结病相关病毒（lymphadenopathy-associated virus，LAV）。加洛进一步研究确定 HTLV-III 就是导致艾滋病发生的罪魁祸首，1986 年确定两种病毒相同，因此将它们统称人类免疫缺陷病毒（human immunodeficiency virus，HIV）。蒙塔尼耶也由于这一贡献收获 2008 年诺贝尔生理学或医学奖。

二、 HIV 致病机制

HIV 是一种逆转录病毒，其受体主要位于 CD4 T 细胞表面，感染后可最终导致宿主细胞死亡，CD4 T 细胞主要负责宿主细胞免疫防御，其数量过低将出现严重免疫缺陷，增加机会性感染和恶性肿瘤发生概率。

HIV 感染宿主细胞后可将遗传物质 RNA 注射到细胞内，病毒 RNA 基因组首先被病毒编码的逆转录酶转换为双链 DNA，随后双链 DNA 进入细胞核，借助病毒编码的整合酶和宿主辅因子而整合到宿主 DNA 长期潜伏，以躲避免疫系统识别；条件允许时病毒 DNA 可通过转录产生病毒 RNA，再借助翻译产生病毒蛋白，包装产生新的病毒颗粒从宿主细胞释放，去感染新细胞。如果不加干预，HIV 感染者会很快出现艾滋病症状，若未能进行针对性抗病毒治疗通常会在两年内死亡。值得欣慰的是，目前已有特定治疗方案，从而使患者生存期可超过十年以上，部分可达到正常寿命。

三、核苷酸类似物酶抑制剂

1964 年，美国生物化学家霍维茨（Jerome Phillip Horwitz）合成一种核苷酸类似物——叠氮胸苷（azidothymidine，AZT），最初是为了治疗癌症，但遗憾的是后续研究发现其在小鼠内缺乏抗肿瘤活性，因此被束之高阁。1974年，德国马普研究所科学家发现叠氮胸苷能够抑制一种小鼠逆转录病毒在宿主细胞内复制，然而由于当时未发现人致病性逆转录病毒，因此这一发现也未能引起足够注意。

1983 年，HIV 的发现为叠氮胸苷带来机会，不久美国国家癌症研究所成立攻关小组，以期筛选出可抑制 HIV 感染的药物，叠氮胸苷成为重要的候选药物之一。1985 年 2 月，体外试验证明叠氮胸苷在抑制 HIV 复制方面的有效性，不久启动了 I 期临床试验，初步证明其对艾滋病患者的安全性和有效性；经过严格随机、双盲和对照试验后正式确定叠氮胸苷在增加患者体内 CD^{4+} T 细胞数量和延长生命方面均具有重要作用。1987 年 3 月 20 日，FDA 批准叠氮胸苷应用于艾滋病的治疗，商品名齐多夫定（zidovudine）。从最初发现叠氮胸苷抗 HIV 病毒活性到最终批准临床应用仅仅花费 25 个月，也创造了药物研发史上的一个奇迹。

叠氮胸苷的成功为其他类似药物的开发和应用提供了巨大信心，随后多种抑制剂包括阿巴卡韦（abacavir）、地达诺辛（didanosine）、拉米夫定（lamivudine）、司他夫定（stavudine）和替诺福韦（tenofovir）等被应用，它们被统称为核苷/核苷酸逆转录酶抑制剂（revistin），其药理原理在于和核苷酸底物竞争性结合逆转录酶活性中心，从而抑制逆转录过程的完成。

四、非核苷酸类似物酶抑制剂

除 NRTI 外，还有非核苷类反转录酶抑制剂（non-nucleoside reverse transcriptase inhibitor，NNRTI），它们都是酶的非竞争性抑制剂，通过与酶别构位点结合抑制酶活性。目前共有两代 NNRTI，第一代包括奈韦拉平（nevirapine）和依非韦伦（efavirenz），第二代包括依曲韦林（etravirine）和利匹韦林（rilpivirine），它们成为 NRTI 的重要补充。

五、蛋白酶抑制剂

HIV 病毒最初翻译出的为多蛋白融合一起的前体蛋白，因此需要蛋白酶进行水解，才可以最初组装出成熟和感染性的病毒体，这一特征为治疗提供重要靶点。1985 年人们发现 HIV-1 蛋白酶，并确定其是一种天冬氨酸蛋白酶，自发现伊始就吸引了众多研究者。1987 年，鉴定出第一种高效 HIV 蛋白酶抑制剂（protease inhibitor，PI）沙奎那韦（saquinavir）；1989 年，完成 I 期临床初步证明了其安全性和有效性；1995 年 12 月，沙奎那韦被 FDA 批准应用于艾滋病治疗；四个月后，另外两种蛋白酶抑制剂利托那韦（ritonavir）和茚地那韦（indinavir）也被 FDA 批准。2009 年，前后有 10 种 HIV 蛋白酶抑制剂被批准应用于艾滋病治疗（其间有一种抑制剂被撤销应用）。

六、鸡尾酒疗法

尽管已有多款艾滋病治疗药物可用，但临床应用过程中发现单独使用均无法有效长时间抑制病毒，患者最终出现疾病进展甚或死亡。为此科学家开始探索联合用药策略，即 NRTI、NNRTI 和蛋白酶抑制剂三药联用，这一策略被称为高效抗逆转录病毒治疗（highly active anti-retroviral therapy，HAART），又被形象称为"鸡尾酒疗法"（cocktail therapy）。1997 年，鸡尾酒疗法正式成为艾滋病临床治疗新标准，它的应用使患者死亡率下降 47%。

今天，鸡尾酒疗法可选择药物进一步拓展，除上面提到的三类外，还增加了整合酶抑制剂、融合抑制剂和趋化因子受体拮抗剂等。在缺乏有效疫苗前，鸡尾酒疗法为缓解艾滋病患者痛苦，延长其生存期发挥了重要作用。

第六节　索非布韦与人丙肝病毒 RNA 聚合酶

肝炎（hepatitis）是一类常见炎症性疾病，主要由病毒引起，因此也被称为病毒性肝炎。目前共发现 5 种肝炎病毒，依次命名为 A～E，相应的疾病则称为甲型～戊型肝炎。对于病毒性疾病而言，大多数都没有特效治疗药物（主要通过疫苗进行预防），但丙型肝炎却有点特殊，因为它已有申请的治愈药物。

一、肝炎病毒

1947 年，英国肝脏病专家麦卡勒姆（Frederick Ogden MacCallum）将肝炎分为两类，分别为经粪便传播的甲肝和经血液传播的乙肝。1963 年，美国生物化学家布伦博格（Baruch Samuel Blumberg）发现一位血友病患者血清（含抗体）与一位澳大利亚原住民血液发生抗原-抗体反应，从而发现了一种新抗原——澳大利亚抗原（Australia antigen，Au），简称澳抗。进一步研究发现许多乙肝患者的血液中也存在澳抗，因此证明该抗原为乙肝病毒成分，重新将其命名为乙肝病毒抗原，从而为乙肝病毒鉴定扫清了障碍，布伦博格也因这一发现分享 1976 年诺贝尔生理学或医学奖。

1973 年，美国国立卫生研究院的费斯顿（Steven Feinstone）小组进一步研究发现甲肝病毒。病毒的发现为肝炎检测和疫苗研发提供了可靠保证，从而为减少肝炎传播发挥了重要价值，然而不久一种新型肝炎的出现带来了全新挑战。

二、丙肝病毒发现

奥尔特（Harvey James Alter）是一位内科医生和病毒学家，和布伦博格一同参与澳抗发现，他于 20 世纪 70 年代加入 NIH 参与血库质控工作，以减少肝炎通过输血传染。然而，奥尔特在工作中发现，尽管去除了乙肝病毒，输血仍可导致很大比例的肝炎发生，对这些感染患者进行甲肝和乙肝病毒检测，结果也均为阴性，从而否定了病毒漏检。1975 年，奥尔特将这种新型肝炎命名为"非甲非乙肝炎"，为慎重起见并未直接将其称为丙肝。奥尔特与他人合作借助黑猩猩进行实验，进一步证明导致这种肝炎的病毒是一种新型病毒。

新型肝炎的发现促使全世界科学家开始寻找病原体。最初乐观估计很快就可完成病毒鉴定，但一找就是十几年。1987 年，美国凯龙公司（Chiron Corporation）霍顿（Michael Houghton）小组和疾控中心布拉德利（Daniel Bradley）合作采用分子克隆方法发现了一种新型病毒。1988 年，奥尔特团队证实这种新型病毒存在于非甲非乙肝炎患者血样品中。1989 年，霍顿小组正式鉴定出这种新型病毒，将其更名为丙肝病毒（HCV）。

HCV 的发现是丙肝研究史上的第一次突破，不久就建立了 HCV 病毒检测方法，最大程度地避免疾病传染。1990 年，血库开启常规丙肝测试，1992 年进一步启用高灵敏检测方法，从而使 HCV 基本从血库中消除，减少了丙肝通过输血传播。2000 年，奥尔特和霍顿因此分享著名的美国拉斯克临床医学奖。

三、 HCV 体外培养

HCV 病毒的发现虽减少了传染机会，但并未从根本上消除丙肝，而疫苗和药物开发才是根本，若想解决这些问题首先需对这一新型病毒有全面了解。

美国著名病毒学家莱斯（Charles Rice），20 世纪 90 年代初着手研究 HCV 基本特征和生存模式。初期，莱斯小组发现 HCV 难以在黑猩猩肝细胞中增殖的原因在于其基因组部分的特殊结构未被完全认识，经过弥补这些缺陷，他们最终于 1997 年首先在黑猩猩体内实现了 HCV 大规模制备，为认识这种新型病毒打开了一扇大门。然而，由于黑猩猩饲养和费用等诸多问题，不适宜做大规模研究，因此很有必要开发更为简易的 HCV 培养系统。

巴特斯切勒（Ralf Bartenschlager）是德国海德堡大学的病毒学家，他与学生洛曼（Volker Lohmann）对 HCV 也有浓厚兴趣。洛曼对建立 HCV 培养系统信心满满，他冒着无法正常毕业的风险选择该课题，颇有"破釜沉舟"之势。经过多次尝试，最终于 1999 年在莱斯发现的基础上开发出一种可在人肝癌细胞内进行繁殖的 HCV 体外培养系统，极大简化了实验操作。由于可从体外培养肝癌细胞快速获取大量 HCV 而极大推动了 HCV 后续的各项研究。

借助体外培养技术，科学家对 HCV 病毒特征、生活周期、致命弱点（药物靶点）有了清晰认识，为接下来疫苗开发和药物研制奠定了坚实基础。莱斯和巴特斯切勒也由于这一贡献分享 2016 年美国拉斯克临床医学奖。2020 年，奥尔特、霍顿和莱斯又分享了诺贝尔生理学或医学奖。

四、核苷酸类似物的研发

疫苗研发被认为是解决 HCV 的基本策略，遗憾的是 HCV 高度可变，这为疫苗开发带来巨大挑战，目前丙肝疫苗与 HIV 疫苗、流感病毒疫苗一起成为疫苗开发失败的三大典型。

疫苗开发失败促使科研人员不得不尝试治疗药物的研发，但道路同样充满荆棘。丙肝治疗早在 HCV 鉴定前就已开始，20 世纪 80 年代中期应用 α-干扰素治疗取得一定效果，1992 年，FDA 正式批准 α-干扰素用于丙肝治疗；1998 年，FDA 进一步批准 α-干扰素联合利巴韦林治疗丙肝。这种治疗方案存在诸多问题，如治愈率低、易复发、耐药性大、副作用多等。尽管存在这些不足，但在"无药"可用状况下，作为权宜之计仍有重大意义，成为随后二十余年的标准治疗模式，直到新药诞生。

1998 年，美国埃默里大学（Emory University）两位科学家沙尼兹（Raymond schanizi）和莱奥塔（Dennis Liotta）成立了一家小型制药公司——法玛赛特（Pharmasset），致力于抗病毒药物的开发，丙肝药物属于重要组成部分。

HCV 致病机理并不复杂，那就是永不停息地繁殖，最终破坏肝脏功能。对亲代 HCV 而言，繁殖的关键一步在于给子代病毒制备出一套遗传物质（RNA），RNA 制造需四种原料，分别为 ATP、GTP、CTP 和 UTP，然后在 RNA 聚合酶帮助下完成。如能找到一种理想的原料类似物，该物质在 HCV 制造下一代 RNA 时"蒙骗"过 RNA 聚合酶并"以假乱真"地代替正常原料掺入，一旦操作成功则可导致 RNA 制造失败，HCV 丧失繁殖能力，好似"绝育"一般，疾病自然得以治疗。这一策略可称"移花接木"，开发出的药物被称为核苷酸类似物。

为此，法玛赛特开始借助 HCV 体外培养系统筛选具有抑制 HCV RNA 聚合酶作用的核苷酸类似物，称其为法玛赛特小分子抑制剂（Pharmasset small inhibitor，PSI），并对不同化合物进行编号。在化学家克拉克（Jeremy Clark）的带领下，最终筛到 PSI-6130，该物质可在肝细胞内转换为一种和 UTP 非常相似的化合物（相似到难以区分），最终达到抑制 HCV 繁殖的目的。法玛赛特公司随后在动物模型上进行测试，效果出奇理想，几乎完全抑制了 HCV 繁

殖。这一喜人成绩自然促使法玛赛特开展Ⅰ期临床，但结果却令人沮丧。口服
PSI-6130 很大比例在肠道被代谢失活，无法进入人体发挥疗效，意味着 PSI-
6130 没有临床实用价值。眼看这一"完美"化合物就要胎死腹中，关键时刻
一位科学家的加入挽救了 PSI-6130 的命运。

五、索非布韦的成功

索非亚（Michael Sofia）拥有雄厚的化学背景，这是他最终取得成功的关
键。1980 年，索非亚获得康奈尔大学化学学士学位；1984 年又获得伊利诺伊
大学厄巴纳-香槟分校有机化学博士学位，主要研究丝氨酸蛋白酶抑制剂设计、
合成及作用机制，为将来药物研发奠定了基础。索非亚一直对药物研发充满兴
趣，随后职业生涯也主要在公司度过。1986 年开始，索非亚先后在利来公司、
百时美施贵宝公司等开展新药研究，参与了降低胆固醇、治疗哮喘相关炎症等
药物的开发过程，这些丰厚的履历为下一步的成功提供了保证。

2005 年，索非亚离开百时美施贵宝，加入了成立不到十年的小公司法玛
赛特。这次决定在外人看来有些不解，但索非亚却对将来充满信心。索非亚觉
得大公司在药物研发方面过于死板，不适合创新，反而一些小公司"船小好调
头"，更适于新药研发。当然，这也冒着极大的风险，但高风险往往会带来高
回报，为激发自己的潜能，索非亚义不容辞地辞掉了令人羡慕的大公司工作。
后续发展表明这一抉择无比正确。

索非亚首先对公司新药研发的状况进行了全面的了解，对暂时"陷入困
境"的 PSI-6130 产生了浓厚的兴趣。经过细致入微的分析后得出结论：PSI-
6130 很值得"抢救"。在索非亚眼中，PSI-6130 是一个好的候选药，但结构存
在问题，最大的问题在于无法有效地到达指定部位（HCV 感染的肝细胞），因
此只要对其结构进行修饰，使其能顺利通过药物吸收和运输过程的重重关卡
即可。

索非亚随后启动 PSI-6130 升级计划，制造出了一系列 PSI-6130 的修饰物，
并试图从中筛选出更加完美的化合物。经过两年努力，最终于 2007 年发现了
PSI-7977。临床试验显示 PSI-7977 具有理想的吸收效果，并且能在肝脏中代
谢出 PSI-6130 以发挥疗效。进一步大规模临床试验发现，PSI-7977 联合干扰
素和利巴韦林，或只联合利巴韦林进行 12 周治疗，对丙肝患者可达到治愈效

果，如此神奇效果几乎令人难以置信，毕竟艾滋病等抗病毒治疗只能控制病情而无法治愈。

2013年12月6日，FDA批准PSI-7977联合利巴韦林用于丙型肝炎治疗，为纪念索非亚的贡献，将其命名为索非布韦（sofosbuvir），商品名索瓦迪（sovaldi）（图9-5）。索非亚也因为这一贡献收获2016年美国拉斯克临床医学奖。

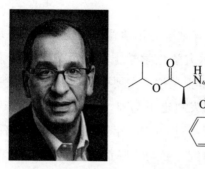

图9-5　索非亚和索非布韦

六、意义巨大

著名制造公司吉利德（Gilead）敏锐地抓住商机，于2011年11月以112亿美元收购法玛赛特，索非布韦顺理成章地成为吉利德公司的主打药物，索非布韦的销售为吉利德公司带来滚滚财源。2014年第一季度索非布韦销售额就超过20亿美元，而全年销售额更是高达100亿美元。吉利德乘胜追击，在索非布韦基础上开发出了一系列丙肝治疗组合药，从而达到进一步提升治疗效果的目的。

索非布韦的推出为众多丙肝患者带来福音。丙肝死亡人数在美国曾一度超越艾滋病死亡人数，12周用药（每天1片索非布韦及其他联合药）就可实现丙肝的治愈，使这种长期无疫苗可用、无特效药物治疗的疾病从根本上得以解决。因为部分丙肝可进一步发展为肝硬化和肝癌，所以索非布韦在一定程度上也可看作肝癌预防药。

目前，全球有一亿多丙肝患者，我国也有一千多万患者，世界卫生组织于2016年宣布15年内（到2030年）根本性地消除病毒性肝病，索非布韦必将为此做出重要贡献。

第七节　延缓衰老化合物与长寿相关酶

任何生命都有一个从生到死的过程，这个时间称为寿命。每个物种和个体在寿命方面存在诸多差异，背后原因目前尚不清晰，普遍认为由先天遗传因素（可占 20％至 40％）和后天环境因素共同决定。寿命中最常用的两个词是长寿和衰老，理论上衰老发生得越晚就越长寿。衰老是一个复杂过程，表现为能量代谢低下、生理活动衰退、内稳态维持能力减弱，最终导致疾病和死亡风险增大，因此延缓衰老被认为是减少疾病发生，实现长寿的重要方式。延缓衰老的方式有很多，这里重点讨论基因的作用和延缓衰老化合物的应用。

一、长寿基因鉴定

遗传学家通常把寿命也看作性状之一，理论上也应受基因调控，因此寻找控制寿命长短的基因就成为一个重要方向。

20 世纪 70 年代，美国遗传学家克拉尔（Amar Klar）博士在研究模式生物酵母的交配能力控制过程中鉴定出 SIR2（silent information regulator 2）基因；20 世纪 90 年代，研究人员进一步在其他模式生物如线虫、果蝇等鉴定出 SIR2 同源基因，将它们统称 sirtuin（SIRT）。SIRT 家族成员数量存在物种差异，如线虫 4 个，果蝇 5 个，小鼠和人等哺乳动物为 7 个。1995 年，遗传学家发现一种酵母短寿突变体，2000 年确定该突变基因为 SIR2，并进一步确定其生物学功能，酵母、果蝇、小鼠等多个模式生物中都已证明增加 SIRT 含量或活性可明显延长寿命。科学界对哺乳动物 SIRT1 和 SIRT6 在长寿中的作用研究得最全面。

目前，已鉴定出几十种与寿命相关的基因，除上面提及的 SIRT 家族外著名的还有载脂蛋白 E 基因（APOE）、成纤维细胞生长因子 21 基因（FGF21）、基因 FGF23 和 Kloto 等。

二、酶与长寿机制

这里仅介绍几种与长寿相关的酶。

SIRT 家族是一种 NAD 依赖的蛋白去乙酰化酶，参与许多生理过程，如细胞存活、衰老、增殖、凋亡、DNA 修复、细胞代谢和热量限制等。SIRT 与寿命间关系最初是在酵母中确立，激活 SIRT2 可使酵母寿命延长 70%。全身激活 SIRT1 并未延长小鼠寿命，但下丘脑中 SIRT1 激活可使中位寿命延长约 11%。另一项研究表明，SIRT6 活性增加的转基因小鼠比未修饰小鼠寿命长近 20%。人类方面的研究并未发现 SIRT1 或 SIRT6 与长寿直接相关，但它们的活性增强可减少衰老相关疾病如肿瘤和阿尔茨海默病等的发生。

AMP 活化的蛋白激酶（AMP-activated protein kinase，AMPK）在几乎所有真核细胞都表达。当细胞能量状态降低时（AMP 增多），AMPK 的激活可恢复能量平衡，通过增加 ATP 生成和减少 ATP 消耗过程实现。AMPK 控制细胞稳态、代谢、应激抵抗、细胞存活和生长、细胞死亡、自噬等过程，进一步可影响衰老和寿命。

TOR 是一种进化保守的丝氨酸/苏氨酸激酶，在酵母、线虫、果蝇和哺乳动物均有其同源物，哺乳动物同源物称为 mTOR。生长因子和营养物质可激活 mTOR，从而抑制细胞自噬和促进蛋白质合成，进一步引发细胞应激反应（如蛋白质聚集、细胞器功能障碍和 DNA 损伤等），随着损伤积累而引发细胞功能下降和干细胞衰竭，导致组织修复减少和组织功能障碍，最终出现衰老表现。

基于这些酶在衰老中的重要作用，影响这些酶活性（激活或抑制）的分子就拥有延长寿命的潜在活性。目前有四种研究较全面的延缓衰老化合物，它们是尼克酰胺（nicotinamide）、雷帕霉素（rapamycin）、二甲双胍（metformin）和白藜芦醇（resveratrol）（图 9-6）。

三、尼克酰胺延缓衰老作用

尼克酰胺是维生素 B_3 的水溶形式，是构成辅酶Ⅰ烟酰胺腺嘌呤二核苷酸（NAD）主要成分，而 NAD 又是 SIRT 家族发挥活性的基本成分。大量实验表明生物个体衰老过程中细胞、组织和器官水平 NAD 的含量均降低，从而导致许多 NAD 依赖酶活性降低，进而造成衰老表型出现，因此提升 NAD 浓度是一种重要方式。动物实验发现，细胞内 NAD 水平提升一方面可延长寿命，另一方面还可以明显缓解衰老相关症状的出现，如改善心血管功能、增加胰岛

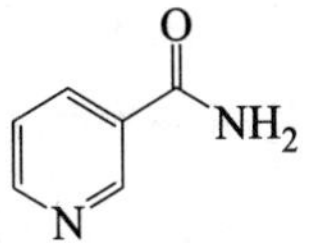

尼克酰胺 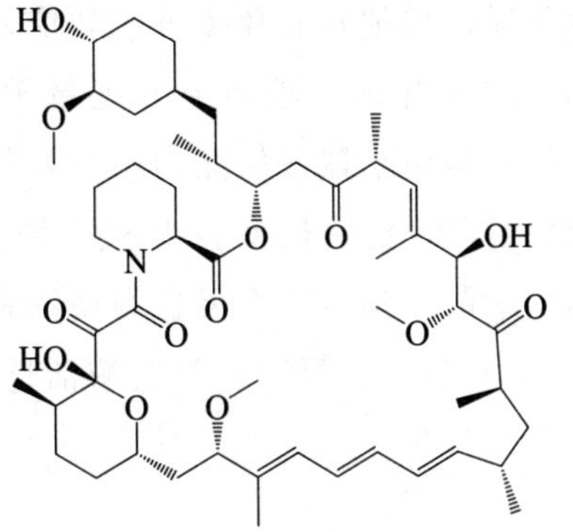　　　　　　　　　　　　雷帕霉素

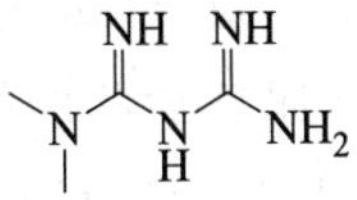

二甲双胍 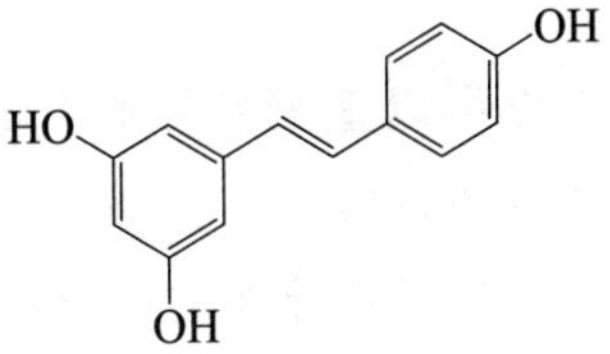　　　　　　　　　　　　白藜芦醇

图 9-6　四种延缓衰老化合物

素敏感性而改善葡萄糖代谢、降低脂肪肝、促进肌肉再生和提升脑功能等。

NAD 延缓衰老作用的发现自然引起学术界和医药界极大兴趣，人们积极探索其临床应用。临床试验表明，单纯补充尼克酰胺对细胞内 NAD 含量影响有限，而补充烟酰胺核糖（nicotinamide riboside，NR）或烟酰胺单核苷酸（nicotinamide mononucleotide，NMN）可显著增加 NAD 水平，补充这两种化合物可一定程度上改善因衰老而出现的器官功能衰退症状（如减缓神经退行性疾病肌萎缩侧索硬化等），是否延缓衰老或真正预防疾病发生尚待进一步确定。

与大家乐观的态度相比，NAD 还存在重大健康隐患。癌细胞快速增殖也依赖 NAD 水平，切断 NAD 供给可达到杀死癌细胞的目的。这一发现提出了严峻挑战，那就是大量服用尼克酰胺或其他 NAD 补充物究竟是延缓衰老发生还是助长癌症发展难以判断。

四、雷帕霉素延缓衰老作用

雷帕霉素是一种大环内酯类化合物，又名西罗莫司（sirolimus），最初是从吸水链霉菌（*Streptomyces hygroscopicus*）中分离得到，最初认为他具有抗真菌活性，后发现他具有免疫抑制效应，因此后来临床用作预防器官移植排斥反应药物。2009 年的一项研究发现雷帕霉素可显著延长小鼠的寿命，对一种基因突变的短寿命小鼠效果尤为明显，其寿命可延长 3 倍，进一步研究证实了这一结论。目前，已有证据表明雷帕霉素可延长酵母、线虫、果蝇和小鼠寿命，并能预防小鼠、狗、非人灵长类动物和人类的衰老相关疾病发生。雷帕霉素是 mTOR 抑制剂，主要通过降低酶活性进一步影响多条信号通路和物质代谢过程。

五、二甲双胍延缓衰老作用

二甲双胍历史可以追溯到数百年前。在欧洲，山羊豆（*Galega officinalis*）被发现对蠕虫和发烧有一定疗效，后被应用于糖尿病症状的缓解。1918 年，科学家从中发现了一种胍类成分可降低血糖，因此被尝试应用于糖尿病治疗，但由于严重的副作用和胰岛素的投入使用而使它们被放弃应用。但随后研究人员合成了一系列胍类化合物，如苯乙双胍和二甲双胍等，并探索其医学应用。20 世纪 50 年代，法国医生斯特恩（Jean Sterne）的一系列研究证实二甲双胍在糖尿病方面的高效性和安全性，因此使二甲双胍得以在欧洲广泛应用，20 世纪 90 年代在美国也被批准应用，目前是治疗 2 型糖尿病的重要药物。

后来使用不同细胞系和模式生物证明二甲双胍具有延缓衰老和缓解衰老相关疾病的巨大潜力，如降低痴呆和中风的患病风险。二甲双胍的作用也较为多样，目前认为主要通过激活 SIRT 和 AMPK 实现延缓衰老和延长寿命的作用。

六、白藜芦醇延缓衰老作用

白藜芦醇是一种具有抗氧化活性的小分子化合物，是最早于 1940 年首次从植物中提取到的天然多酚，存在于葡萄、可可、草莓、番茄、花生和甘蔗等多种植物中。白藜芦醇具有延缓衰老的作用，但目前看来对低等生物如酵母、线虫和果蝇较为明显，但对高等动物如小鼠则不太显著，但可减缓衰老相关疾病的发生，如肥胖、2 型糖尿病、癌症、心血管疾病和神经退行性疾病等。白藜芦醇延缓衰老机制主要在于改善氧化应激、减轻炎症反应、改善线粒体功能和调节细胞凋亡。分子机制方面较为多样，目前认为可通过影响 AMPK、mTORC1 和 SIRT 活性实现。

七、前景展望

生老病死是一个自然规律，因此衰老也就成为生命过程的一个必然阶段。诚然，人类总是拥有美好理想，憧憬能青春永驻，延年益寿，因此抗衰老和长寿研究也就成为当前生命科学和医学领域的前沿和热点。一些动物实验完美的结果（寿命延长 1 倍以上）为大家带来信心和希望，老龄化社会的到来进一步助长了这一领域的热度，许多公司都热衷于寻找所谓的"长寿基因"或"延缓衰老药物"。

遗憾的是目前这些研究结果仍处于初级阶段，近年来一些"突破性"进展为大家带来了希望；但同时也要看到一组研究数据显示 20 世纪 90 年代至今的三十多年，最高寿命没有明显提高。因此，目前正在探索的延缓衰老策略是神话还是佳话只能通过时间来验证了。

主要参考文献

[1] 郭晓强. 文恩：心血管药理学的开拓者 [J]. 科学，2016，68（6）：55-58.

[2] Holdgate G A，Meek T D，Grimley R L. Mechanistic enzymology in drug discovery：a fresh perspective [J]. Nat Rev Drug Discov，2018，17（2）：115-132.

[3] Desborough M J R，Keeling D M. The aspirin story-from willow to wonder drug [J]. Br J Haematol，2017，177（5）：674-683.

[4] Vane J R. Inhibition of prostaglandin synthesis as a mechanism of action for aspirin-like drugs [J]. Nat New Biol，1971，231（25）：232-235.

[5] Vane J R，Botting R M. Mechanism of action of nonsteroidal anti-inflammatory drugs [J]. Am J Med，1998，104（3A）：2S-8S.

[6] Basso N，Terragno N A. History about the discovery of the renin-angiotensin system [J]. Hypertension，2001，38（6）：1246-1249.

[7] Downey P. Profile of Sérgio Ferreira [J]. Proc Natl Acad Sci USA，2008，105（49）：19035-19037.

[8] Bernstein K E，Ong F S，Blackwell W L，et al. A modern understanding of the traditional and nontraditional biological functions of angiotensin-converting enzyme [J]. Pharmacol Rev，2012，65（1）：1-46.

[9] Cushman D W，Ondetti M A. Design of angiotensin converting enzyme inhibitors [J]. Nat

Med，1999，5（10）：1110-1113.

[10] Vane J R. The history of inhibitors of angiotensin converting enzyme [J] . J Physiol Pharmacol，1999，50（4）：489-498.

[11] Tobert J A. Lovastatin and beyond：The history of the HMG-CoA reductase inhibitors [J]. Nat Rev Drug Discov，2003，2（7）：517-526.

[12] Stossel T P. The discovery of Statins [J] . Cell，2008，134（6）：903-905.

[13] Endo A. A gift from nature：The birth of the Statins [J] . Nat Med，2008，14（10）：1050-1052.

[14] Goldstein J L，Brown M S. A century of cholesterol and coronaries：From plaques to genes to statins [J] . Cell，2015，161（1）：161-172.

[15] Barre-Sinoussi F，Chermann J，Rey F，et al. Isolation of a T-lymphotropic retrovirus from a patient at risk for acquired immune deficiency syndrome（AIDS）[J] . Science，1983，220（4599）：868-871.

[16] INSIGHT START Study Group，Lundgren J D，Babiker A G，et al. Initiation of Antiretroviral Therapy in Early Asymptomatic HIV Infection [J] . N Engl J Med，2015，373（9）：795-807.

[17] Flexner C. HIV drug development：the next 25 years [J] . Nature Reviews Drug Discovery，2007，6：959-966.

[18] Williams C L. Ralf Bartenschlager，Charles Rice，and Michael Sofia are honored with the 2016 Lasker~DeBakey Clinical Medical Research Award [J] . J Clin Invest，2016，126（10）：3639-3644.

[19] Palese P. Profile of Charles M. Rice，Ralf F. W. Bartenschlager，and Michael J. Sofia，2016 Lasker-DeBakey Clinical Medical Research Awardees [J] . Proc Natl Acad Sci USA，2016，113（49）：13934-13937.

[20] Vilarinho S，Lifton R P. Pioneering a global cure for chronic hepatitis C virus infection [J]. Cell，2016，167（1）：12-15.

[21] Imai S，Armstrong C M，Kaeberlein M，et al. Transcriptional silencing and longevity protein Sir2 is an NAD-dependent histone deacetylase [J] . Nature，2000，403（6771）：795-800.

[22] Katsyuba E，Auwerx J. Modulating NAD + metabolism，from bench to bedside [J]. EMBO J，2017，36（18）：2670-2683.

[23] Verdin E. NAD$^+$ in aging，metabolism，and neurodegeneration [J] . Science，2015，350（6265）：1208-1213.

[24] Ghofrani H A，Osterloh I H，Grimminger F. Sildenafil：from angina to erectile dysfunction to pulmonary hypertension and beyond [J] . Nat Rev Drug Discov，2006，5（8）：689-702.

[25] Goldstein I，Burnett A L，Rosen R C，et al. The Serendipitous Story of Sildenafil：An Unexpected Oral Therapy for Erectile Dysfunction [J] . Sex Med Rev，2019，7（1）：

115-128.

[26] Bin-Jumah M N，Nadeem M S，Gilani S J，et al. Genes and Longevity of Lifespan [J].
Int J Mol Sci，2022，23（3）：1499.

[27] Rosen R S，Yarmush M L. Current trends in anti-aging strategies [J] . Annu Rev Biomed
Eng，2023，25：363-385.

[28] Klimova B，Novotny M，Kuca K. Anti-aging drugs-prospect of longer life [J] . Curr Med
Chem，2018，25（17）：1946-1953.

第十章

酶抑制剂与肿瘤治疗

恶性肿瘤是一种机体内外多种因素协同作用引发细胞异常过度增殖（癌细胞）所导致的疾病，癌细胞通常还具有侵袭和扩散到身体其他部位的能力，进一步加大了治疗难度。恶性肿瘤是威胁人类健康的重大难题，每年有近 1500 万新发病例和近 1000 万死亡病例。传统放疗和化疗存在诸多缺陷，新药研发的重要性不言而喻。29 世纪 90 年代开始，许多靶向药先后研发成功并应用于临床，从而极大推动了癌症治疗水平的快速提升，一方面延长了生存时间，另一方面提升了生存质量。靶向药通常分为两大类，一类是单克隆抗体，另一类则是酶的小分子抑制剂。

药物研发是一项耗时、耗材的项目，进入临床的药物最终批准上市成功率不足 10％，相较于其他药物，癌症治疗药物失败率更高，成功率仅 5％左右。尽管如此，仍有众多科研工作者积极投身这一领域，以研发更多高效新药物。本文提到的这几种（类）药物都是经过研究者多年艰苦努力，最终取得成功的，这种探索精神更是难能可贵。

第一节　格列卫与白血病治疗

慢性髓细胞性白血病（chronic myelogenous leukemia，CML），又名慢性

粒细胞白血病（chronic granulocytic leukemia，CGL），是一种常见的造血系统恶性肿瘤，典型特征是骨髓中的多能造血干细胞失控增殖。CML 约占成人白血病的 20% 和儿童白血病的 15%，2001 年前缺乏有效的治疗手段，而第一种酪氨酸激酶抑制剂（tyrosine kinase inhibitor，TKI）伊马替尼（gleevec）的问世一改这种局面，标志着癌症小分子靶向治疗新时代的到来。

一、染色体异常与癌症发生

20 世纪初，癌症研究尚处于起步阶段，科学家提出一系列假说来解释癌症发生机理，最著名的就是德国病理学家博韦里（Theodor Boveri）于 1914 年提出的遗传假说，将癌症归因于染色体异常。由于当时遗传学研究工具有限，因此无法提供强有力的证据支持该假说。

20 世纪 50 年代，染色体显带等新技术的涌现为癌症研究带来新机遇。1956 年，宾夕法尼亚大学医学院病理学家诺埃尔（Peter Carey Nowell，1928—2016）和亨格福德（David Hungerford）采用新的染色体研究方法——吉姆萨染色法探索白血病细胞中的染色体结构。1960 年，诺埃尔和亨格福德在对染色体进行显微镜观察时惊奇地发现两例 CML 患者的细胞存在染色体结构异常，即它们的 22 号染色体明显短于正常染色体；随后对多例 CML 进行白血病细胞染色体观察，发现普遍存在 22 号染色体缩短现象，因此推断染色体缩短可能是 CML 发生的典型特征，这一染色体后来也被命名为"费城染色体"。美国遗传学家罗利（Janet Davison Rowley，1925—2013）进一步探索了费城染色体之谜，发现了费城染色体易位机制。

二、染色体异位与治疗靶点

罗利出生于美国纽约市一个教育家庭，1946 年在芝加哥大学哈钦斯学院获得哲学学士学位，在芝加哥大学医学院获得医学学位。1949 年，罗利主要关注一种染色体异常疾病——唐氏综合征。1961 年，罗利在牛津大学学习了一年的染色体分析技术，回到芝加哥大学血液系获得一个研究职位，使用显微镜观察白血病细胞中的染色体结构，期望从中发现疾病发生的蛛丝马迹。随后十年，罗利在显微镜下不知疲倦地寻找着白血病细胞中的另类染色体，但无功而返，一无所获。

20世纪70年代初，染色体新带型分析技术的出现使分辨率得到极大提升，从而推动了染色体研究领域的发展。1972年，罗利借助新技术在显微镜下发现了费城染色体缩短背后的端倪——22号染色体末端和9号染色体末端之间发生了交换，由于22号染色体交换片段较长故出现缩短现象。诺威尔和罗利由于慢性髓细胞性白血病费城染色体的发现和在机制阐明方面的贡献而获得1998年拉斯克临床医学奖。

1970年，阿贝尔森（Herbert Abelson）和拉布斯坦（Louise Rabstein）分离得到一种小鼠白血病病毒，其可导致小鼠非胸腺性淋巴瘤发生，该病毒后被命名为阿贝尔森病毒。巴尔的摩小组从阿贝尔森病毒基因组中鉴定出病毒癌基因v-Abl（Abelson的简写），格罗斯维尔德（Gerard Grosveld）发现人类9号染色体存在Abl对应原癌基因 proto-ABL 并揭示了其致癌机制。正常情况下ABL并不致癌，但CML患者中9号染色体和22号染色体（存在一个BCR基因）易位导致形成融合基因BCR-ABL，维特（Owen Witte）则进一步证明ABL所拥有的酪氨酸蛋白激酶被过度激活，引发细胞失控增殖和癌变。所有这些研究结果表明，抑制ABL酶的活性将对治疗CML具有重要价值。

三、 ABL小分子抑制剂研发

BCR-ABL的发现为慢性髓细胞性白血病治疗提供了一个重要靶点，也吸引了众多制药企业的目光，瑞士汽巴-嘉基制药公司（诺华公司前身之一）就是其中之一，成立了由马特（Alex Matter）领导的近二百名研究人员组成的ABL抑制剂研发团队，包括英国生物化学家莱登（Nicholas Lydon，1957.2.27—）、化学家齐默尔曼（Juerg Zimmerman）等。

一种新药研发起点通常是首先存在具有特定药物活性的先导化合物，而该项目的研发则从蛋白激酶C（protein kinase C）抑制剂——一种苯氨基嘧啶衍生物开始。莱登和同事通过对该化合物进行修饰和改进，包括在嘧啶环上添加吡啶基以增强细胞活性、在苯环上进行取代基替换和其他基团的增减等，从而把PKC抑制剂改造出酪氨酸激酶抑制活性，然后从产生的一系列化合物中进行大规模筛选和验证，进而鉴定出高特异性、低毒性和生物利用度好的ABL抑制剂。功夫不负有心人，莱登研究小组最终筛选到化合物STI571（signal transduction inhibitor 571）——可选择性抑制 ABL 酶活性。20 世纪 80 年代末，另一重大突破也为格列卫研发提供了重要保证，研究人员得以纯化出多种酪氨酸蛋白激酶，从而为体外抑制剂的筛选提供了理想平台。

慢性髓细胞性白血病是一种难治且致死性疾病，当时已有治疗措施都效果欠佳，迫切需要有新疗法出现，因此 STI571 具有巨大的进一步研究价值。但是，汽巴-嘉基制药公司考虑到体外试验到最终临床尚需克服重重困难，不确定因素太多（一种药物研发往往九死一生，且大部分最终仍被否定）；另一方面，慢性髓细胞性白血病发病率较低（全球才有几万患者），即使药物最终研发成功，其市场潜力也很小，盈利空间很窄，因此公司缺乏进一步开发的热情。

1993 年，美国俄勒冈健康与科学大学肿瘤学家德鲁克（Brian Druker，1955—）对慢性髓细胞性白血病很感兴趣，并在蛋白激酶研究方面具有扎实的工作经验。德鲁克建立了 BCR-ABL 白血病细胞模型，准备筛选特异性抑制剂，因此与莱登取得联系并成立合作小组。之后，莱登为实验提供包含伊马替尼（imatinib）在内的两种抑制剂，强强联合。德鲁克的实验结果最终证明：在体外，伊马替尼对携带 BCR-ABL 融合基因的白血病细胞有超过 92％的抑制效果，但对正常白细胞无任何影响。

为进一步证实伊马替尼疗效，加利福尼亚大学洛杉矶分校肿瘤学家索耶斯（Charles Sawyers，1959—）于 1995 年加入团队开展临床前测试，伊马替尼再次展现出理想效果。然而汽巴-嘉基制药公司仍依据白血病市场小的理由而否定了其进一步开展临床试验的价值，这一项目再次搁置。

1997 年，事情出现转机，汽巴-嘉基制药公司合并成立诺华公司，诺华公司重启伊马替尼项目。1998 年 6 月，德鲁克和索耶斯等领导的研究小组完成了 I 期临床试验——83 例慢性髓细胞性白血病患者口服伊马替尼。其结果表明：伊马替尼副作用极小，而临床效果极佳；在治疗的最初几周，患者恶性白细胞数量急剧下降，且三分之一患者携带费城染色体的骨髓细胞数量也大幅减少。对 1000 多名患者开展 II 期临床试验也获得了类似结论，即疗效好，副作用小。2001 年 5 月 10 日，在临床试验不足 3 年的情况下，伊马替尼被 FDA 批准用于慢性髓细胞性白血病治疗。诺华公司正式开启伊马替尼销售，商品名格列卫。

CML 传统治疗方案包括白消安、羟基脲和 α-干扰素等，但其 5 年生存率仅有30%，而格列卫的应用使其5年生存率提升到90%以上，一举将CML转变成像中风和糖尿病等一类的慢性病。尽管伊马替尼是一种特异性ABL抑制剂，但后续研究发现它对其他酪氨酸蛋白激酶如c-KIT（原癌基因蛋白）和PDGFR（血小板衍生生长因子受体）等也有较强抑制作用，这意味着它还有其他治疗用途。2002年，伊马替尼被进一步批准应用于胃肠间质瘤的治疗，也获得理想效果（图10-1）。

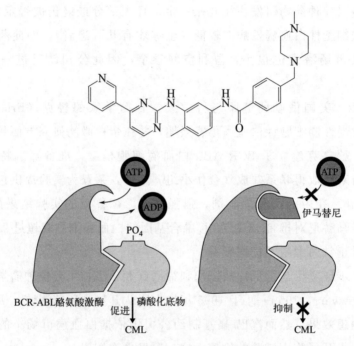

图10-1 伊马替尼和作用机制

四、新型药物研发和应用

随着格列卫在临床的广泛应用，大量CML患者获益的同时又产生了新难题——耐药性：一些患者应用格列卫很好地控制疾病一段时期后会再次复发，极大降低了治疗效果。2001年，索耶斯小组通过对复发CML患者白细胞基因组检测发现格列卫耐药性产生的原因，进而找到了解决之道。

原来，ABL的格列卫抗性突变位点位于酶活性中心，这些突变破坏了酶的整体结构，从而阻碍了格列卫与ABL活性中心的结合，因而无法发挥治疗效应。基于 ABL 的三维结构以及其与格列卫结合的分子机制,索耶斯小组设计并合成多种针对突变型 ABL 的小分子抑制剂,进而从中筛选出达沙替尼(dasatinib)。2006 年 6 月,FDA 批准达沙替尼应用于对格列卫已产生抗性的 CML 患者的治疗,商品名为施达赛(sprycel)。与此同时,诺华公司也积极投入解决格列卫耐药问题,进而成功开发出第二代 ABL 抑制剂尼洛替尼(nilo-tinib),于 2007 年 10 月被批准应用于耐药型 CML 治疗,商品名为达希纳(tasigna)。

格列卫等的应用从根本上革新了慢性髓细胞性白血病的治疗效果,很少有抗癌药物能够取得像格列卫治疗慢性髓细胞性白血病那样的成功,且在目前癌症治疗水平整体进展缓慢背景下,格列卫的发明愈发显得意义重大。格列卫的作用也已远远不止于对慢性髓细胞性白血病的治疗,它代表了一种全新的癌症治疗策略,即开启靶向治疗新时代。传统放化疗主要针对快速增殖细胞,区分性差,而靶向治疗主要通过特异性破坏癌细胞独有的信号过程,从而实现针对癌细胞的选择性杀伤。

格列卫是被批准的第一种小分子靶向药,标志着癌症治疗取得全面突破,具有里程碑意义。尽管当时格列卫等仅用于治疗血液系统肿瘤,但同期成功开发了多种应用于临床实体瘤治疗的蛋白激酶抑制剂,极大地拓展了癌症靶向治疗的应用范围。

五、研发启示

伊马替尼最初研发时,鉴于慢性髓细胞性白血病发病率较低,因此市场前景并不被看好。然而,2012 年伊马替尼却以最高销售额 46 亿美元成为世界上商业上最成功的药物之一,背后原因多样。首先,伊马替尼将慢性髓细胞性白血病从快速致死疾病转变为可控疾病,生存期延长而使慢性髓细胞性白血病患者数量增加,从而使药物需求增加。其次,伊马替尼还被发现对其他肿瘤也有效,如胃肠道间质瘤(gastrointestinal stroma tumor,GIST)等,进一步增加了其应用量。第三,慢性髓细胞性白血病可通过液体活检确诊,从而提升了诊断效率,也为其广泛应用提供了有效保证。最后,第一个获取成功的光环也使伊马替尼无需投入太多营销费用即可达到人人皆知效果,甚至成为靶向治疗的一个"图腾"。

第二节　酪氨酸激酶抑制剂与靶向治疗

格列卫的成功成为激酶抑制剂靶向治疗的一个典范，而随后大量抑制剂的研发和临床应用将癌症靶向治疗推向全新阶段，标志着一个新时代的到来。

一、癌基因发现

故事需要追溯到 20 世纪初。1910 年，美国病毒学家劳斯（Francis Peyton Rous）首次发现可以导致鸡发生肉瘤的病毒，并凭借这一发现获得 1966 年诺贝尔生理学或医学奖，该病毒也被命名为劳斯肉瘤病毒（RSV）。下一个重要问题是 RSV 如何导致肉瘤发生。1969 年，美国病毒学家休布纳（Robert Joseph Huebner）和同事托达罗（George Todaro）提出癌基因（oncogene）假说，推测病毒中部分 DNA 片段（被称为癌基因）而非完整基因组诱导肉瘤发生，在细胞水平上这一现象称为细胞转化（也就是细胞可无限繁殖，实现了永生化）。

为证实该假说的正确性，科学家开始寻找癌基因存在的证据。1970 年，美国科学家马丁（Steven Martin）发现一株 RSV 突变体，该突变体感染宿主细胞后可在细胞内正常复制，但无法促进细胞转化，意味着病毒基因组中确实存在专一负责细胞转化的 DNA 片段，RSV 突变体由于这一片段丢失或突变从而丧失了细胞转化能力（但不影响病毒本身生存），这一发现首次证实了病毒癌基因的存在。不久，福格特（Peter Vogt）和同事杜思贝格（Peter Duesberg）进一步纯化野生型 RSV（具有复制和转化两种能力）的 RNA（称为 a）和丧失转化能力突变型 RSV 的 RNA（称为 b），然后借助电泳比较两种 RNA 的差异，结果 b 比 a 长度明显缩短，基于这一事实，他们认为缩短的部分片段（a−b）就是 RSV 突变丢失的基因，因此把 a−b 部分称为癌基因，后根据其作用（sarcoma）将其命名为 *Src*，这是人类发现的第一个癌基因。

1976 年，美国加利福尼亚大学旧金山分校的毕晓普（John Michael Bishop）和瓦默斯（Harold Elliot Varmus）在探索 RSV 病毒 *Src* 基因在鸡染色体中分布情况时意外发现 *Src* 基因并非来自病毒，而是鸡基因组固有成分，而病

毒 *Src* 基因源于病毒逃离宿主细胞时"无意间"携带的宿主成分。为区别，将 RSV 中 *Src* 基因称为病毒癌基因（viral oncogene），将正常细胞内 *Src* 基因归为细胞癌基因（cellular oncogene，也称原癌基因），细胞癌基因由于突变等原因可最终转化为真正癌基因。1989 年，毕晓普和瓦默斯由于"逆转录酶病毒致癌基因细胞来源的发现"获得诺贝尔生理学或医学奖。

二、酪氨酸激酶发现

Src 基因致癌得到科学界普遍认可，其致癌机制成为下一个需要解决的重要问题。美国分子生物学家埃里克松（Raymond Erikson）采用免疫共沉淀方法得到 v-Src 蛋白，进行功能研究后，发现其具有蛋白激酶活性，并证实若缺乏该激酶活性则无法实现细胞转化。由于当时已知的蛋白激酶仅有埃德温发现的丝氨酸/苏氨酸蛋白激酶，因此推测 Src 也属这种类型，并且用不甚精准的实验初步证实了这一结论，v-Src 可以磷酸化苏氨酸，这一发现迅速得到科学界的认可。

1978 年，另一位美国分子生物学家亨特（Tony Hunter）也开始研究 Src 功能和分子机制。亨特首先重复了埃里克松森的发现，证明 Src 蛋白确实具有蛋白激酶活性，但在进一步确定磷酸化哪种氨基酸残基时，却出现一个实验疏忽，那就是使用了过期电泳缓冲液，但却阴差阳错地取得了重大突破。亨特首先将磷酸化的蛋白进行水解，然后对水解后的产物进行电泳分离（使用过期的缓冲液），意外发现丝氨酸/苏氨酸位置并未出现明显磷酸化信号，相反赖氨酸位置却出现了明显磷酸化信号，实际上过期的缓冲液恰好使赖氨酸与丝氨酸/苏氨酸在位置上更容易分开，从而避免了二者的混淆。亨特凭借雄厚的生物化学背景敏锐地意识到 Src 蛋白磷酸化的应该是赖氨酸，经过进一步重复实验，最终确定了这一结论。至此一种新型蛋白激酶——酪氨酸激酶被发现，Src 也成为第一个被发现的酪氨酸激酶。不久，许多实验室也验证了这一结论，即多种癌基因编码蛋白均具有酪氨酸激酶活性，尤为重要的是还发现了一类酪氨酸激酶家族，从而成为多种癌症治疗的靶点。

三、受体酪氨酸激酶

20 世纪 50 年代，意大利神经生物学家蒙塔尔奇尼（Rita Levi-Montalcini）

和同事发现了神经生长因子（nerve growth factor，NGF）；60 年代美国生物化学家斯坦利·科恩（Stanley Cohen）进一步发现了表皮生长因子（epidermal growth factor，EGF），两人因此获得 1986 年诺贝尔生理学或医学奖。

70 年代，研究人员发现 EGF 通过细胞上特定受体发挥作用，进一步鉴定出表皮生长因子受体（epidermal growth factor receptor，EGFR）；80 年代，研究人员进一步研究揭示存在多种 EGFR，即 EGFR1～EGFR4，并且发现它们与癌症发生密切相关，如 EGFR1（又名 HER1）突变与非小细胞肺癌发生相关，EGFR2（HER2）过表达促进乳腺癌发生等。与此同时，还发现了多种细胞因子受体，如血小板衍生生长因子受体（platelet-derived growth factor receptor，PDGFR）、成纤维细胞生长因子受体（fibroblast growth factor receptor，FGFR）和血管内皮生长因子受体（vascular endothelial growth factor receptor，VEGFR）等与癌症发生密切相关。更为重要的是这些受体具有类似结构，都拥有赖氨酸激酶活性，因此将其统称为受体酪氨酸激酶（receptor tyrosine kinase，RTK）。

受体酪氨酸激酶在结构上高度保守，是一种单跨膜结构，存在三个重要结构域，即胞外配体结合结构域、跨膜结构域和胞内酪氨酸激酶结构域。受体酪氨酸激酶在作用机制上也基本类似，胞外结构域与配体（多种生长因子）结合后，可促使同源或异源二聚体形成，并随后激活细胞内激酶，进一步激活下游信号分子，最终促进细胞增殖、细胞周期进展、细胞生存和活力等。受体酪氨酸激酶对细胞生长具有至关重要的作用，但异常激活可导致过度增殖而癌变，因此激酶抑制剂必将在癌症治疗方面发挥重要价值。

四、酪氨酸激酶抑制剂

随着众多 RTK 在癌症发展过程中的作用被发现，抑制剂的开发自然成为了科学家们下一个攻克项目，以色列生物化学家列维茨基（Alexander Levitzki，1940—）率先做出重要贡献。

列维茨基出生于耶路撒冷，1963 年获得希伯来大学硕士学位，然后从魏茨曼科学研究所获得博士学位。列维茨基最初研究酶的变位调节和 G-蛋白偶联受体机制，在进入 20 世纪 80 年代后转向酪氨酸激酶领域。1988 年，列维茨基系统证明了开发高度特异性小分子受体酪氨酸激酶抑制剂的可行性。这种抑制剂特异性极高，只作用于酪氨酸激酶，而不影响丝氨酸或苏氨酸激酶活性，即使对同属受体酪氨酸激酶的不同家族成员也可有效区分，更为重要的是，即使同一家族内部不同成员也可进行区分，如 EGFR1 和 EGFR2。这一发现为众多制药公司提供了信心，公司开始投入大量人力、物力用于受体酪氨酸激酶抑制剂的开发。

五、 EGFR 抑制剂

随着 EGFR1 分子在肺癌发生过程中重要作用的发现，它的抑制剂开发也逐渐成为一个热点。1990 年，英国帝国化学制药公司（ICI，阿斯利康公司前身之一）启动新药研发计划，使用高表达 EGFR1 的人肿瘤细胞 A431 对公司化合物库中的典型分子进行酪氨酸激酶抑制活性筛选。1994 年，研究人员首先发现喹唑啉（quinazoline）具有酪氨酸激酶抑制活性，以此为先导化合物进行分子修饰而合成一系列衍生物，从中进一步筛选更理想的抑制剂，两年后鉴定出化合物 ZD1839，将其命名为吉非替尼（gefitinib）。吉非替尼经过细胞实验、动物实验和临床试验后显示具有理想的 EGFR1 酪氨酸激酶抑制活性和肺癌治疗效果。2002 年 7 月，吉非替尼在日本被批准用于治疗无法手术的复发性非小细胞肺癌（NSCLC），并于 2003 年 5 月进一步被 FDA 批准用于治疗铂类和多西他赛化疗均失败后的局部晚期或转移性 NSCLC，商品名易瑞沙（iressa）。

1997 年，另一个激酶抑制剂厄洛替尼（erlotinib）被美国 OSI 制药公司和基因泰克公司联合研发成功。体外试验证明厄洛替尼可特异性抑制 EGFR1 活性，体内试验可显著抑制动物模型的肿瘤生长，并具有较好的生物利用度和药代动力学活性。Ⅰ期临床试验确定了厄洛替尼的安全剂量，Ⅱ期临床试验显示厄洛替尼对铂耐药性肺癌患者可显著提升总生存率达 8.4 个月，Ⅲ期临床试验进一步证实了这一结论。2004 年 11 月，厄洛替尼被 FDA 批准应用于转移性 NSCLC 治疗，商品名特罗凯（tarceva）。

吉非替尼和厄洛替尼（图 10-2）等构成第一代 EGFR1 特异性抑制剂，它们的成功还推动了新型抑制剂的研发和应用，包括第二代抑制剂阿法替尼（afatinib）和达可替尼（dacomitinib），第三代抑制剂奥希替尼（osimertinib）等，从而极大提升了 NSCLC 治疗效果。

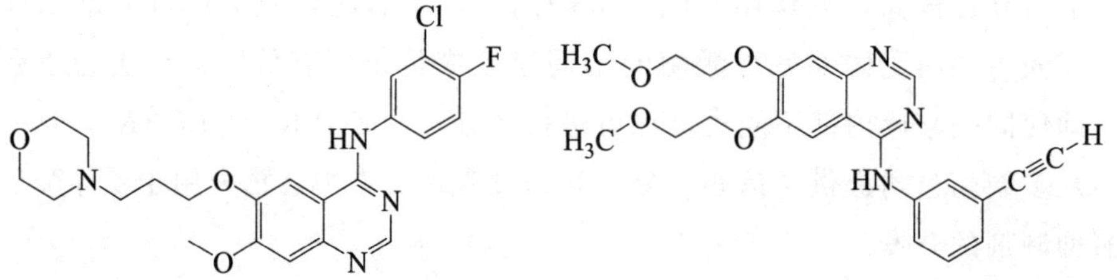

图 10-2　吉非替尼和厄洛替尼

六、 VEGFR 抑制剂

研究人员很早就发现肿瘤生长过程中还具有促进毛细血管生成能力，二者之间存在正相关性，后续发现这是源于肿瘤可生成并释放促血管生成因子的缘故，1989 年，美国基因泰克公司费拉拉（Napoleone Ferrara）团队鉴定出血管内皮生长因子（vascular endothelial growth factor，VEGF），并于几年后进一步发现其受体 VEGFR。鉴于 VEGF 和 VEGFR 在肿瘤血管生成和营养物质摄入过程中的重要作用，抑制其功能也就成为癌症治疗的重要思路，针对 VEGF 开发出的特异性单抗——贝伐珠单抗（bevacizumab），商品名阿瓦斯汀（avastin）；而针对 VEGFR 则开发出多种特异性抑制剂。

生物技术公司苏根（SUGEN）于 20 世纪 90 年代初成立蛋白质激酶抑制剂筛选平台，随后借助高通量筛选首先获得 VEGFR 抑制剂——一种吲哚酮衍生物塞马西尼（semaxanib），编号 SU-5416。塞马西尼对 VEGFR 和 PDGFR 等均展示出较好的抑制活性，其机制在于竞争性抑制 ATP 与激酶结构域的结合，动物模型实验显示其可以抑制血管生成和肿瘤生长，遗憾的是，其在对大肠癌患者开展的Ⅲ期临床试验中未获得理想效果而被中断研发。然而，在塞马西尼作为先导化合物基础上合成了一系列化合物，其中 SU-11248 显示出较好的活性和生物利用度等，命名为舒尼替尼（sunitinib）。

尽管 VEGFR 等参与了多种癌症的发生和发展，但是抑制其活性究竟对何种癌症治疗效果更为理想尚难以判断。为此临床试验早期采取"广撒网"模式，也就是招募多种癌症类型的患者，结果发现舒尼替尼治疗晚期肾癌效果最为理想，因此最终选定晚期肾癌作为Ⅲ期临床试验的选定癌症，理想的疗效使舒尼替尼于 2005 年 12 月被 FDA 批准应用于晚期肾癌的治疗（此时苏根已成辉瑞子公司），商品名索坦（sutent）。

拜耳制药公司也启动了激酶抑制剂筛选计划，1994年采用高通量筛选首先鉴定出一种先导化合物，再利用组合化学的方法合成一系列衍生物，从中进一步寻找到化合物 BAY 43-9006，将其命名为索拉非尼（sorafenib）。进一步体外试验证明，索拉非尼是一种多激酶抑制剂，对 Raf（快速加速纤维肉瘤）、VEGFR 和 PDGFR 等激酶均具有抑制作用；细胞模型结果表明其对多种癌细胞增殖均具有抑制作用；动物实验结果发现，其对卵巢癌、胰腺癌和肾癌等均有抑制作用。

2000年，拜耳公司开启Ⅰ期临床试验，采取多种癌症类型患者入驻的模式，发现索拉非尼对肾癌具有最好的治疗效果。2005年12月，索拉非尼也被 FDA 批准应用于晚期肾癌的治疗，商品名多吉美（nexavar）（图10-3）。

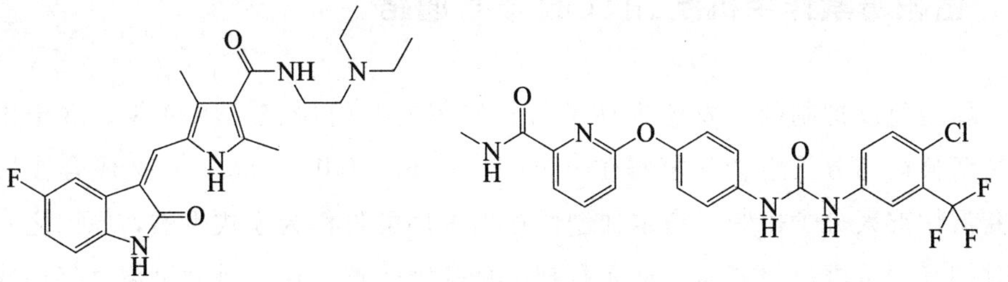

图 10-3 舒尼替尼和索拉非尼

第三节 mTOR 抑制剂与肾癌治疗

肾癌是一种常见泌尿系统肿瘤，放化疗敏感性差，从而为临床治疗带来巨大挑战。2005年，舒尼替尼和索拉非尼等酪氨酸激酶抑制剂的应用提升了患者治疗效果；2008年，一类新型靶向药物被批准，进一步拓展了肾癌治疗的临床选择。

一、雷帕霉素发现和初步应用

1972年，爱尔斯特制药公司研究员塞加尔（Surendra Nath Sehgal，1932—2003）团队从南太平洋复活岛土壤微生物中分离出一种新型大环内酯类化合物，将其命名为雷帕霉素。最初雷帕霉素作为抗真菌候选药物被开展研究，但人们却发现具有巨大副作用，特别是其抑制免疫系统活性，因此放弃了进一步研究。

20 世纪 70 年代，随着器官移植技术开展的临床普及，从而促使众多制药公司开始研发新型免疫抑制剂，一种大环内酯类抗生素他克莫司（tacrolimus）由于具有较强免疫抑制性而于 1987 年被批准应用于器官移植。这一突破为雷帕霉素（二者结构类似）带来新机，经过十余年研究，雷帕霉素被证明具有更好的免疫抑制活性，因此 1999 年被 FDA 批准用作肾移植后预防排斥反应临床常规药物，商品名西罗莫司（sirolimus）。重要的是，对雷帕霉素作用机制的深入理解还推动了新型癌症治疗药物的研发和应用。

二、雷帕霉素作用机制 mTOR 信号通路

新型免疫抑制剂研发还推动了对其作用机制的研究。1989 年，瑞士山德士制药公司与分子生物学家霍尔（Michael Nip Hall，1953—）达成合作协议研究雷帕霉素分子机制。霍尔独创性提出采用酵母作为模式生物，原因之一是当时拥有大量酵母突变体，从而有利于靶基因筛选，这一重大决策直接促成了随后的重大突破。

霍尔博士后黑特曼（Joseph Heitman）对酵母使用适当浓度雷帕霉素处理，结果野生型酵母全部死亡，但极少量突变型酵母却被幸运保留下来，从突变型酵母中筛选和鉴定出两种新基因，命名为雷帕霉素靶点 1 和 2（target of rapamycin 1 and 2，*TOR1*，*TOR2*），二者的突变破坏了酵母对雷帕霉素的敏感性。1994 年，多家实验室几乎同时在大鼠、小鼠等哺乳动物中发现酵母 TOR1/2 同源蛋白——mTOR（mammalian targets of rapamycin），与酵母不同的是哺乳动物只有一种 *mTOR* 基因。

mTOR 是一种新型丝氨酸/苏氨酸蛋白激酶，属磷酸肌醇-3′-激酶相关激酶（phosphatidylinositol 3′-kinase-related kinase，PIKK）家族，其 C 端为典型 PIKK 激酶结构域，拥有丝氨酸/苏氨酸蛋白激酶活性；N 端拥有一个多串联重复的 HEAT 结构域，介导蛋白质间相互作用。mTOR 具有调控细胞生长和增殖的作用，和细胞膜上酪氨酸激酶受体不同，本身处于多条信号通路下游的交汇点，因此受多种生长信号的影响和调节。

三、 mTOR 信号通路与癌症发生

mTOR 发挥作用以复合物形式（mTOR complex，mTORC）实现。哺乳动物存在两种复合物，分别为 mTORC1 和 mTORC2，mTORC1 除 mTOR 外还包含 mTOR 调节相关蛋白（regulatory associated protein of mTOR，Raptor）和 mLST8 等；mTORC2 则含有 mTOR、雷帕霉素不敏感伴侣蛋白（rapamycin insensitive companion of mTOR，Rictor）和 mSIN1 等多种因子。两种 mTORC 介导不同信号通路，因此执行不同生理功能，目前研究得比较清晰的是 mTORC1。

mTOR 信号通路参与长寿过程。线虫 TOR 基因失活可使线虫比正常线虫寿命延长一倍，而抑制果蝇、小鼠、大鼠等动物均使寿命得到不同程度的延长。mTOR 抑制延长动物寿命可用海夫利克界限（Hayflick limitation）进行适当解释。海夫利克界限认为，正常体细胞体外培养只能有限增殖；因此 mTOR 活性降低可减少细胞内生物大分子如蛋白质和 DNA 等的合成进而延缓细胞分裂，从而使细胞周期的间隔延长，在细胞增殖次数固定前提下，无疑使细胞整体寿命延长。

mTOR 信号通路过度激活还与癌症发生密切相关。mTORC1 易受雷帕霉素抑制，通过调控整合细胞外信号，抑制 mTOR 阻断信号转导从而抑制了肿瘤细胞增殖及阻滞其周期，表现出抗肿瘤活性。许多促癌因子如 PI3K、AKT 和 Ras 等均可激活 mTOR 信号通路；而多个抑癌因子如 PTEN、LKB1 和 TSC1/TSC2 等则抑制 mTOR 活性。目前雷帕霉素在体内形成雷帕霉素-FKBP12 复合物，用于治疗与 mTOR 通路密切相关的肿瘤包括乳腺癌、前列腺癌、肺癌、黑色素瘤、膀胱癌、肾癌和脑肿瘤等，因此抑制其活性对癌症治疗具有重要价值。

四、 mTOR 抑制剂开发和应用

20 世纪 70 年代，塞加尔与美国国家癌症研究所（National Cancer Institute，NCI）合作探索雷帕霉素的癌症治疗潜力。体外试验发现雷帕霉素可抑制多种肿瘤细胞增殖，但进一步研究发现雷帕霉素存在多种不足，如

水溶性差、吸收难、免疫抑制等，从而限制了其进一步的研发。多家制药公司以雷帕霉素为先导化合物，通过修改取代基等方式合成了一系列雷帕霉素类似物（rapamycin analogs，rapalogs），从中筛选出替西罗莫司（temsirolimus）和依维莫司（everolimus）等多种药物，这些药物具有与雷帕霉素相似的治疗效果，但具有较好的水溶性和吸收性，因此易于口服和静脉内给药。

20 世纪 90 年代，惠氏公司开始从雷帕霉素类似物中寻找更为理想的mTOR 抑制剂，从中鉴定出细胞周期抑制剂-779（cell cycle inhibitor-779，CCI-779），并将其命名为替西罗莫司。替西罗莫司是雷帕霉素可溶性酯化衍生物，被机体吸收后水解为雷帕霉素发挥作用，能结合于细胞蛋白 FKBP12，形成的复合物进一步与 mTOR 结构域结合，阻断 mTOR 信号转导通路，从而抑制蛋白合成、导致 G1 期停滞，进而调节细胞增殖和血管发生的进程。在临床前模型测试中，替西罗莫司对多种肿瘤均表现出抗瘤效果；在Ⅰ期临床前试验确定安全性和药物剂量基础上，在Ⅱ期临床试验中对黑色素瘤、乳腺癌、肺癌和肾癌进行测试，结果发现其只对肾癌有一定程度的治疗效果；因此在随后Ⅲ期临床试验中选择晚期转移性肾癌患者作为测试对象，结果表明相较于干扰素，替西罗莫司可明显延长患者无疾病进展生存期和总生存期。2007 年 5 月，FDA 批准替西罗莫司应用于肾癌治疗（静脉注射），商品名驮瑞塞尔（torisel）。

依维莫司是诺华公司开发的另一种雷帕霉素类似物，最初编号 RAD001。2009 年 3 月，依维莫司被 FDA 批准用于舒尼替尼或索拉非尼治疗失败后晚期肾癌患者的Ⅱ线治疗（口服），商品名飞尼妥（afinitor）。后来，依维莫司还被批准用于乳腺癌、神经内分泌瘤等治疗。

替西罗莫司和依维莫司（图 10-4）被批准应用于肾癌等的治疗，它们既可直接阻断肿瘤细胞增殖，又可抑制新血管生成，从而减少肿瘤细胞营养供应而发挥间接杀伤效果，双重效应使药效最大化。然而，临床显示这两种药物对大多数实体瘤只有温和杀伤作用，治疗效果远无法达到预期，原因之一在于它们仅仅抑制了 mTORC1 活性，而对 mTORC2 则抑制作用较弱。

为解决这一难题，研究人员开始积极研发第二代 mTOR 抑制剂，这是一类 ATP 类似物，可与 ATP 竞争性结合 mTOR 酶活性中心，因此可双重阻断mTORC1 和 mTORC2 活性，从而有望提升治疗效果。

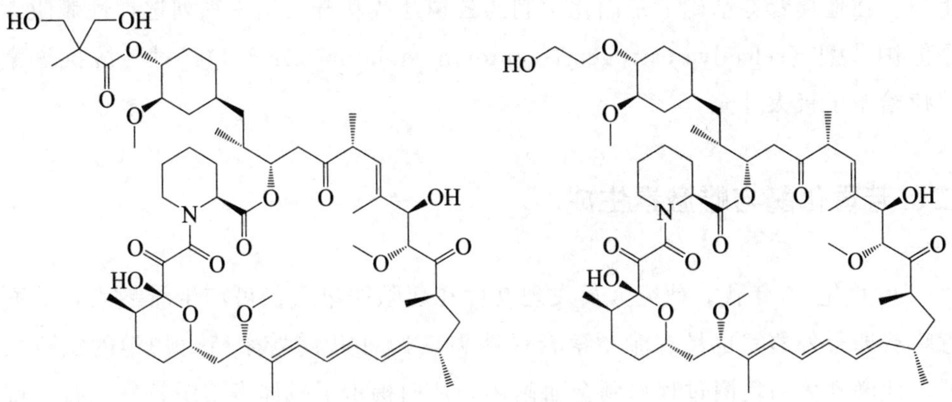

图 10-4　替西罗莫司和依维莫司

第四节　芳香化酶抑制剂与乳腺癌治疗

乳腺癌是一类常见女性恶性肿瘤，与此相关的卵巢切除术、靶向药赫赛汀和抗激素治疗等在乳腺癌治疗中的应用价值极大。

一、卵巢癌与抗激素治疗

19 世纪 70 年代，英国生理学家比特森（George Thomas Beatson）发现摘除雌兔卵巢可使乳房萎缩和泌乳功能丧失，意味着卵巢可影响乳房发育。90年代，比特森进一步为晚期乳腺癌患者进行卵巢切除术，患者临床症状得到明显缓解，从而开创了治疗乳腺癌的新方法。然而，卵巢切除术存在诸多缺陷，因此需要替代方法。

20 世纪 30 年代，德国生物化学家布特南特（Adolf Butenandt）和美国生物化学家多依西（Edward Doisy）提纯雌激素，并确定了其主要由卵巢生成并具有调节乳房发育的功能，因此抑制雌激素作用即可达到切除卵巢的效果，从而极大减少了患者的创伤。

1966 年，英国帝国化学制药公司鉴定出他莫昔芬（tamoxifen，又名三苯氧胺），其具有雌激素抑制剂活性。20 世纪 70 年代帝国化学制药公司开启乳腺癌治疗临床试验，最终被批准应用于乳腺癌治疗，成功挽救了数百万患者的生命。在他莫昔芬基础上帝国化学制药公司还成功开发出一系列选择性雌激素受体调节剂（selective estrogen-receptor modulator，SERM），对传统抗激素治疗给予了极大补充。

二、芳香化酶与雌激素生成

20世纪30年代，研究人员发现女性在切除卵巢后仍可产生雌激素，从而意味着卵巢外器官也具有雌激素合成能力，40年代随着生殖生物学的快速发展，性激素体内代谢过程得到全面阐述，从而揭示了机体多组织特别是肾上腺生成雌激素的机制，其中的关键酶为芳香化酶（aromatase）。

芳香化酶，也称雌激素合成酶，属于细胞色素P450超家族成员，可催化携带一个双键的类固醇化合物A环芳香化，从而将雄激素（如雄烯二酮和睾酮等）转化为雌激素（雌酮和雌二醇等）。研究表明，芳香化酶在体内多种组织普遍存在，芳香化酶催化的雌激素生成是绝经期后体内雌激素的主要来源，也被认为是促进乳腺癌发生的重要驱动因素，自然抑制芳香化酶活性成为乳腺癌治疗的重要策略。

三、芳香化酶抑制剂开发

随着芳香化酶的重要性越来越得到科学界认可，抑制剂研发逐渐成为多家制药公司重要的研究方向。氨鲁米特（aminoglutethimide，AG）最初的目的在于开发抗惊厥和抗癫痫用药，后续研究发现其效果并不明显，相反氨鲁米特却对芳香化酶具有强烈抑制效果，因此作为第一代芳香化酶抑制剂开展研究。后续人们发现氨鲁米特作为抑制芳香化酶具有特异性差和临床副作用大等缺陷，促使人们进一步寻找新型抑制剂。20世纪70年代，他莫昔芬的应用使许多研究机构不再看好这一方向，但仍有许多科学家执着于此。

布罗迪（Angela Hartley Brodie，1934—2017）是一位美国药物学家，1962年在马萨诸塞州伍斯特实验生物学基金会资助下开展博士后研究，方向是类固醇代谢，在这里布罗迪遇到将来的丈夫化学家哈里（Harry Brodie），夫妻二人共同开展芳香化酶抑制剂研究，丈夫负责相关化合物的合成，妻子对化合物进行酶活性抑制的筛选和验证。1977年，布罗迪夫妇在对上百种化合物检测的基础上成功筛选到第一种芳香化酶特异性抑制剂——4-羟基雄烯二酮

（4-OHA），该化合物具有较小的毒副作用。

然而，布罗迪夫人进一步尝试开展药物临床试验时遇到了巨大阻力，当时美国大多数制药企业对不直接杀死癌细胞的化合物（细胞毒药物）并不感兴趣，因此不支持 4-OHA 的进一步研究。布罗迪夫人却对 4-OHA 的前景充满巨大信心，因为他莫昔芬仅阻断雌激素活性，而 4-OHA 能从根本上阻断雌激素生成，因此 4-OHA 作为乳腺癌抗激素治疗策略效果将更为理想。1981 年，事情出现重大转机，布罗迪夫人结识了英国肿瘤学家库姆斯（Charles Coombes），经过沟通后最终确定开启临床试验。令人鼓舞的初步结果最终使瑞士汽巴-嘉基制药公司决定对 4-OHA 开展全面临床试验（为了使患者更好受益，布罗迪夫人没有为 4-OHA 申请专利保护）。4-OHA 最终被欧洲批准作为绝经后雌激素受体阳性乳腺癌患者的治疗用药，商品名福美司坦（formestane），后从市场退出。福美司坦作为第二代芳香化酶抑制剂的成功极大提升了制药公司的研发积极性，推动了该领域快速发展。

四、新型芳香化酶抑制剂的发展和应用

随后一系列芳香化酶抑制剂被研发并有多种被先后批准应用，芳香化酶抑制剂依据结构特点和作用原理分两大类型，类固醇型和非类固醇型。类固醇型抑制剂可与酶活性中心共价结合，不可逆抑制酶活性，依西美坦（exemestane）等属于这种类型；非类固醇抑制剂通过竞争性结合活性中心抑制酶活性，是目前最主要的应用类型，包括二代抑制剂法曲唑（fadrozole）、三代抑制剂来曲唑（letrozole）和阿那曲唑（anastrozole）等（图 10-5）。

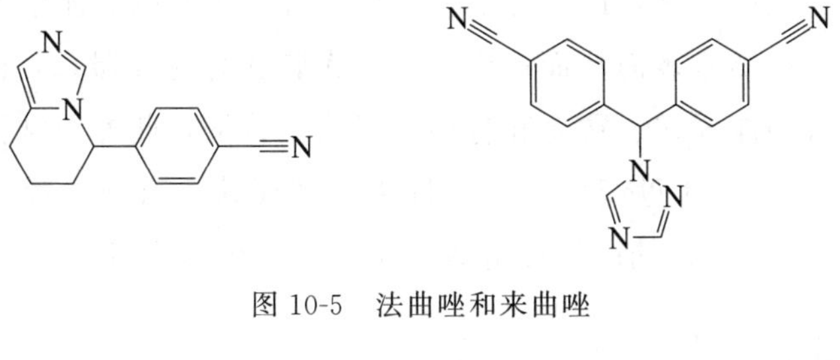

图 10-5　法曲唑和来曲唑

法曲唑最初在治疗效果、抑制特异性和安全性方面都优于氨鲁米特，但临床效果不及他莫昔芬，从而促使多家制药公司对其结构进行改造以获得新型药物。20 世纪 90 年代，诺华公司基于结构-活性的药物设计方法先后合成了一系

列法曲唑衍生物，从中筛选到高效、安全的全新芳香化酶抑制剂来曲唑。来曲唑可高效抑制芳香化酶活性，几乎达到完全抑制雌激素生成、最终使雌激素敏感型乳腺癌肿瘤出现快速消退的目的。目前，来曲唑位列世界卫生组织基本药物目录，是治疗乳腺癌的常规处方药之一。

此外，阿那曲唑最初由英国帝国化学制药公司合成，后由捷利康公司（Zeneca，阿斯利康公司前身之一）进一步开发并于 1995 年被批准用于雌激素受体阳性乳腺癌治疗，此外阿那曲唑还对乳腺癌高风险女性具有预防作用。阿那曲唑也被列入世界卫生组织基本药物目录，是较常用的处方药之一，仅美国 2020 年就有超过 300 万的处方量。

目前，依西美坦、来曲唑和阿那曲唑是最常用的三种芳香化酶抑制剂，由于它们对卵巢产生雌激素的影响有限，因此主要应用于绝经后激素受体阳性早期乳腺癌患者的辅助治疗和绝经后发生局部晚期或转移乳腺癌的一线治疗，此外还是乳腺癌预防和其他治疗失败后的重要选择。

第五节　蛋白酶体抑制剂硼替佐米与骨髓瘤治疗

多发性骨髓瘤（multiple myeloma，MM）是一种血液系统肿瘤，年发病率为十万分之 6.1，而死亡率为十万分之 3.4。B 细胞通常在骨髓产生后转移到淋巴结成熟，当被外界抗原激活后可分泌出特定抗体，正常情况下 B 细胞增殖和抗体分泌受到严格调控以避免不利效果的出现。然而由于外界损伤如 X 射线或其他致癌剂的因素，B 细胞出现异常增殖，并出现抗体生成失控，过量抗体可沉积到多种器官表面从而损伤肾脏、大脑和脊髓等器官，而使患者表现出血钙升高、肾功能损伤、贫血和骨损伤等典型特征，此外还常伴有易感染和神经受损等症状。在 21 世纪初，多发性骨髓瘤还缺乏有效治疗手段，硼替佐米（bortezomib，BTZ）的应用极大改善了患者的生存质量。

一、蛋白酶体发现

1977 年，美国生物化学家戈德堡（Alfred Lewis Goldberg，1942—2023）

以网织红细胞为材料研究 ATP 依赖的蛋白质降解过程时发现破坏溶酶体后仍可发生蛋白质降解现象，从而说明细胞内存在一种不依赖于溶酶体的蛋白质降解系统。不久，罗斯、切哈诺沃和赫什科等发现了泛素介导的蛋白质降解过程，他们也因此分享 2004 年诺贝尔化学奖。

1985 年，戈德堡进一步发现了可降解泛素结合蛋白的大蛋白酶复合物，命名为蛋白酶体（proteasome），拓展了人们对蛋白质降解过程的理解。进入 20 世纪 90 年代，广泛研究发现蛋白酶体拥有广泛生物学功能，可将细胞内非必需蛋白、过量蛋白和错误折叠蛋白进行降解，从而保证了众多生命过程的顺利完成；相反，蛋白酶体功能异常可导致疾病发生，如癌症发生等，这一特征为药物研发提供重要思路。

二、抑制剂开发

1992 年，随着对蛋白酶体功能理解的日益加深，戈德堡决定将研究重点从基础转向应用，因此与同事洛克（Kenneth Rock）和罗森布拉特（Michael Rosenblatt）联合成立一家生物技术公司——肌细胞生长素公司（Myogenics Co. Ltd），专注于蛋白酶体抑制剂研发，以期从中筛选出治疗肌萎缩（被认为是一种由于肌肉蛋白被过度降解而出现的疾病）相关疾病的药物。为加速药物研发，公司组建了一支由众多才华出众的年轻人组成的团队，包括亚当斯（Julian Adams）等。

1994 年，亚当斯领导的研发小组在前期已有抑制剂（如 PS-132）的基础上，开发出了一系列类似物，其中一种被命名为 PS-341，这是一种 N-保护（吡嗪酸）的二肽硼酸盐化合物（两种氨基酸残基为苯丙氨酸和亮氨酸），亮氨酸的羧基被硼酸基所取代（图 10-6）。戈德堡随后领导团队检测 PS-341 药物活性，结果发现 PS-341 在体外可特异性抑制蛋白酶体活性，但是进一步实验却发现 PS-341 对肌肉萎缩没有明显治疗效果。由于当时发现蛋白酶体参与 NF-κB 激活的炎症反应，因此测试了 PS-341 处理对免疫细胞的影响，结果发现其可明显减少炎症因子释放，这一发现促使公司将药物研发方向从肌萎缩转向炎症性疾病。

三、临床试验

1994 年 8 月，亚当斯和蛋白泛素降解系统权威赫什科进行了一次学术交流，赫什科建议可尝试研究 PS-341 在癌症治疗中的价值。不久，公司与美国丹娜法伯癌症研究所达成合作协议，后者为公司提供肿瘤小鼠模型进行药物测试。1997 年，联合研究发现 PS-341 可抑制小鼠肺癌模型的肿瘤生长和远端转移，证明了当初设想的正确性；但遗憾的是 PS-341 具有较大动物毒性，为这一药物前景蒙上了一层阴影。

在进一步开展临床试验过程中，公司遇到了资金短缺的问题从而使 PS-341 项目一度停摆，幸运的是公司经过一次中间收购后最后加入千禧药业（Millennium），得以使项目继续进行。2000 年 8 月，北卡罗来纳大学临床试验惊奇发现 PS-341 完全消除了一位 47 岁晚期多发性骨髓瘤女性患者所有症状，这一鼓舞人心的消息立刻促使公司加大了对 PS-341 的投入，亚当斯得以开展多发性骨髓瘤的临床治疗试验。

2003 年 5 月 13 日，FDA 在仅仅完成 2 期临床前提下，借助绿色通道而提前批准硼替佐米应用于多发性骨髓瘤的治疗，商品名万珂（velcade）；2014 年 10 月，硼替佐米（图 10-6）被 FDA 用于治疗套细胞淋巴瘤（mantle cell lymphoma，MCL）患者。

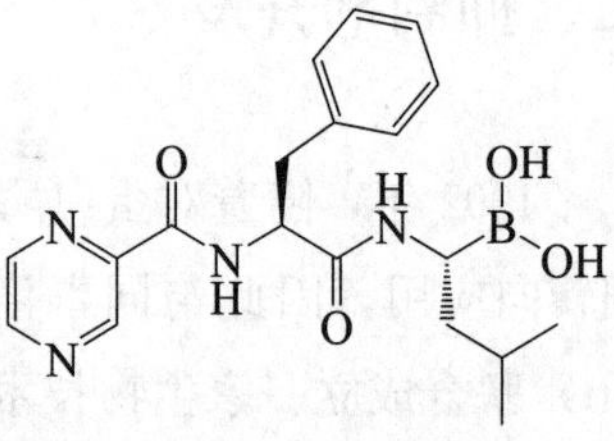

图 10-6　硼替佐米

四、重要意义

硼替佐米的研发成功充分说明学术界-工业界沟通的重要价值，以及不同领域科学家合作的重要价值。硼替佐米对多发性骨髓瘤的治疗来说堪称一场历史革命，极大提升了患者的生存质量和生存期，并且也对相关药物研发具有重要借鉴价值。

第六节　PARP 抑制剂与卵巢癌治疗

卵巢癌是另一种严重的女性肿瘤，传统的放化疗临床效果极不理想，迫切需要新型治疗方案的使用，而 PARP 抑制剂的应用则全面改善了卵巢癌的治疗。

一、多聚 ADP 核糖的发现

尚邦是一位法国分子生物学家，1956 年他进入斯特拉斯堡大学医学院学习，他在完成基本医学课程之余还将近一半时间用在曼德尔（Paul Mandel）领导的生物化学研究所工作，主要关注 RNA 合成机制。尚邦选择研究构成 RNA 的四种碱基（腺嘌呤 A、鸟嘌呤 G、胞嘧啶 C、尿嘧啶 U）的一磷酸化合物（NMP）、二磷酸混合物（NDP）和三磷酸化合物（NTP）在脾脏和骨髓中的分布，结果表明体内 RNA 的合成原料应为 NTP，而非普遍认为的 NDP。不久，这一结论被更多实验证实，从而解决了 RNA 体内生物合成的原料问题。

1959 年原核生物 RNA 聚合酶的鉴定促使尚邦决定研究真核体外转录机制，他选择鸡肝脏匀浆作为实验材料。尚邦最初认为实验会非常顺利，令他始料不及的是，实验体系首先存在问题。和缺乏细胞核的原核生物相比，真核生物 RNA 聚合酶与染色质紧密结合在核内，从而为分离和纯化带来极大困难，直到 20 世纪 60 年代末真核 RNA 聚合酶才被发现。

20 世纪 60 年代，营养学仍是一个重要的研究内容，因此 1961 年底曼德尔让尚邦探索维生素 B_3（尼克酰胺）在肾脏保护中的价值，鉴于仍研究真核生物 RNA 聚合酶，因此尚邦决定检测尼克酰胺对真核转录的影响。

尚邦在体外用尼克酰胺衍生物 NMN 处理鸡肝细胞核匀浆，结果发现同位素 32P 标记的 ATP 生成大分子聚合物的速度大大加快。尚邦最初推测该机制应该和奥乔亚发现的多聚核苷酸聚合酶机制类似，生成多聚腺苷酸（PolyA），而 NMN 具有促进作用。但进一步分析却发现，事实并非如此，因为除 ATP 外，NMN 也参与了反应，并且生成了一种不同于 PolyA 的新型聚合物，这一结果于 1963 年发表。尚邦和学生又经过两年多研究，最终确定这一新型聚合物基本单位是腺苷二磷酸核糖（adenosine diphosphate ribose，ADPR），生成的产物为多聚 ADP 核糖（poly ADP ribose，PAR），合成原料为 NAD，而 NAD 恰恰是由尚邦当初实验应用的 ATP 和 NMN 反应生成的，就这样，"误打误撞"取得了这一重大发现。

二、 PAR 聚合酶

尚邦当时未能意识到这一发现的重要性，因此未能开展更深入研究。然而，尚邦开创的这一全新领域吸引了其他科学家的注意，他们进一步确定了催化该过程的酶，命名为 PAR 聚合酶（PAR polymerase，PARP），并于 1971 年将该酶纯化，为进一步研究奠定了坚实基础。

自 20 世纪 70 年代以来，PARP 生物学领域发生了翻天覆地的变化，取得了一系列重大突破，如 PARP 家族的鉴定（至少包含 17 个成员）、PARP 家族成员的激活机制和生物学作用以及 PARP 基因敲除小鼠的制备等。

以 PARP1 为例来理解一下这类酶。PARP1 分子质量为 116kDa，是第一个被鉴定的 PARP 家族成员，并且是细胞核中最丰富的蛋白质之一。PARP1 含有三个关键结构域：N 端的 DNA 识别结构域、中间的自我修饰结构域和 C 端的酶催化结构域。当 PARP1 识别单链或双链断裂的 DNA 后可立即与其形成同源二聚体，随后催化 NAD 裂解为烟酰胺和 ADP 核糖。ADP 核糖基团可与其他核蛋白共价结合，既可以是 PARP1 自身也可是组蛋白等；随后其他 ADP 核糖通常会依次添加到 ADP 核糖基团尾部，产生一个长的线性或分支的多聚 PAR 链。多聚 PAR 链通常携带负电荷，因此可招募携带正电的 DNA 修复相关蛋白如 XRCC1 聚集到 DNA 断裂部位，最终完成 DNA 修复。

三、 PARP 抑制剂开发

随着 PARP 被发现和广泛研究，抑制剂的开发也成为至关重要的事情。

1980 年，基于烟酰胺和 5-甲基烟酰胺结构类似，且体外与底物 NAD^+ 竞争性结合 PARP 活性中心的特点而成功开发出了第一种抑制剂——3-氨基苯甲酰胺（3-aminobenzamide，3-AB）。3-AB 也被称为第一代 PARP 抑制剂，但对 PARP 酶活性抑制作用较弱，半抑制浓度在微摩尔水平，因此缺乏临床应用价值（但可作为研究之用）。

PARP 家族多个成员三维结构的解析大大推动了 PARP 抑制剂的研发，这些抑制剂大多都为烟酰胺类似物，通过与 NAD^+ 竞争性结合 PAPR 来实现抑制作用。至今已开发出多种 PAPR 抑制剂，包括二代抑制剂（主要用作研究）PD128763、4ANI 和 PJ-34 等；三代抑制剂（许多已批准临床应用）有英国 Kudos 公司开发的奥拉帕利（olaparib）、多家研究机构联合开发的芦卡帕利（rucaparib）、默克公司和 Tesaro 公司（后被葛兰素史克公司收购）开发的尼拉帕利（niraparib）、LEAD 公司等开发的他拉唑帕利（talazoparib）等（图 10-7）。

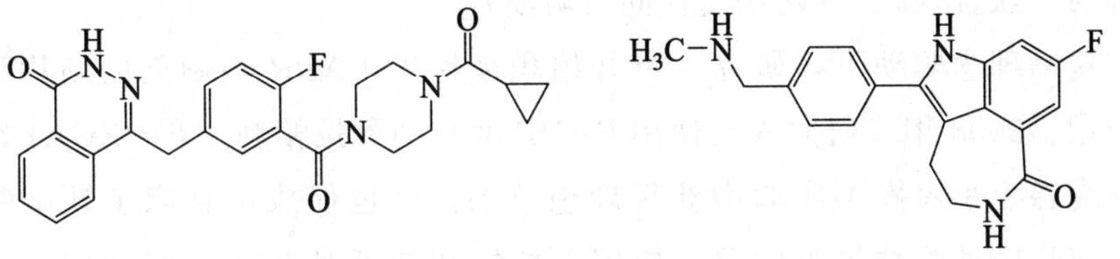

图 10-7　奥拉帕利和芦卡帕利

四、 PARP 抑制剂应用

在 PAPR 抑制剂开发的同时，其临床应用潜力也被进行广泛研究，最初主要作为传统放化疗增敏剂来进行尝试。20 世纪 80 年代，许多公司对 PAPR 抑制剂应用于癌症治疗充满信心，这源于多个理由，首先对 PARP 作用机制进行了广泛研究并阐明了其与癌症发生的关系；PARP 较易研究，因此适合抑制剂筛选和鉴定（有利于药物的更新换代）；1980 年的一项研究发现 PARP 抑制剂可增强烷化剂对小鼠白血病细胞的杀死作用；肿瘤动物模型已经建立成功，因此开展临床前试验较为便利。遗憾的是，在随后的研究中发现，PARP 抑制剂尽管可以增强放化疗的效果，但整体作用有限，因此临床应用效果并不乐观。

最大的突破来自于 2005 年。两个研究小组同时发现，PARP 抑制剂对 BRCA1/2 功能缺失型突变细胞具有显著细胞毒性，这一结果启发了 PARP 抑制剂应用的新模式，即"联合致死（synthetic lethality）"理念。

五、联合致死效应

细胞发育过程中，完成一个生理过程通常有两个或两个以上通路，从而当一个通路受阻后尚有其他通路可用（代偿效应），以避免细胞死亡。以 DNA 损伤和修复为例，BRCA1/2 是一种 DNA 修复酶，它们的突变破坏了细胞 DNA 完整性而诱发了 DNA 突变，是造成乳腺癌和卵巢癌发生的重要原因，然而癌细胞内还存在 PARP 介导的 DNA 损伤修复，以保证癌细胞保留适当的 DNA 修复能力。由于过度 DNA 突变对癌细胞也是一种损伤，因此若在 BRCA1/2 突变前提下再进一步破坏 PARP 途径，则可造成癌细胞死亡，这种效应称为"联合致死"（两条途径同时阻断）。

在这一理念驱动下，研究人员开始积极探索 PAPR 抑制剂的新用法——单药应用。2008 年，研究人员使用 PARP 抑制剂奥拉帕利，在 BRCA1 缺陷的三阴性乳腺癌小鼠模型实验中获得理想效果，这也促成了临床Ⅰ期试验的启动。Ⅰ期临床试验结果表明单一应用奥拉帕利就可对 BRCA 突变型卵巢癌患者产生明显的治疗效果。Ⅱ期临床试验显示，奥拉帕利相较于安慰剂可明显延长患者无疾病进展生存期（11.2 个月对 4.3 个月）。

2014 年 12 月，奥拉帕利成为第一个被 FDA 批准的 PARP 抑制剂，应用于治疗携带 *BRCA1/2* 突变基因和铂敏感的卵巢癌患者。奥拉帕利的成功应用也推动了其他 PARP 抑制剂的陆续上市，2016 年 12 月，芦卡帕利获批用于治疗晚期卵巢癌，商品名瑞卡帕布（rubraca）；2017 年 3 月，尼拉帕利获批用于治疗上皮性卵巢癌，商品名则乐（zejula）；2018 年 10 月，他拉唑帕利获批用于治疗具有生殖系 BRCA 突变的晚期乳腺癌，商品名他唑来膦（talzenna）。

深入研究还发现，奥拉帕利疗效与 *BRCA1/2* 突变关系并不密切，而与 DNA 损伤修复异常相关，于是在 2017 年，FDA 进一步批准了阿斯利康/默沙东公司的奥拉帕利应用于铂敏感卵巢癌（不论是否存在 *BRCA1/2* 突变）的治疗，商品名利普卓（lynparza）。

PARP 抑制剂将来的发展方向在于拓宽应用范围。最新研究表明放疗可增加引发结肠癌细胞和胶质瘤细胞等 DNA 双链断裂的可能性，正常情况下 PARP 会启动修复过程以避免过度突变造成细胞死亡，而补充新型 PARP 抑制剂则明显增加了放疗的治疗效果。这些结果意味着，PARP 抑制剂将来也有望在其他癌症治疗中发挥关键性作用。

第七节　磷脂酰肌醇 3-激酶抑制剂与肿瘤治疗

一、磷脂酰肌醇 3-激酶的发现

1988 年，美国生物化学家坎特利（Lewis Cantley，1949—）团队鉴定出一种新型激酶，可使位于细胞膜上的磷脂酰肌醇 3 位羟基发生磷酸化，如催化

4,5-二磷酸肌醇［PI(4,5)P2］生成 3,4,5-三磷酸肌醇［PI(3,4,5)P3］,被命名为磷脂酰肌醇 3-激酶（phosphoinositide 3-kinase,PI3K）。

坎特利小组进一步发现 PI3K 由两种亚基构成,一种为催化亚基 p110（包括 p110α、p110β、p110δ 和 p110γ 等多种亚型）,一种为调节亚基 p85（也包括 p85α、p85β 和 p55γ 等多种亚型）。调节亚基 p85 可识别生长因子受体上的磷酸化酪氨酸,并随后与催化亚基 p110 形成异二聚体,进而催化 PⅠ(3,4,5)P3 大量生成,而 PⅠ(3,4,5)P3 是蛋白激酶 B（protein kinase B,PKB）的重要激活剂。PKB 又名 AKT,结合 PⅠ(3,4,5)P3 被招募到细胞膜后迅速被磷脂酰肌醇依赖性激酶-1（phosphoinositide-dependent kinase-1,PDK1）和哺乳动物雷帕霉素复合物 2 的靶点（mTORC2）在不同位点进行磷酸化修饰和激活。PKB 是一种重要的丝氨酸/苏氨酸蛋白激酶,可通过影响下游靶酶如结节蛋白（tuberin/TSC2）、叉头框蛋白 O（forkhead box O,FOXO）和糖原合成酶激酶 3（glycogen synthase kinase 3,GSK-3）等磷酸化而对其活性进行调节,最终在细胞生长、增殖、存活、代谢、自噬和血管生成等过程发挥重要作用。

二、磷脂酰肌醇 3-激酶与癌症发生

PI3K 介导胰岛素、胰岛素样生长因子 1 和其他生长因子等信号转导通路,因此拥有广泛的生物学作用,正常情况下包括 B 细胞发育、B 细胞稳态与能量控制、抗原呈递和 T 细胞依赖性抗体反应,但过度激活可导致癌症发生。

首先,PI3K 上游表皮生长因子受体等激活性突变或过表达需要通过激活 PI3K 活性来实现。其次,p110α 是 PI3K 最常用催化亚基,由 *PIK3CA* 基因编码,在乳腺癌和胶质母细胞瘤等多种肿瘤均发现存在 *PIK3CA* 高频突变,这些突变导致激酶活性过度激活,增加了细胞内 PI(3,4,5)P3 含量。最后,磷酸酶和紧张素同源物（phosphatase and tensin homologue,PTEN）主要催化 PI(3,4,5)P3 生成 PI(4,5)P2,从而拮抗 PI3K 活性,降低 PI(3,4,5)P3 含量,因此是一种重要的肿瘤抑制因子,然而 *PTEN* 在多种肿瘤存在高频失活性突变,导致 PI3K 介导的信号通路激活而促进癌症发生。

三、磷脂酰肌醇 3-激酶抑制剂研发

PI3K 生物作用的阐明和亚基结构的解析为抑制剂开发提供了基本思路。LY294002 和 wortmannin（渥曼青霉素）是两种非亚型选择性 PI3K 抑制剂，由于特异性差且具有显著脱靶作用而主要应用于基础研究。2003 年，第一种亚型特异性抑制剂 IC87114 开发成功，这是一种 ATP 竞争性抑制剂，可选择性降低 p110δ 活性。随后又鉴定出多种亚型特异性抑制剂，包括 p110α 抑制剂 PI-103 和 PIK-90，p110β 抑制剂 AZD6482 以及 p110δ 抑制剂 CAL101 等。体外试验表明 PI3K 抑制剂可有效诱导慢性淋巴细胞白血病细胞周期停滞和细胞凋亡发生，临床试验显示联合其他药物可有效提升治疗淋巴细胞白血病临床效果。

由于 PI3K 参与较为广泛的生物学过程，因此抑制 PI3K 活性在治疗癌症方面尽管取得了不错的疗效，但往往会伴发非常严重的副作用，这也导致 PI3K 抑制剂通常只有在其他治疗方案失败或尚缺乏有效药物的情况下才被选择使用。

四、磷脂酰肌醇 3-激酶抑制剂的应用

目前，已有多种 PI3K 抑制剂被批准应用于癌症临床治疗，这对提升特定类型癌症临床效果具有十分重要的意义。

艾德拉尼（idelalisib）是第一代口服 p110δ 抑制剂，于 2014 年 7 月被 FDA 批准应用于复发或难治性慢性淋巴细胞白血病、复发的小淋巴细胞淋巴瘤和滤泡性淋巴瘤治疗（图 10-8）。

库潘尼西（copanlisib）主要抑制 p110α 和 p110δ 活性，于 2017 年 9 月被 FDA 批准用于治疗复发的滤泡性淋巴瘤。

度维利塞（duvelisib）是一种口服抑制剂，可靶向 p110δ 和 p110γ 两种亚型，于 2018 年 9 月被 FDA 批准用于治疗慢性淋巴细胞白血病、小淋巴细胞淋巴瘤和其他治疗失败后的滤泡性淋巴瘤。

此外，仍有多种 PI3K 抑制剂在临床试验阶段，部分有望在将来被批准进行临床应用。

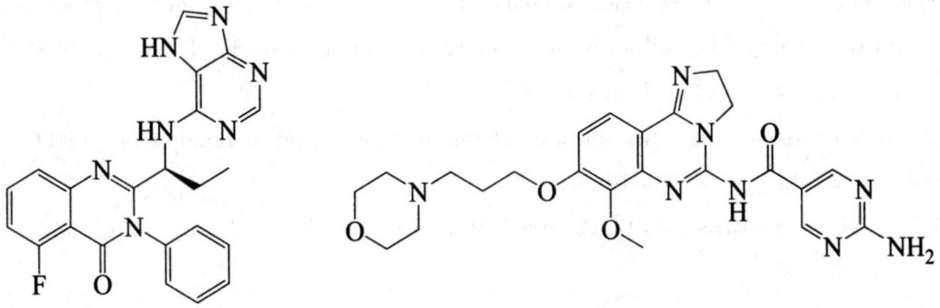

图 10-8 艾德拉尼和库潘尼西

主要参考文献

[1] 郭晓强. 靶向治疗的典范，精准医学的楷模——从费城染色体到格列卫 [J]. 生命世界，2016，317（03）：74-79.

[2] Thompson C B. Attacking cancer at its root [J]. Cell, 2009, 138 (6): 1051-1054.

[3] Hunter T. Treatment for chronic myelogenous leukemia: the long road to imatinib [J]. J Clin Invest, 2007, 117 (8): 2036-2043.

[4] An X, Tiwari A K, Sun Y, et al. BCR-ABL tyrosine kinase inhibitors in the treatment of Philadelphia chromosome positive chronic myeloid leukemia: a review [J]. Leuk Res, 2010, 34 (10): 1255-1268.

[5] Capdeville R, Buchdunger E, Zimmermann J, et al. Glivec (STI571, imatinib), a rationally developed, targeted anticancer drug [J]. Nat Rev Drug Discov, 2002, 1 (7): 493-502.

[6] Hunter T, Eckhart W. The discovery of tyrosine phosphorylation: it's all in the buffer! [J]. cell, 2004, 116: S35-S39.

[7] Hunter T. Discovering the first tyrosine kinase [J]. Proc Natl Acad Sci U S A, 2015, 112 (26): 7877-7882.

[8] Schlessinger J. Receptor tyrosine kinases: legacy of the first two decades [J]. Cold Spring Harb Perspect Biol, 2014, 6 (3): a008912.

[9] Gschwind A, Fischer O M, Ullrich A. The discovery of receptor tyrosine kinases: targets for cancer therapy [J]. Nat Rev Cancer, 2004, 4 (5): 361-370.

[10] Wilhelm S, Carter C, Lynch M, et al. Discovery and development of sorafenib: a multikinase inhibitor for treating cancer [J]. Nat Rev Drug Discov, 2006, 5 (10): 835-844.

[11] Cohen P, Cross D, Jänne P A. Kinase drug discovery 20 years after imatinib: progress and future directions [J]. Nat Rev Drug Discov, 2021, 20 (7): 551-569.

[12] Blenis J. TOR, the gateway to cellular metabolism, cell growth, and disease [J]. Cell, 2017, 171 (1): 10-13.

[13] Li J, Kim SG, Blenis J. Rapamycin: one drug, many effects [J]. Cell Metab, 2014, 19 (3): 373-379.

[14] Sonenberg N. Profile of Michael N. Hall，2017 Albert lasker basic medical research awardee：Target of rapamycin，cell growth，and translational control [J] . Proc Natl Acad Sci USA，2017，114 (44)：11564-11567.

[15] Rini B I. Temsirolimus，An inhibitor of mammalian target of rapamycin [J] . Clin Cancer Res，2008，14 (5)：1286-1290.

[16] Atkins M B，Yasothan U，Kirkpatrick P. Everolimus [J] . Nat Rev Drug Discov，2009，8 (7)：535-536.

[17] Santen R J，Brodie H，Simpson E R，et al. History of aromatase：saga of an important biological mediator and therapeutic target [J] . Endocr Rev，2009，30 (4)：343-375.

[18] Ghosh D，Lo J，Egbuta C. Recent progress in the discovery of next generation inhibitors of aromatase from the structure-function perspective [J] . J Med Chem，2016，59 (11)：5131-5148.

[19] Abderrahman B，Jordan V C. Angela M. Hartley Brodie (1934-2017) [J] . Nature，2017，548 (7665)：32.

[20] Bhatnagar A S. The discovery and mechanism of action of letrozole [J] . Breast Cancer Res Treat，2007，105 (Suppl 1)：7-17.

[21] Geisler J，Lønning P E. Aromatase inhibition：translation into a successful therapeutic approach [J] . Clin Cancer Res，2005，11 (8)：2809-2821.

[22] Sánchez-Serrano I. Success in translational research：lessons from the development of bortezomib [J] . Nat Rev Drug Discov，2006，5 (2)：107-114.

[23] Goldberg AL. Development of proteasome inhibitors as research tools and cancer drugs [J]. J Cell Biol，2012，199 (4)：583-588.

[24] Adams J，Kauffman M. Development of the proteasome inhibitor velcade (bortezomib) [J] . Cancer Invest，2004，22 (2)：304-311.

[25] Arkwright R，Pham T M，Zonder J A，et al. The preclinical discovery and development of bortezomib for the treatment of mantle cell lymphoma [J] . Expert Opin Drug Discov，2017，12 (2)：225-235.

[26] Chambon P，Weill J D，Mandel P. Nicotinamide mononucleotide activation of new DNA-dependent polyadenylic acid synthesizing nuclear enzyme [J] . Biochem Biophys Res Commun，1963，11：39-43.

[27] Kraus W L. PARPs and ADP-Ribosylation：50 Years ⋯ and Counting [J] . Mol Cell，2015，58 (6)：902-910.

[28] Curtin N J，Szabo C. Poly (ADP-ribose) polymerase inhibition：past，present and future [J] . Nat Rev Drug Discov，2020，19 (10)：711-736.

[29] Ferraris D V. Evolution of poly (ADP-ribose) polymerase-1 (PARP-1) inhibitors. From concept to clinic [J] . J Med Chem，2010，53 (12)：4561-4584.

[30] Drew Y. The development of PARP inhibitors in ovarian cancer：from bench to bedside [J] . Br J Cancer，2015，113 (Suppl 1)：S3-S9.

［31］ Whitman M，Downes C P，Keeler M，et al. Type I phosphatidylinositol kinase makes a novel inositol phospholipid，phosphatidylinositol-3-phosphate ［J］．Nature，1988：332 (6165)：644-646.

［32］ Vanhaesebroeck B，Stephens L，Hawkins P. PI3K signalling：the path to discovery and understanding ［J］．Nat Rev Mol Cell Biol，2012，13 (3)：195-203.

［33］ Parsons R. Discovery of the PTEN Tumor Suppressor and Its Connection to the PI3K and AKT Oncogenes ［J］．Cold Spring Harb Perspect Med，2020，10 (8)：a036129.

［34］ Fruman D A，Rommel C. PI3K and cancer：lessons，challenges and opportunities ［J］. Nat Rev Drug Discov，2014，13 (2)：140-156.

［35］ Vanhaesebroeck B，Vogt P K，Rommel C. PI3K：from the bench to the clinic and back ［J］．Curr Top Microbiol Immunol，2010，347：1-19.

［36］ Liu P，Cheng H，Roberts T M，et al. Targeting the phosphoinositide 3-kinase pathway in cancer ［J］．Nat Rev Drug Discov，2009，8 (8)：627-644.

［37］ Berning P，Lenz G. The role of PI3K inhibitors in the treatment of malignant lymphomas ［J］．Leuk Lymphoma，2021，62 (3)：517-527.

附录1　酶研究与诺贝尔奖

附表1　酶研究与诺贝尔化学奖

年度	获奖人	成果时间	获奖成果
1907	毕希纳	1897	无细胞发酵的发现
1929	哈登 冯·奥伊勒-切尔平	1906 1910—1920	辅酶方面重要贡献
1946	萨姆纳	1926	酶结晶发现(1/2)
	诺思罗普	1929	纯酶制备成功(1/4)
1957	托德	1940—1950	核苷酸及核苷酸辅酶研究
1970	莱洛伊尔	1949/1957	糖原合成机制的发现
1972	安芬森	1961	氨基酸序列和生物构象间联系
	摩尔	1950—1965	酶活性中心结构和催化活性间联系
	斯坦		
1980	伯格	1972	体外重组 DNA 的实现
	桑格	1977	DNA 酶法测序
1989	奥尔特曼	1978	RNA 催化活性的发现
	切赫	1982	
1993	穆利斯	1985	PCR 技术的发明
1997	博耶	1974	ATP 合成的酶促机制
	沃克	1994	
	斯科	1957	钠,钾-ATP 酶的发现
2004	罗斯	1978—1985	泛素介导蛋白质降解的发现
	赫什科		
	切哈诺沃		

年度	获奖人	成果时间	获奖成果
2006	罗杰·科恩伯格	2001	真核生物转录结构的解析
2009	施泰茨	2000	肽酰转移酶作为核酶的证实
2015	林达尔	1994	DNA 修复酶作用机制的阐明
	桑贾尔	1983	
	莫德里奇	1989	
2018	阿诺德	1993	酶的定向进化
2020	沙尔庞捷	2012	CRISPR-Cas9 基因编辑
	道德纳		

附表 2 酶研究与诺贝尔生理学或医学奖

年度	获奖人	成果时间	获奖成果
1931	瓦尔堡	1928	呼吸酶本质和作用方式的发现
1937	圣捷尔吉	1930—1935	生物氧化和延胡索酸催化作用
1947	卡尔·科里	1938—1939	糖原催化转变过程的发现
	格蒂·科里		
1953	汉斯·克雷布斯	1937	三羧酸循环
	李普曼	1946	辅酶 A 及其在代谢中重要作用
1955	特奥雷尔	1935	氧化酶本质和作用方式的发现
1959	奥乔亚	1955	RNA 生物合成酶的发现
	阿瑟·科恩伯格	1956	DNA 生物合成酶的发现
1964	布洛赫	1940—1960	胆固醇和脂肪酸代谢过程调节机制
	吕南		
1971	萨瑟兰	1958	激素作用机制的发现
1975	特明	1970	逆转录酶的发现
	巴尔的摩		
1978	史密斯	1970	Ⅱ 型限制性内切酶的鉴定
	那森斯	1971	Ⅱ 型限制性内切酶的初步应用
1992	埃德温·克雷布斯	1955—1960	可逆磷酸化修饰的发现
	费希尔		
1994	罗德贝尔	1970	G-蛋白及其在细胞内信号转导中作用的发现
	吉尔曼	1980	

年度	获奖人	成果时间	获奖成果
1998	穆拉德	1976	NO 作为心血管系统一种信号分子的发现
	弗吉戈特	1980/1986	
	伊格纳罗	1986	
2000	卡尔森	1950—1960	神经系统信号转导的发现
	格林加德	1970—1980	
	坎德尔	1970	
2006	法厄	1998	RNA 干扰的发现
	梅洛		
2007	史密西斯	1986	基因打靶技术的发明
	卡佩奇		
2009	布莱克本	1985	端粒酶的发现
	格雷德		
2019	塞门扎	1990—2001	细胞氧感知和氧适应机制
	凯林		
	拉特克利夫		

附录 2 中英文对照

著名科学家人名中英文对照

A

阿尔格伦	Gunnar Ahlgren
阿诺德	Frances Hamilton Arnold
埃里克松	Raymond Erikson
埃洛维茨	Michael Elowitz
埃文斯	Sir Martin John Evans
埃兹尔	John Edsall
艾伯茨	Alfred Alberts
艾格尔顿	Philip Eggleton
艾根	Manfred Eigen
艾利斯	Charles David Allis
安芬森	Christian Boehmer Anfinsen
奥尔弗里	Vincent Allfrey
奥尔特	Harvey James Alter
奥尔特曼	Sidney Altman
理查德·奥尔特曼	Richard Altman
奥乔亚	Severo Ochoa
奥赛	Bernardo Alberto Houssay

B

巴尔的摩	David Baltimore

巴兰古	Rodolphe Barrangou
巴斯德	Louis Pasteur
巴特斯切勒	Ralf Bartenschlager
拜尔	Adolf von Baeyer
贝尔纳	Claude Bernard
贝斯曼	Maurice Bessman
本达	Carl Benda
比恩施蒂尔	Max Luciano Birnstiel
比特森	George Thomas Beatson
毕希纳	Eduard Buchner
汉斯·毕希纳	Hans Buchner
毕晓普	John Michael Bishop
波斯特	Robert Post
伯格	Paul Berg
伯格曼	Max Bergmann
伯纳斯	Ulla Bonas
伯耶	Herbert Wayne Boyer
博格丹诺夫	Adam Bogdanove
博卢姆	Frederick James Bollum
博韦里	Theodor Boveri
博耶	Paul Delos Boyer
布拉德利	Daniel Bradley
布莱克本	Elizabeth Helen Blackburn
布朗	Michael Stuart Brown
布雷迪	Scott Brady
布伦纳	Sydney Brenner
布罗迪	Angela Hartley Brodie
布洛赫	Konrad Emil Bloch
布洛克	Thomas Brock
布特南特	Adolf Butenandt

C

查恩斯   Britton Chance

D

戴维森   David Davidson

道德纳   Jennifer Anne Doudna

德尔布吕克   Max Delbrück

德尔切瓦   Elitza Deltcheva

德克鲁夫   Paul de Kruif

德鲁克   Brian Druker

杜尔贝科   Renato Dulbecco

杜索瓦   Daisy Dussoix

多依西   Edward Doisy

E

恩伯登   Gustav Georg Embden

恩格尔哈特   Vladimir Aleksandrovich Engelgardt

F

法厄   Andrew Zachary Fire

范德欧斯特   John van der Oost

菲斯克   Cyrus Fiske

费拉拉   Napoleone Ferrara

费雷拉   Sergio Ferreira

费希尔   Edmond Henri Fischer

埃米尔·费歇尔   Emil Fischer

汉斯·费歇尔   Hans Fischer

冯·奥伊勒-切尔平   Hans von Euler-Chelpin

冯·克利克   Rudolf Albert von Kölliker

弗吉戈特   Robert Francis Furchgott

弗莱明   Alexander Fleming

福格特   Marguerite Vogt

福林	Otto Folin

G

盖勒特	Martin Frank Gellert
戈布利	Théodore Nicolas Gobley
戈德堡	Alfred Lewis Goldberg
戈尔茨坦	Joseph Leonard Goldstein
格雷德	Carol Widney Greider
格林	David Ezra Green
格林加德	Paul Greengard
格伦伯格-马纳戈	Marianne Grunberg-Manago
格伦斯坦	Michael Grunstein
古德曼	Howard Goodman

H

哈登	Arthur Harden
哈恩	Martin Hahn
汉农	Gregory James Hannon
赫尔希	Alfred Hershey
赫什科	Avram Hershko
赫维茨	Jerard Hurwitz
赫胥黎	Andrew Fielding Huxley
休斯·赫胥黎	Hugh Esmor Huxley
亨格福德	David Hungerford
亨特	Tony Hunter
胡德	Leroy Hood
霍顿	Michael Houghton
霍尔	Michael Nip Hall
霍夫曼	Felix Hoffman
霍拉纳	Har Gobind Khorana
霍利	Robert W. Holley
霍奇金	Alan Lloyd Hodgkin

霍瓦特	Philippe Horvath
霍维茨	Jerome Phillip Horwitz

J

吉布斯	Ian Read Gibbons
吉尔伯特	Walter Gilbert
吉尔曼	Alfred Goodman Gilman
加洛	Robert Gallo
杰辛	Maria Jasin

K

卡尔恩	John Cairns
卡尔卡	Herman Moritz Kalckar
卡尔森	Arvid Carlsson
卡洛特斯	Marvin Caruthers
卡佩奇	Mario Renato Capecchi
凯德斯	Larry Kedes
凯利	Thomas Kelly
凯林	William George Kaelin Jr
戴维·凯林	David Keilin
凯泽	Dale Kaiser
坎德尔	Eric Richard Kandel
坎特利	Lewis Cantley
科恩	Stanley Norman Cohen
斯坦利·科恩	Stanley Cohen
阿瑟·科恩伯格	Arthur Kornberg
罗杰·科恩伯格	Roger David Kornberg
托马斯·科恩伯格	Thomas Bill Kornberg
卡尔·科里	Carl Ferdinand Cori
格蒂·科里	Gerty Theresa Cori
科林斯	James Collins
科塞尔	Albrecht Kossel

科什兰	Daniel Edward Koshland Jr.
克拉尔	Amar Klar
克劳德	Albert Claude
克雷布斯	Hans Adolf Krebs
埃德温·克雷布斯	Edwin Gerhard Krebs
克里克	Francis Harry Compton Crick
克鲁格	Aaron Klug
肯德鲁	John Kendrew
库尔森	Alan Coulson
库宁	Eugene Koonin
库什曼	David Cushman

L

拉尔	Theodore Rall
拉马克里斯南	Venkatraman Ramakrishnan
拉萨尔	Franç ois Poulletier de la Salle
拉特克利夫	Peter John Ratcliffe
莱布勒	Stanislas Leibler
莱德伯格	Joshua Lederberg
莱登	Nicholas Lydon
莱洛伊尔	Luis Federico Leloir
莱曼	Robert Lehman
莱尼泽	Friedrich Reinitzer
莱斯	Charles Rice
劳斯	Francis Peyton Rous
雷曼	Israel Robert Lehman
李普曼	Fritz Albert Lipmann
理查森	Charles Richardson
利普金	David Lipkin
利普斯科姆	William Nunn Lipscomb Jr
列维茨基	Alexander Levitzki

林达尔	Tomas Robert Lindahl
刘易斯	Sinclair Lewis
卢德	Robert Gayle Roeder
卢里亚	Salvador Luria
鲁宾	Harry Rubin
伦斯高	Einar Lundsgaard
罗德贝尔	Martin Rodbell
罗利	Janet Davison Rowley
罗斯	Irwin Allan Rose
洛曼	Karl Lohmann
吕南	Feodor Felix Konrad Lynen
斯莱特	Edward Charles Slater

M

马特伊	Heinrich Matthaei
迈耶霍夫	Otto Fritz Meyerhof
麦卡勒姆	Frederick Ogden MacCallum
麦康奈尔	Harden McConnell
麦克林托克	Barbara McClintock
梅里菲尔德	Robert Bruce Merrifield
梅洛	Craig Cameron Mello
梅瑟生	Matthew Stanley Meselson
梅森	Howard Stanley Mason
蒙塔尔奇尼	Rita Levi-Montalcini
蒙塔尼耶	Luc Montagnier
米尔斯基	Alfred Mirsky
米凯利斯	Leonor Michaelis
米切尔	Peter Mitchell
摩尔	Stanford Moore
莫德里奇	Paul Lawrence Modrich
莫吉卡	Francisco Juan Martínez Mojica

莫诺	Jacques Monod
穆拉德	Ferid Murad
穆勒	Hermann Muller
穆利斯	Kary Banks Mullis

N

那森斯	Daniel Nathans
尼伦伯格	Marshall Nirenberg
诺埃尔	Peter Carey Nowell
诺勒	Harry Noller
诺普	Georg Franz Knoop
诺思罗普	John Howard Northrop

P

帕拉德	George Emil Palade
帕纳斯	Jakub Karol Parnas
帕扬	Anselme Payen
派克豪迎	Cornelis Adrianus Pekelharing
派普	Priscilla Piper
佩鲁兹	Max Ferdinand Perutz

Q

钱德拉塞加兰	Srinivasan Chandrasegaran
钱嘉韵	Alice Chien
切哈诺沃	Aaron Ciechanover
切赫	Thomas Robert Cech
屈内	Wilhelm Friedrich Kühne

S

萨姆纳	James Batcheller Sumner
萨瑟兰	Earl Wilbur Sutherland
塞加尔	Surendra Nath Sehgal
塞门扎	Gregg Leonard Semenza

赛奇	Randall Saiki
桑格	Frederick Sanger
桑贾尔	Aziz Sancar
沙尔庞捷	Emmanuelle Marie Charpentier
尚邦	Pierre Chambon
绍斯塔克	Jack William Szostak
舍恩海默	Rudolf Schoenheimer
舍勒	Carl Wilhelm Scheele
圣捷尔吉	Albert von Szent-Györgyi
施赖伯	Stuart Schreiber
施泰茨	Thomas Arthur Steitz
石野良纯	Yoshizumi Ishino
史密斯	Hamilton Othanel Smith
史密西斯	Oliver Smithies
水谷哲	Satoshi Mizutani
斯科	Jens Christian Skou
斯普迪赫	James Anthony Spudich
斯塔克	Franklin William Stahl
斯坦	William Howard Stein
斯坦利	Wendell Meredith Stanley
斯特劳布	Brunó Ferenc Straub
斯特默	Willem Pim Stemmer
斯旺森	Robert Swanson
松特海默尔	Erik Sontheimer
苏巴拉奥	Yellapragada Subbarow
索非亚	Michael Sofia
索耶斯	Charles Sawyers

T

蒂格斯泰特	Robert Tigerstedt
泰勒	Edwin Taylor

特奥雷尔	Axel Hugo Theodor Theorell
特明	Howard Martin Temin
图尔特	Frederick William Twort
托德	Alexander Robertus Todd

W

瓦尔堡	Otto Heinrich Warburg
瓦默斯	Harold Elliot Varmus
威尔科克斯	Kent Wilcox
威格尔	Jean-Jacques Weigle
威兰	Heinrich Otto Wieland
韦尔	Ronald David Vale
韦斯	Bernard Weiss
维尔施泰特	Richard Martin Willstätter
韦斯	Samuel Weiss
魏尔啸	Rudolf Ludwig Carl Virchow
温道斯	Adolf Windaus
文恩	John Robert Vane
翁代蒂	Miguel Ondetti
沃克	John Ernest Walker
沃森	James Dewey Watson
乌斯	Carl Richard Woese

X

希茨	Michael Patrick Sheetz
希尔	Archibald Vivian Hill
希克什尼斯	Virginijus Siksnys
席尔瓦	Mauricio Oscar Rocha e Silva
夏普	Philip Sharp
小斯凯格斯	Leonard Skeggs Jr
谢弗勒尔	Michel Eugène Chevreul
辛普森	Melvin Simpson

辛斯黑默	Robert Sinsheimer

Y

雅各布	Francois Jacob
亚伯	Werner Arber
杨	William John Young
伊格纳罗	Louis Joseph Ignarro
尤纳斯	Ada Yonath
远藤章	Akira Endo

Z

早石修	Osamu Hayaishi
扎梅尼克	Paul Charles Zamecnik
詹森	Ruud Jansen

科学名词中英文对照

A

AMP 活化的蛋白激酶	AMP-activated protein kinase
阿伐那非	avanafil
阿法替尼	afatinib
阿司匹林	aspirin
艾德拉尼	idelalisib
安芬森定则	An finsen's dogma
奥拉帕利	olaparib
奥希替尼	osimertinib

B

白藜芦醇	resveratrol
摆动跨桥模型	swinging cross-bridge model
半保留复制	semiconservative replication
半乳糖苷通透酶	galactoside permease

半乳糖苷转乙酰酶	galactoside transacetylase
边合成边测序	sequencing-by-synthesis
表皮生长因子	epidermal growth factor
表皮生长因子受体	epidermal growth factor receptor

C

操纵基因	operator
成簇规律性间隔短回文重复	clustered regularly interspaced short palindromic repeat
次黄嘌呤磷酸核糖转移酶	hypoxanthine phosphoribosyl transferase
促红细胞生成素	erythropoietin
错配修复	mismatch repair

D

DNA 改组	DNA shuffling
DNA 连接酶	DNA ligase
达可替尼	dacomitinib
达沙替尼	dasatinib
单链引导 RNA	single guide RNA
胆固醇	cholesterol
蛋白激酶	protein kinase
蛋白酶体	proteasome
低密度脂蛋白	low density lipoprotein
低氧应答元件	hypoxia response element
低氧诱导因子	hypoxia-inducible factor
第二代测序技术	next-generation sequencing
电子转移链	electron transfer chain
淀粉酶	diastase/amylase
叠氮胸苷	azidothymidine
定点突变	site-directed mutagenesis
度维利塞	duvelisib
端粒	telomere

端粒酶	telomerase
端粒末端转移酶	telomere terminal transferase
短规律间隔重复	short regularly spaced repeat
多发性骨髓瘤	multiple myeloma
多核苷酸磷酸酶	polynucleotide phosphorylase
多聚脱氧腺苷酸链	polydeoxy adenylic acid
多聚脱氧胸腺苷酸	polydeoxy thymic acid
多瘤病毒	polyoma virus

E

厄洛替尼	erlotinib
恩伯登-迈耶霍夫-帕纳斯通路	Embden-Meyerhof-Parnas pathway
二甲双胍	metformin
二磷酸嘌呤核苷酸	diphospho purine nucleotide
二磷酸腺苷	adenosine diphosphate

F

伐地那非	vardenafil
法曲唑	fadrozole
反式激活 CRISPR 来源 RNA	trans-activating CRISPR-derived RNA
芳香化酶	aromatase
非同源末端连接	non-homologous end joining
非甾体抗炎药	nonsteroidal anti-inflammatory drug
分散式复制	dispersive replication

G

G 蛋白	G-protein
G 蛋白偶联受体	G-protein coupled receptor
高能磷酸键	high energy phosphate bond
格列卫	gleevec
固相合成	solid-phase synthesis
光修复酶	photolyase

归巢核酸内切酶	homing endonuclease

H

3′,5′-环腺苷单磷酸	cyclic adenosine 3′5′-monophosphate
海床黄杆菌	*Flavobacterium okeanokoites*
核蛋白体	ribonucleoprotein particle
核苷酸切除修复	nucleotide excision repair
核糖核酸酶	ribonuclease
核糖体	ribosome
核糖体 RNA	ribosomal RNA
呼吸链	respiratory chain
滑动肌丝假说	sliding filament hypothesis
化学偶联假说	chemical coupling hypothesis
化学渗透假说	chemiosmotic hypothesis
化学势	chemical potential
环氧化酶	cyclooxygenase
缓激肽增效因子	bradykinin potentiating factor
黄单胞菌属	*Xanthomonas*
黄素单核苷酸	flavin mononucleotide
黄素腺嘌呤二核苷酸	flavin adenine dinucleotide
获得性免疫缺陷综合征	acquired immune deficiency syndrome

J

基因编辑	gene editing
基因打靶	gene targeting
吉布森组装	Gibson assembly
吉非替尼	gefitinib
加减法	plus-minus method
碱基切除修复	base excision repair
碱性磷酸酶同工酶	alkaline phosphatase isozyme
焦磷酸	pyrophosphoric acid
聚合酶链式反应	polymerase chain reaction

聚合酶循环组装	polymerase cycling assembly

K

卡托普利	captopril
库潘尼西	copanlisib

L

来曲唑	letrozole
赖诺普利	lisinopril
劳斯肉瘤病毒	Rous sarcoma virus
酪氨酸氨基转移酶	tyrosine aminotransferase
酪氨酸激酶抑制剂	tyrosine kinase inhibitor
雷米普利	ramipril
雷帕霉素	rapamycin
连接酶	ligase
裂合酶	lyase
磷酸二酯酶	phosphodiesterase
磷酸肌醇-3′-激酶相关激酶	phosphatidylinositol 3′-kinase-related kinase
磷酸肌酸	phosphocreatine
磷酸原	phosphagen
磷脂酰肌醇-3-激酶	phosphoinositide 3-kinase
流感嗜血杆菌	*Hemophilus influenzae*
芦卡帕利	rucaparib
鲁美昔布	lumiracoxib
洛伐他汀	lovastatin

M

慢性粒细胞白血病	chronic granulocytic leukemia
酶	enzyme
酶促 DNA 合成	enzymatic DNA synthesis
酶委员会	Enzyme Commission

美伐他汀	mevastatin
模板不依赖寡聚核苷酸合成	template-independentenzymatic oligonucleotide synthesis
末端脱氧核苷酸转移酶	terminal deoxynucleotidyl transferase

N

钠泵	sodium pump
内皮细胞来源舒张因子	endothelium-derived relaxing factor
尼克酰胺	nicotinamide
尼拉帕利	niraparib
尼洛替尼	nilotinib
鸟苷酸环化酶	guanylate cyclase
尿苷二磷酸葡萄糖	uridine diphosphate glucose
尿嘧啶-DNA糖基化酶	uracil-DNA glycosylase
脲酶	urease
柠檬酸循环	citric acid cycle

P

PAR聚合酶	PAR polymerase
帕瑞昔布	parecoxib
胚胎干细胞	embryonic stem cell
培哚普利	perindopril
硼替佐米	bortezomib
脯氨酰羟化酶结构域蛋白	prolyl hydroxylase domain
葡萄糖氧化酶	glucose oxidase
葡萄糖转运蛋白1	glucose transporter-1

Q

| 前列腺素-内过氧化物合酶 | prostaglandin-endoperoxide synthase |
| 全保留复制 | conservative replication |

R

| RNA干扰 | RNA interference |

| RNA 诱导的沉默复合物 | RNA-induced silencing complex |
| 人类免疫缺陷病毒 | human immunodeficiency virus |

S

塞来昔布	celebrex
三磷酸腺苷	adenosine triphosphate
三羧酸循环	tricarboxylic acid cycle
肾素-血管紧张素系统	renin-angiotensin system
生物能学	bioenergetics
生物燃烧	biological combustion
生物氧化	biological oxidation
嗜热链球菌	*Streptococcus thermophilus*
噬菌体	bacteriophage
舒尼替尼	sunitinib
双链断裂	double-strand break
双脱氧核苷酸	dideoxynucleotide
水解酶	hydrolase
丝裂原活化蛋白激酶	mitogen-activated protein kinase
随机突变	random mutagenesis
索非布韦	sofosbuvir
索拉非尼	sorafenib
锁和钥匙模型	lock and key model

T

调节基因	regulator gene
他达拉非	tadalafil
他拉唑帕利	talazoparib
肽酰转移酶	peptidyl transferase
糖酵解	glycolysis
糖原	glycogen
糖原磷酸化酶	glycogen phosphorylase
体育锻炼	physical exercise

替西罗莫司	temsirolimus
同源重组	homologous recombination
转移酶	transferase
转运 RNA	transfer RNA

W

微小 RNA	microRNA
位点特异性重组酶	site specific recombinases
胃蛋白酶	pepsin
无碱基位点	apurinic/apyrimidnic site

X

西地那非	sildenafil
西罗莫司	sirolimus
细胞癌基因	cellular oncogene
细胞呼吸	cell respiration
细胞色素 P450	cytochromes P450
线粒体	mitochondrion
腺苷二磷酸核糖	adenosine diphosphate ribose
腺苷酸环化酶	adenylate cyclase
小干扰 RNA	small interfering RNA
小鼠白血病病毒	murine leukemia virus
效应物	effector
锌指核酸酶	zinc finger nuclease
信使 RNA	messenger RNA
血管紧张素转化酶	angiotensin-converting enzyme
血管内皮生长因子	vascular endothelial growth factor

Y

烟酰胺单核苷酸	nicotinamide mononucleotide
烟酰胺腺嘌呤二核苷酸	nicotinamide adenine dinucleotide
氧化还原酶	oxido-reductase

一氧化氮	nitric oxide
伊马替尼	imatinib
依那普利	enalapril
依托昔布	etoricoxib
依维莫司	everolimus
移位酶	translocase
异构酶	isomerase
诱导契合模型	induced fit model
猿猴病毒 40	simian virus 40

Z

兆核酸酶	meganuclease
脂类	lipids
中介体	mediator
转化	transformation
转录激活样效应蛋白	transcription activator-like effector
转录因子	transcription factor
组蛋白	histone
组蛋白密码	histone code
组蛋白去乙酰化酶	histone deacetylase
组蛋白乙酰转移酶	histone acetyltransferase